教育部高等学校材料类专业教学指导委员会规划教材

国家级一流本科专业建设成果教材

材料分析技术

黎　兵　主　编

曾广根　杨　磊　副主编

杨晓娇　参　编

MATERIAL ANALYSIS TECHNOLOGY

U0367955

化学工业出版社

·北京·

内容简介

《材料分析技术》是教育部高等学校材料类专业教学指导委员会规划教材。全书包括四篇，共十章，包含了四大类分析技术方法，分别是原子光谱法、分子光谱法、显微表征技术、物相分析技术，涵盖了材料分析的三大内容（组分分析、结构分析、微观形貌分析）。其中第一篇原子光谱法，包含原子发射光谱、原子吸收光谱；第二篇分子光谱法，包含紫外-可见光谱、红外光谱、激光拉曼光谱；第三篇显微表征技术，包含透射电子显微镜、扫描电子显微镜、原子力显微镜；第四篇物相分析技术，包含 X 射线衍射分析技术、无损检测技术。各篇章节的安排，既强调了技术方法的前后关联、逻辑性，又突出了读者的参与和能动性，有鲜明的时代特色，符合教育改革的方向。

本书内容的安排及编写力图使学生对各种材料分析技术方法，有一个初步的、较全面的认识；掌握相应的基本原理、方法及理论推导；培养有一定的材料分析、材料设计能力的高等人才。

本书可作为材料类各专业本科生与研究生的教材，并可作为相关人员的参考书。

图书在版编目（CIP）数据

材料分析技术 / 黎兵主编；曾广根，杨磊副主编
. -- 北京：化学工业出版社，2024.8
教育部高等学校材料类专业教学指导委员会规划教材
ISBN 978-7-122-45786-8

Ⅰ. ①材… Ⅱ. ①黎… ②曾… ③杨… Ⅲ. ①工程材料-分析方法-高等学校-教材 Ⅳ. ①TB3

中国国家版本馆 CIP 数据核字（2024）第 111260 号

责任编辑：陶艳玲　　　　　　文字编辑：胡艺艺
责任校对：李　爽　　　　　　装帧设计：史利平

出版发行：化学工业出版社
　　　　　（北京市东城区青年湖南街 13 号　邮政编码 100011）
印　　刷：北京云浩印刷有限责任公司
装　　订：三河市振勇印装有限公司
787mm×1092mm　1/16　印张 17½　字数 427 千字
2024 年 10 月北京第 1 版第 1 次印刷

购书咨询：010-64518888　　　　售后服务：010-64518899
网　　址：http://www.cip.com.cn

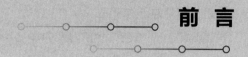

前　言

　　人类文明的发展阶段划分为石器时代、青铜时代和铁器时代，由此可以看出材料对我们人类而言有多么重要了。可以说，人类社会每一个新时代都是因为新材料的出现而促成的。各种不同材料的差异往往深藏在表面之下，人们唯有靠先进的科学仪器才能略窥一二。为了了解材料的性质，我们必须跳出人类的经验尺度，钻进物质里面去，进入微观，甚至超微观世界中去。

　　材料的设计、制备及表征，是材料研究的三部曲。材料设计的重要依据来源于对材料的物性分析；而材料制备的实际效果必须通过材料物性分析的检验。因此，可以说材料科学的进展极大地依赖于对材料的物性分析的水平。

　　材料分析是通过对材料的物理、化学性质的参数及其变化（即测量信号）的检测来实现的。由于采用不同的测量信号，对应了材料的不同特征关系，也就形成了各种不同的材料分析技术。不同技术的分析原理不同，具体的测试操作过程和相应的测试仪器也就不同。

　　本书介绍的几种在材料科学与工程领域常用的材料分析技术，都是利用各自的基本原理，在此基础上构建出精密仪器，针对样品测试出数据，进而给出定性和定量的分析结果。说到材料分析技术，主要是针对材料的组分、结构及微观形貌进行测试表征，所以本书也主要从这三个方向出发来选择内容进行介绍。

　　第一篇　原子光谱法：第一章　原子发射光谱，第二章　原子吸收光谱。

　　第二篇　分子光谱法：第一章　紫外-可见光谱，第二章　红外光谱，第三章　激光拉曼光谱。

　　第三篇　显微表征技术：第一章　透射电子显微镜，第二章　扫描电子显微镜，第三章　原子力显微镜。

　　第四篇　物相分析技术：第一章　X射线衍射分析技术，第二章　无损检测技术。

　　其中的每一章均由"历史背景""基础原理""技术原理""分析测试""技术应用""例题习题""知识链接"七部分组成。

　　"历史背景"——介绍本章所涉及技术的发展简史。目的是让读者对测试方法及仪器原理等有一个广泛的、历史性的了解。

"基础原理"——介绍本章所涉及技术的方法原理，包括该测试技术的立足点、有关公式及定律的推导等。

"技术原理"——介绍本章所涉及仪器的工作原理，包括该仪器的设计框图、设备示意图，突出关键设备部件的工作原理。

"分析测试"——介绍本章所涉及的样品种类和制备以及得到的结果（谱图或照片），并根据基础原理，做出定性、定量的分析。

"技术应用"——介绍本章所涉及技术的应用及发展前景。目的是让读者对该测试技术及仪器有一个应用性、前瞻性的了解。

"例题习题"——目的是让读者对了解的内容加深印象、消化吸收。

"知识链接"——该节编排是本书区别于其他教材及参考书的一大创新。出发点是基于教育改革的需要。具体来说，是根据前面的内容讲授，提出一些发散性的问题或方向，引导学生进行深入的思考。形式上以思想实验或理论推导为主，力求另辟蹊径、化繁为简地解决问题。编者已经在专业课堂上应用此方式，呈现了很好的教学效果。学生们的学习积极性、能动性有了大幅提高，并逐渐培养起求索的科学精神。其中部分内容做成了二维码链接，比如书中所有彩图和建议期中考核要点内容（见以下二维码）。

当教师在授课时，建议灵活穿插知识互动和思政内容，由浅入深。在丰富学生知识面的同时，也是在引导学生做深度的思考。

本书第一篇由黎兵编写；第二篇由曾广根编写；第三、四篇由杨磊、杨晓娇合编。

本书采用了崭新的编排思路，试图从逻辑上对每一个材料分析技术进行梳理。但限于编者的水平，疏漏和不妥之处在所难免，敬请读者批评指正。

编者

2024 年 4 月

目 录

第二篇　分子光谱法

第三篇　　显微表征技术

第一篇

原子光谱法

在本篇中，介绍的是人类认识到材料分析技术的第一大类方法，即与原子（元素）有关的两种光谱技术——原子发射光谱（atomic emission spectrometry，AES）和原子吸收光谱（atomic absorption spectros copy，AAS）。

第一章

原子发射光谱

第一节　原子发射光谱历史背景

一、1927 年索尔维会议

距今约 100 年前，即截至二十世纪初，经典物理学家建立了一整套集中代表他们思想的假定，使得别的新思想很难脱颖而出。下面就是他们关于物质世界的一些信念：

① 宇宙就像一部装在绝对空间和绝对时间里的巨大机器。复杂运动是由这部机器内部各构件之间的简单运动所组成，即使有些部件是不能（无法）看到的。

② 牛顿的归纳总结意味着所有运动都有原因。如果一个物体表现运动，则总能找到导致这运动的原因。这就是因果律，没人对此置疑。

③ 如果已知物体在某个时刻（例如，现在）的运动状态，就可以确定它在过去和将来任意时刻的状态。所有事件都是过去的原因造成的后果，都是确定的。这就是确定论。

④ 光的性质由麦克斯韦电磁波理论完全描述，并被 1802 年托马斯·杨的一个简单双缝实验中的干涉条纹所证明。

⑤ 物质运动有两种形式，一种是粒子，像不可穿透的球形体，类似台球；另一种是波，类似于海洋表面冲向岸边的浪涛。波和粒子互不兼容，即能量载体要么是波，要么是粒子。

⑥ 对于系统的性质，如温度、速度的测量，在原则上可以达到任何精度。误差可通过减少观察者探测时的干扰或用理论校正来解决，即使对微观的原子系统也不例外。

尽管现在来看这六条假定都值得怀疑，但是当时的经典物理学家对上面总结的那些陈述都坚信不疑。最早认识到这些信念可能有问题的，是 1927 年 10 月 24 日在比利时中央旅舍聚会的一群物理学家们。

在第一次世界大战爆发的三年前，比利时企业家索尔维在布鲁塞尔发起了系列性国际会议。参加者多为个别邀请，与会人数一般为 30 人左右，每次会议事先确定讨论主题。

前五次会议在 1911—1927 年之间召开，以极不寻常的方式记录了 20 世纪初物理学发展的历史。1927 年的会议专注于量子理论，与会者中对量子理论有奠基性贡献的就不下 9 人，后来这几位均因其贡献先后被授予诺贝尔奖。

图 1.1-1 的阵容可谓是大腕云集，这可称得上是科学史上最著名的一张合影照片。科学史很少有这样一个时期，在这么短时间内，就被这么几位智者清楚地阐述这么重要的关键基础问题。现如今再看这张照片，仍不禁令我们心潮澎湃。

图 1.1-1　1927 年索尔维会议与会者合影

　　看一下第一排的居里夫人（Marie Sklodowska Curie，1867—1934）旁边那位愁眉苦脸的普朗克（Max Planck，1858—1947）。他一手拿着礼帽，一手拿着雪茄，一副筋疲力尽的样子，原来他多年来一直力图推翻自己对物质和辐射的革命性思想，他在自己跟自己过不去呢。

　　1905 年，瑞士专利局的一位年轻职员爱因斯坦（Albert Einstein，1879—1955）推广了普朗克的量子观念。图 1.1-1 中的爱因斯坦坐在前排正中，穿着笔挺的西装正襟危坐。从 1905 年的文章之后，20 来年他一直对量子理论十分关注，虽然没有实质性深入，但是，他对量子理论的发展不断有所贡献，他也支持其他人那些似乎不太严谨的原创思想。1915 年，他那最伟大的广义相对论已使他在国际上名声大振。

　　在布鲁塞尔，爱因斯坦就量子理论的非同一般的表述，与丹麦科学家尼尔斯·玻尔（Niels Bohr，1885—1962）展开了辩论。玻尔坐在图 1.1-1 中间那排最右边，显得很放松和自信，这位 42 岁的资深教授正春风得意，这时他的权威性在物理界中达到最高峰。

　　爱因斯坦的后面，最后一排的薛定谔（Erwin Schrödinger，1887—1961）很引人注目，在他的左边隔着一人是刚刚二十来岁的泡利（Wolfgang Pauli，1900—1958）和海森伯（Werner Heisenberg，1901—1976），在上述几位前面一排还有狄拉克（Paul Dirac，1902—1984）、德布罗意（Louis de Broglie，1892—1987）、玻恩（Max Born，1882—1970）。

　　在今天这些人都已成为永垂不朽的存在。当时，他们从老到少，年纪最大的普朗克 69 岁，最小的狄拉克 25 岁，后者在次年完成了相对论电子理论。

　　现在我们知道，只有使用了这些大师们开创的量子理论，才能更深刻地理解光谱。

二、光谱观测的由来

　　回溯三百多年前发现的光谱，如今已在生产实践、科学研究中得到了广泛的应用。我们对于宏观的宇宙世界和微观的原子世界的认识，主要也是从光谱技术上得到的。因此，先回顾一下光谱的发展史是有一定意义的。

1666 年，当时的英国正在闹瘟疫，年轻的艾萨克·牛顿从剑桥大学回到自己的家乡林肯郡。但他在家乡却并没有闲着，而是兴致勃勃地研究起光学来。

有一次，牛顿手里拿着一块玻璃制的三棱镜，来到紧闭的窗前，一束阳光通过窗上特意挖出的小孔射进来。当他把这块玻璃放进这束光线中时，一个奇妙的现象出现了：玻璃块一插入光束，原先投射在椅背上的那个白色光斑，马上变成了长条形的彩色光带。他好奇地把一只手插进光带中，有的手指染上了红色，有的染上了黄色，有的染上了绿色……

牛顿把这个实验做了一遍又一遍，每次实验都出现了同样的现象：太阳光在没有三棱镜遮挡时，投射在椅背上的是一个圆形的白色光斑；而有三棱镜遮挡时，就变了样，变成像雨后的彩虹那样。彩带的上端是红色，红色的下端逐渐转变为橙色，橙色的下端又逐渐转变为黄色、绿色、紫色……牛顿把这样的彩带称为太阳光的光谱。光谱实验如图 1.1-2 所示。

图 1.1-2 光谱实验

牛顿创始的光谱实验引起了同时代其他科学家们的浓厚兴趣，纷纷进行各种光源发光成分的科学实验。例如，为了能够定量地记录光源发射某种颜色光波的所在位置，就在光源与棱镜之间加了一条狭缝，让光束先穿过狭缝，然后再通过棱镜。用透镜将通过棱镜的光束汇聚起来，在透镜的焦平面上便得到了一系列狭缝的像，每个像都是一条细的亮线，称其为光谱。

三、光谱浅谈

光波的颜色和它的波长有一一对应的关系，每条光谱对应一种波长的光辐射。在光谱图上，波长相差越大的两条谱线之间的距离也越远。有一些光源，比如炽热的固体发射出来的光辐射，里面包含着一定范围内任意长度的波长。因此，在这种光源的光谱图上，光谱线是一条紧挨着另外一条，彼此连接成一片的。这种形式的光谱称为连续光谱。太阳光就是这种光谱的典型例子。如果光源发射的光辐射中只包含少数几种波长的辐射，在它的光谱图上，就可以清楚地看到孤零零的一些亮线，这样的光谱称为线状光谱。

现在我们知道，光谱的分类有多种，从产生机制上可分为两大类：发射光谱、吸收光谱。发射光谱是指构成物质的分子、原子或离子受到热能、电能或化学能的激发而产生的光谱。吸收光谱是指物质吸收光源辐射所产生的光谱。从样品类型上可分为两大类：原子光谱、分子光谱。散射光谱也可归于分子光谱，在本书中主要是指拉曼散射光谱，其有别于普通的瑞利散射。从谱线的形态上可分为三大类：线状光谱、带状光谱与连续光谱。线状光谱是由原子或离子被激发而发射的光谱，因此，只有当物质离解为原子或离子时（通常是在气态或高温下）才发射出线状光谱，根据由原子或离子发射的光谱，相应称为原子光谱或离子光谱。带状光谱是由分子被发射或吸收的光谱，例如在吸收光谱分析中观察到的四氮杂苯的吸收光谱即属于这一类。连续光谱是由炽热的固体或液体所发射，例如常见的白炽灯在炽热时发射的光谱就是连续光谱，太阳光谱也是连续光谱。

原子发射光谱法，就是利用物质发射的光谱而判断物质组成的一门分析技术。因为在光谱分析中所使用的激发光源是火焰、电弧、电火花等，被分析物质在激发光源作用下，将被离解为原子或离子，因此，被激发后发射的光谱是线状光谱。这种线状光谱只反映原子或离子的性质，而与原子或离子来源的分子状态无关。所以光谱分析只能确定试样物质的元素组成和含量，而不能给出试样物质分子结构的信息。

第二节　原子发射光谱基础原理

一、光谱的量子理论解释

精确观测气体发光在欧洲实验室中已有 150 多年历史，不少人相信此中必隐含有原子的秘密。不过，如何破译已有的大量信息，从一片混乱中理出头绪呢？这是个很大的挑战。

1752 年，苏格兰物理学家迈尔维把装有不同气体的容器放到火上加热，进而对发射出来的五光十色的光线进行研究。

他的发现令人惊讶：加热不同气体发出的光，通过棱镜得到的光谱和发热固体的、类似于彩虹的光谱（太阳光谱）很不同。通过狭缝实验，加热气体的光谱包含有不同的亮线，每一根都固定在光谱的某个颜色区。不同的气体有不同的光谱。

物质由分子、原子组成，而各种原子又由原子核及核外电子组成。这些分子、原子、原子核及核外电子，均处于不停地运动中，它们具有一定的能量，即处于一定的能级。从量子力学的观点来看，它们具有的能级是不连续的，当其吸收了外界供给的能量，便由能量低的基态能级 E_1 跃迁到高能级 E_n，这个过程称为激发，受激后称为激发态。在激发态下，原子留在能级上有一个平均时间，即激发态原子存在能级平均寿命（约 10^{-8} s），它们将会很快地、自发地直接或经中间能级后返回到基态能级 E_1，同时把受激时所吸收的能量 ΔE（$E_n - E_1$）以电磁波的形式释放出来，这个过程称为退激。

根据量子理论

$$\Delta E = h\nu = hc/\lambda \qquad (1.1\text{-}1)$$

式中，h 是普朗克常数；ν、λ、c 分别表示辐射出来的电磁波的频率、波长、波速（即光速）。

由于 hc 是常量，则 ΔE 正比于 $1/\lambda$。注意：当 λ 用 cm 表示时，$1/\lambda$ 称为波数。下文中均用 ν 表示波数。

因为各种分子、原子、原子核及电子所处的运动状态不同，它们具有的能量范围必然不同，因此激发或退激时，在能级跃迁中可能吸收或辐射的电磁波的波长也就不同。测定这些电磁波的波长和强度，即可对样品的物质组成及数量进行定性和定量的分析。

人类所处世界的能量波谱范围，大体如图 1.1-3 所示。

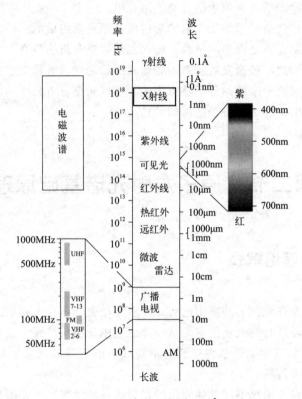

图 1.1-3　自然界能量波谱范围（1Å＝0.1nm）

如图 1.1-3，可见光波段（380～780nm）是人类目力能及的波谱范围。其中，红光的范围是 630～780nm，代表波长是 700nm；橙光的范围是 600～630nm，代表波长是 620nm；黄光的范围是 570～600nm，代表波长是 580nm；绿光的范围是 500～570nm，代表波长是 550nm；青光的范围是 470～500nm，代表波长是 500nm；蓝光的范围是 420～470nm，代表波长是 470nm；紫光的范围是 380～420nm，代表波长是 420nm。

在实践中，为了便于对某一波段的电磁波信号进行准确的测量，一般都设计了专用的分析测试仪器。

表 1.1-1 示出了各电磁波段的产生原因及相关测试仪器。其中的波长等数据是一个范围值。从上到下显示的是能量逐渐增大的情况，力图将物质世界的能量形式按低能到高能的顺序做一个大致的排列。本书中的大部分章节就是介绍如何利用这些能量形式（即辐射），去探知物质本身的组成、结构等内部信息，进而制备出更好的材料来。

表 1.1-1　各电磁波段的产生原因及相关测试仪器

波段	产生原因	测试仪器
射频	核自旋	核磁共振波谱仪
微波	电子自旋，分子转动	电子顺磁共振波谱仪
红外线	分子振动	红外光谱仪
近红外 可见光 紫外	价电子跃迁	激光拉曼光谱仪、原子发射光谱仪、原子吸收分光光度计、紫外-可见分光光度计、分子荧光及磷光光谱仪
X 射线	内层电子跃迁	X 射线衍射仪、X 射线荧光光谱仪
γ 射线	核跃迁	闪烁计数器

二、原子发射光谱

原子发射光谱分析，就是在光源中使被测样品的原子或离子激发，并测定退激时，其价电子在能级跃迁中所辐射出来的电磁波（主要是近紫外及可见光），再根据其光谱组成和强度分布情况，来定性和定量地确定样品的元素组成和浓度。

（一）原子结构

原子是由原子核与核外电子所组成，电子绕原子核运动。每一个电子的运动状态可用主量子数、角量子数、磁量子数和自旋量子数等四个量子数来描述。主量子数 n 决定了电子的主要能量 E

$$E = \frac{-z^2}{n^2}R = -13.6\frac{z^2}{n^2}(\text{eV}) \tag{1.1-2}$$

式中，n 可取 1、2、3、4……；z 是核电荷数；R 是里德堡常数。

电子的每一运动状态都和一定的能量相联系。根据主量子数，可把核外电子分成许多壳层，离原子核最近的叫作第一壳层，往外依次称为第二壳层、第三壳层……，通常用符号 K、L、M、N……来相应地代表 $n=1$、2、3、4……的各壳层。角量子数 l 决定轨道的形状。因此，具有同一主量子数 n 的每一壳层按不同角量子数 l 又分为几个支壳层，这些支壳层通常分别用符号 s、p、d、f、g……来代表。原子中的电子遵循一定的规律填充到各壳层中。根据泡利不相容原理在同一原子中不能有四个量子数完全相同的电子，可以确定原子内第 n 壳层中最多可容纳的电子数目为 $2n^2$。按照最低能量原理（在不违背泡利原理的前提下，电子的排布将尽可能使体系的能量最低）和洪特规则（在 n 和 l 相同的量子轨道上，电子排布尽可能分占不同的量子轨道，且自旋平行）可以确定电子填充壳层的次序。电子填充壳层时，首先填充到量子数最小的能级，当电子逐渐填充满同一主量子数的壳层，就完成一个闭合壳层，形成稳定的结构；次一个电子再填充新的壳层，这样便构成了原子的壳层结构。

（二）氢原子能级和能级图

正如上小节所指出的，原子具有壳层结构。原子光谱是原子壳层结构及其性质的反映，是由未充满的支壳层中的电子产生的，当所有支壳层被充满时，则是由具有最高主量子数 n 的支壳层中的电子产生的，这种电子称为光学电子。一般说来，光学电子同参与化学反应的价电子相同。换言之，原子光谱是由光学电子状态跃迁所产生的。

原子在不同状态下所具有的能量，通常用能级图来表示。图 1.1-4 表示氢原子的能级图。

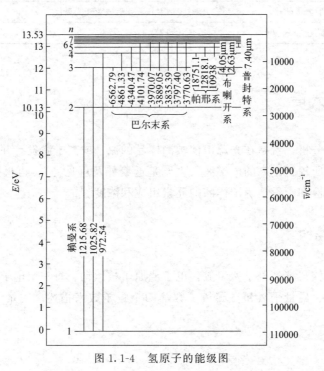

图 1.1-4　氢原子的能级图

在图 1.1-4 的氢原子能级图中，水平线表示实际存在的能级。原子体系内，所有可能存在的能级，按其高低用一系列水平线画出。由于能级的能量和主量子数的平方成反比，随 n 增大，能级排列越来越密，当 $n \to \infty$ 时，成为连续区域，这是因为电离了的电子可以具有任意的动能。能级图中的纵坐标表示能量标度，左边用电子伏特标度，$n = 1$ 的最低能量状态即基态，相当于零电子伏特，$n = \infty$ 相当于电子完全脱离原子核而电离；右边是波数标度，波数是每厘米长度中包含波动的数目，单位为 cm^{-1}。光谱线的发射是由于原子从一个高能级 E_q 跃迁到低能级 E_p 的结果，因此，各能级之间的垂直距离表示跃迁时以电磁辐射形式释放的能量 ΔE

$$\Delta E = E_q - E_p = hc\bar{\nu}_{qp} = \frac{hc}{\lambda_{qp}} \tag{1.1-3}$$

式中，能量以电子伏特表示，$1\mathrm{eV} \approx 1.6021892 \times 10^{-19}\mathrm{J}$；$h$ 是普朗克常数，$h \approx 6.626196 \times 10^{-34}\mathrm{J \cdot s}$；$c$ 为光速，$c \approx 3 \times 10^{8}\mathrm{m/s}$；$\bar{\nu}$ 为波数；λ 为波长；下标 qp 意味着从 q 能级到 p 能级的跃迁。

图 1.1-5（a）是在可见光区和近紫外光区的氢原子发射光谱，根据赫兹堡的著作复制。将图 1.1-5（a）旋转 90°，图 1.1-5（b）就对应于图 1-4 中的巴尔末系。图中的波长单位是 Å。也就是说，真实拍摄的光谱，刚好就是能级的分布图。

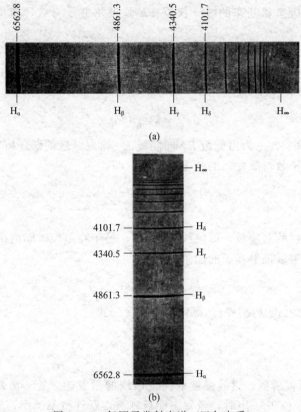

图 1.1-5　氢原子发射光谱（巴尔末系）

由于激发原子并不都是直接回到基态，而可以回到光谱选择定则所允许的各个较低的能量状态，从而发射出各种波长的谱线。由激发态直接跃迁到基态而发射的谱线称为共振线，由最低激发态跃迁到基态发射的谱线称为第一共振线，第一共振线通常是最强的谱线。

大多数原子是多电子原子，而随着核外电子数的增多，使原子能级复杂化。在研究多电子原子的光谱时，可以借助于原子实模型（多电子原子可认为是由价电子与其余电子同原子核形成的原子实所组成）。根据原子实模型，碱金属原子可以看作一个光学电子围绕着原子实运动。碱金属原子的光谱可以视为碱金属原子中光学电子的状态跃迁所引起的。与氢原子不同的是，碱金属原子的光学电子的状态和能级，不仅与主量子数 n 有关，而且也与角量子数 l 有关。

（三）谱线强度

在通常温度下，原子处于基态。在激发光源高温作用下，原子受到激发，由基态跃迁到各级激发态。同时，还会使原子电离，进而使离子激发，跃迁到各级激发态，在通常的激发光源（火焰、电弧、电火花）中，激发样品形成的等离子体是处于热力学平衡状态，每种粒子（原子、离子）在各能级上的分配，遵循玻尔兹曼分布

$$n_q = n_0 \frac{g_q}{g_0} e^{-\frac{E_q}{kT}} \tag{1.1-4}$$

式中，n_0 是处于基态的粒子数；n_q 是处于激发态的粒子数；E_q 是 q 激发态的激发能；g_q 和 g_0 分别是 q 能级态和基态的统计权重；k 是玻尔兹曼常数，其值为 1.380×10^{-23} J/K；T 是热力学温度。

处于激发态的粒子是不稳定的，或者通过自发发射直接回到基态，或者经过不同的较低能级再回到基态。在单位时间内处于 E_q 能级态向较低的 E_p 能级态跃迁的粒子数，与处于 E_q 能级态的粒子数成正比

$$dn_{qp} = A_{qp} n_q dt \tag{1.1-5}$$

式中，t 表示时间；A_{qp} 为由能级 E_q 向能级 E_p 自发跃迁的跃迁概率，它表示单位时间内产生自发发射的粒子数与激发态的粒子数之比，即

$$A_{qp} = \frac{dn_{qp}/dt}{n_q} \tag{1.1-6}$$

在单位时间内发射的总能量，即谱线强度 I_{qp}，等于在单位时间内由 E_q 能级向 E_p 能级跃迁时发射的光子数乘以辐射光子的能量

$$I_{qp} = A_{qp} n_q h\nu_{qp} \tag{1.1-7}$$

将式（1.1-4）代入式（1.1-7），得到谱线强度公式

$$I_{qp} = A_{qp} n_0 \frac{g_q}{g_0} e^{-\frac{E_q}{kT}} h\nu_{qp} \tag{1.1-8}$$

由式（1.1-8）可以看到，谱线强度取决于谱线的激发能、处于激发态 q 的粒子数和等离子体的温度。在 n_q 和 T 一定时，激发态能级越高，跃迁概率越小。例如，NaI 3302.32Å 的跃迁概率比 NaI 5889.95Å 和 NaI 5895.92Å 小 22 倍。因此，谱线强度随激发态的能级高低不同，差别很大。共振线激发能最小，所以，它强度最强。谱线强度与温度之间的关系比较复杂。温度既影响原子的激发过程，又影响原子的电离过程。在温度较低时，随着温度升高，气体中的粒子、电子等运动速度加快，为原子激发创造了有利条件，谱线强度增强。但超过某一温度之后，随着电离的增加，原子线强度逐渐降低，离子线强度还继续增强。温度再升高时，一级离子线的强度也下降。因此，每条谱线都有一个最合适的温度，在这个温度下，谱线强度最大。

第三节　原子发射光谱技术原理

一、光谱分析的仪器框图

用适当方法（电弧、火花或等离子体焰）提供能量，使样品蒸发、气化并激发发光，所

发的光经棱镜或衍射光栅构成的分光器分光，得到按波长排列的原子光谱。测定光谱线的波长及强度，以确定元素的种类及其浓度的方法，称为原子发射光谱（AES）分析。

在现代的原子发射光谱分析中，对光谱的检测方法有摄谱法和光电法两种，它们使用的仪器各不相同。其具体情况见图1.1-6。

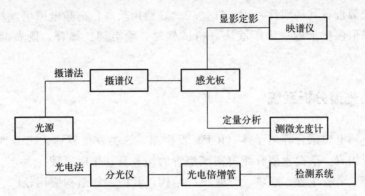

图1.1-6　原子发射光谱分析的过程及其所用的仪器装置框图

摄谱法所用的仪器包括光源、摄谱仪、光谱投影仪、测微光度计等。方法是将光谱感光板放置于摄谱仪的焦平面上，接收被分析样品的光谱而感光，再经过显影、定影等过程后，制得光谱底片，其上有许多黑度不同的光谱线，用映谱仪观察谱线的位置及大致强度，进行光谱定性分析及半定量分析或者采用测微光度计测量谱线的黑度，进行光谱的定量分析。而光电法所用的仪器则为光源、分光仪、光电倍增管、检测系统等。光电法用光电倍增管检测谱线的强度，光电倍增管不仅起到光电转换作用，而且还起到电流放大作用。

二、激发光源

激发光源的基本功能就是提供使试样变成原子蒸气和使原子激发发光所需要的能量。对于激发光源的基本要求是：具有高的灵敏度；稳定性良好；光谱背景小；结构简单，操作方便、安全。

（一）等离子体（CP）光源的特点

二十世纪六十年代初，等离子体光源开始用于光谱分析。所谓的等离子体实际上是一种由自由电子、离子和中性原子或分子所组成的，在总体上呈电中性的气体。光谱分析所用的等离子体温度一般在 $4000\sim12000K$ 之间，试样主要以雾化的溶液或去溶剂干燥后的固体微粒引入光源，这类光源有以下特点。

① 有较高的温度和稳定性，利于激发在一般电弧或火焰中所不能激发的元素和激发电位较高的谱线。同时由于在惰性气体中不易形成耐高温的物质，易实现较完全的原子化，检出限一般可达 10^{-6} 或更低，对一些难挥发的元素具有比原子吸收和原子荧光更低的检出限。

② 能对溶液进行多元素同时分析，而且由于等离子体周围被高温气体包围，谱线自吸

小，分析的线性范围最大达 5～6 个数量级，能同时分析试样中的主体元素和痕量元素。

③ 基体组织对分析结果的影响较小，而且在溶液分析中可设法消除或抑制。对几种不同类型的试样可用一套标准样品进行分析。

④ 不用电极，避免了沾污。

不过这种光源也有其局限性：用氩气量较大，费用较高；高频电磁场及臭氧对人体有一定的危害，需采取保护措施；用溶液法分析试样时，须溶解、稀释，既费时间又易被溶剂沾污。

（二）ICP 光谱分析系统

这里重点介绍电感耦合等离子体（ICP）发生器。这类发生器通常由等离子炬管、雾化器和高频发生器构成。下面主要介绍等离子炬管的构造及其作用原理。

等离子炬管主要有单管、双管及三管三种结构，其中三管结构应用较广。三管等离子炬管由置于高频线圈中三根同轴的石英管构成，见图 1.1-7。中间管 3 是通工作气体（氩气）的。在高频线圈 1 通以高频电流后，在感应圈的轴向上将产生交变的感应磁场。由于氩气分子既不是导体，又不是半导体，所以电磁场的能量很难与原子耦合，如果这时从外界引进一点火花（俗称点火）。由于火花是由带电离子组成的，这些离子在磁场作用下产生高速旋转，它们与原子（或分子）碰撞，使之产生相同数目的电子和正离子，这些带电粒子在磁场作用下又与其他气体原子碰撞产生更多的带电粒子。当带电粒子多到足以使气体有足够的导电率时，在气流垂直于磁场方向的截面上就会感应出一个闭合圆形路径的涡流来。这个涡流瞬间使气体形成一个高达 10000K 的稳定等离子体。等离子体在形成过程中吸收电磁能，使原子电离。同时电子和离子又不断地复合变成原子，向外释放能量。工作气体用氩气时容易点火。

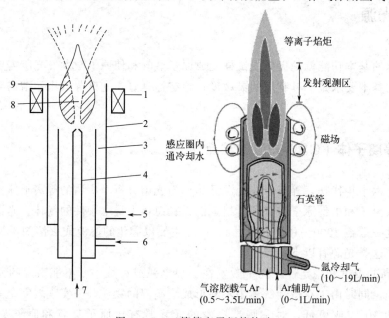

图 1.1-7 三管等离子炬管构造

1—高频线圈；2—外管；3—中间管；4—内管；5—冷却气进口；6—等离子气进口；
7—试样溶液进口；8—温度相对较低的轴部；9—温度相对较高的环状火焰

携带试样的氩气流通过内管 4 喷入等离子炬。在等离子炬内试样被环状高温等离子体加热到 6000～7000K，并被原子化和激发。为此内管出口的直径和喷射速度对谱线的强度有较大的影响。内管出口的直径一般在 1.5mm 左右，须经试验取得最佳值。在氩气流速不变的情况下，试样喷入等离子炬的速度与出口内径的平方成反比。如果喷射速度太慢，试样难于穿过等离子体。但是喷射速度也不能太快，否则试样在等离子炬中停留时间太短，以致不能完全激发。

外管 2 是冷却管，置于高频线圈 1 中，使工作气体与高频发生器耦合起来。外管下端接一冷却气进口 5，大量冷却气体（氩或氮）沿外管内壁的切线方向自下而上绕行，带走了热量，防止高温的等离子体将石英外管熔融。而且这种正切气流产生的旋涡使等离子体压缩集中，又提高了等离子体的强度和稳定性，并避免了受外壁的沾污。

（三）光谱仪

1. 光栅摄谱仪

利用色散元件和光学系统将光源发射的复合光按波长排列，并用适当的接收器接收不同波长的光辐射的仪器，叫光谱仪。光谱仪有看谱仪、摄谱仪、光电直读光谱仪三类。其中，摄谱仪应用最广泛。

摄谱仪可分为棱镜摄谱仪、光栅摄谱仪。棱镜摄谱仪利用光的折射原理进行分光，而光栅摄谱仪则利用光的衍射进行分光。棱镜摄谱仪主要由照明系统、准光系统、色散系统及投影系统等部分组成。

光栅摄谱仪在结构上不同于棱镜摄谱仪，主要区别在于用衍射光栅代替棱镜作色散元件进行分光，其光学系统如图 1.1-8。

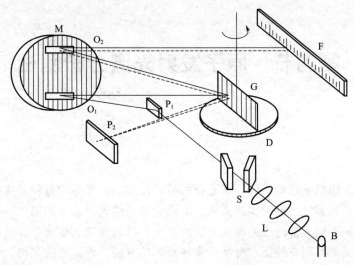

图 1.1-8　光栅摄谱仪的光学系统

光源 B 发射的辐射经三透镜照明系统 L 后，均匀地通过狭缝 S，经平面反射镜 P_1 反射至凹面反射镜 M 下方的准直镜 O_1 上，以平行光束照射光栅 G，由光栅色散成单色平行光束，再经凹面反射镜 M 上方的投影物镜 O_2 聚焦而形成按波长顺序排列的光谱，并记录在感光板 F 上（P_2 是二次分光用的反射镜）。

2. 分光系统

在原子发射光谱法中，一般根据元素的特征谱线进行分析，不过，激发光源不可能只发射一条或几条特征谱线，而是发射出连续光谱、带状光谱或数目相当多的线光谱，即平常称的复色光。所以，在检测光谱信号之前需要进行分光，将复色光按照不同的波长顺序展开。由于不同波长的光具有不同的颜色，故此分光亦被称为色散。用来获得光谱的装置，称为分光系统。

最常见的色散部件是棱镜和光栅。

由大量等宽等间距的平行狭缝构成的光学器件称为光栅。一般常用的光栅是在玻璃片上刻出大量平行刻痕制成，刻痕为不透光部分，两刻痕之间的光滑部分可以透光，相当于一狭缝。精制的光栅，在 1cm 宽度内刻有几千条乃至上万条刻痕。光栅每单位长度内的刻痕多少，主要取决于所分光的波长范围（两刻痕距离应与该波长数量级相近），单位长度内的刻痕越多，色散度越大。光栅的分辨本领取决于刻痕多少。

光栅也称衍射光栅，是利用多缝衍射原理使光发生色散（分解为光谱）的光学元件。它是一块刻有大量平行等宽、等距狭缝（刻线）的平面玻璃或金属片。光栅的狭缝数量很多，一般每毫米几十至几千条。单色平行光通过光栅每个缝的衍射和各缝间的干涉，形成暗条纹很宽、明条纹很细的图样，这些锐细而明亮的条纹称作谱线。谱线的位置随波长而异，当复色光通过光栅后，不同波长的谱线在不同的位置出现而形成光谱。光通过光栅形成光谱是单缝衍射和多缝干涉的共同结果。

一般的 CD、DVD 光盘，由于有规则细密的激光蚀坑道，完全可以当作光栅来使用。这个情况将作为本课程中期考核的推荐题材内容来重点讲解。

第四节　原子发射光谱分析测试

一、概述

由于各种元素的原子结构不同，在光源的激发作用下，样品中每种元素都发射出自己的特征光谱。科学家们通过大量的实践证明：不同元素的线光谱都不相同，不存在有相同的线光谱的两种元素。不同元素的线光谱在谱线的多少、排列位置、强度等方面都不相同。这就是说，线光谱是元素的固有特征，每种元素各有其特有的、固定的线光谱。

发射光谱分析的基础就是各种元素的光谱区别。发射光谱分析方法就是根据每种元素特有的线光谱来识别各种元素的。

根据某种物质光谱中是否存在某种元素的特征谱线，就可判断这种物质中是否含有该种元素，这就是光谱定性分析。经过多年的实践和研究，各种元素的线光谱都已经进行了详细的研究和测定，并制成了详细的光谱图表，标出了绝大多数元素的几乎所有的谱线的波长值。根据这些图表和数据，就可以很方便地进行各种元素的光谱定性分析工作。

光谱定量分析则是测定某种物质中所含有的某些元素的含量（浓度）。由于元素的含量越大，在光谱中它的谱线强度也越大。所以，只要能精确地测定并比较谱线的强度，就可以判断出该元素的浓度。

二、光谱定性分析

光谱定性分析较化学法简便、快速，它适合于各种形式的试样，对大多数元素有很高的灵敏度，因此，它被广泛地采用。

光谱定性分析是以试样光谱中是否检出元素的特征谱线为依据的。元素原子或离子的谱线反映了元素原子或离子结构与能级，是其固有的特性。正如式（1.1-3）所表明的，谱线的波长和产生该谱线的两个跃迁能级的能量差 ΔE 相关，因此，只要在试样光谱中检出了元素的特征谱线，就可以确认该元素的存在。但是，如果没有检出某元素的特征谱线，也不能贸然做出某元素不存在的结论，因为检验不出某一元素的最后线，可以有两种可能，一种可能是试样中确实没有该元素，另一种可能是该元素的含量在所用实验条件下所能达到的检测灵敏度以下。因此，此时只能说"未检出"某元素，而不能说某元素不存在。

在激发光源中，每一种元素都出现不止一条谱线，特别是元素周期表中的过渡元素出现许多谱线。随着元素含量的降低，谱线强度减弱，有些谱线即行消失，谱线总条数逐渐减少，当元素含量降低到一定程度时，连一些较强的谱线也将消失，人们把这些最后消失的谱线称为最后线，由式（1.1-6）知道，谱线强度是和激发电位、跃迁概率有关的，激发态能级越高，跃迁概率越小。激发电位低的第一共振线的谱线强度最大，是最灵敏的谱线。由于辐射通过周围较冷的原子蒸气时，会被其自身较冷的原子所吸收，使谱线中心强度减弱，这种现象就是自吸。谱线强度越强，自吸越严重；原子蒸气层越厚，自吸越严重。由此，最强的谱线不一定是最后线，在进行光谱定性分析时，实际上并不需要检查所有的谱线，而只需检查元素的几条灵敏线就行了。一般光谱线表中都给出了各元素的灵敏线，由于碱金属的第一共振线的激发电位最低，其灵敏线分布在长波区（可见光区及近红外区）；一些难激发的元素，如非金属及惰性气体，其第一共振线的激发电位高，它们的灵敏线分布在短波区（远紫外区）；其他大多数金属元素及部分非金属元素具有中等的激发电位，故其灵敏线主要分布在近紫外及可见光区。

在光谱定性分析时，元素特征谱线的检出，是以辨识与测定谱线波长为基础的。识谱是在映谱仪上进行，波长测定是在比长仪上进行。确认谱线波长的方法，有标准试样光谱比较法、铁光谱比较法与谱线波长测定法三种。

（一）标准试样光谱比较法

在光谱定性分析时，如果只检查少数几种指定的元素，同时这几种元素的纯物质又比较容易得到，那么采用标准试样光谱比较法来识谱是比较方便的。方法如下：

将待检查元素的纯物质、试样与铁并列摄谱于同一光谱感光板上，以这些元素纯物质所出现的光谱线与试样光谱中所出现的谱线进行比较，如果试样光谱中有谱线与这些元素纯物质光谱中的谱线出现在同一波长位置，则表明试样中存在这些元素。如果要检查多谱线元素基体中的其他元素时，可将光谱纯基体元素与试样及铁并列摄谱。在识谱时，只需检查试样光谱中比纯基体元素光谱中多出来的谱线，以确定被检元素是否存在，这样可以使识谱工作简化。

当被检查元素很多，或者需进行全分析时，使用标准试样光谱比较法是不方便的，使用铁光谱比较法则更合适些。

（二）铁光谱比较法

将铁与试样并列摄谱于同一光谱感光板上，然后将摄取的试样光谱和铁光谱同标准铁光谱图相对照，在标准铁光谱中，按波长标明有各元素的灵敏线，定性分析时，以铁光谱线作为波长的标尺，逐个检查试样中待测元素的灵敏线，即可确定试样中是否含有某一元素。如果试样中未知元素的谱线与标准 Fe 光谱图中标明的某一元素谱线出现的波长位置相重合，则表明存在该元素。

每种元素的灵敏线或特征谱线组都可从有关书籍和手册上查到。例如，元素铜的特征谱线组是 Cu 324.754nm 和 Cu 327.396nm。如果分析电解锌中有没有铜，只要看看试样光谱中有没有这一特征谱线组就行了。然而，试样光谱中有许多谱线，怎样判断有没有这一特征谱线组呢？这需借助于"元素光谱图"。所谓"元素光谱图"是把几十种常见元素的谱线按波长顺序插在铁光谱的相应位置上而制成的，见图 1.1-9，上面是元素的谱线，中间是铁光谱，这些谱线的准确波长都已标出。下面是一个波长标尺，便于迅速查找所需波长。这种光谱图是将实际光谱放大了 20 倍。为了使用方便分成若干张，每张谱图只包括某一波长范围的光谱。

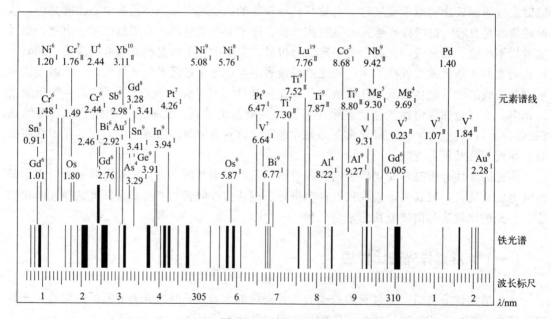

图 1.1-9　元素光谱图

定性分析时，在试样光谱下面并列拍摄一条铁光谱，见图 1.1-10。将这种谱片置于光谱投影仪的谱片台上，在白色屏幕上得到放大 20 倍的光谱影像。再将包括 Cu 324.754nm 和 Cu 327.396nm 谱线组的光谱图置于光谱投影仪的白色屏幕上并使光谱图的铁谱与谱片放大影像的铁谱相重叠，左右移动谱片，使两铁谱完全重合。看试样光谱中在 Cu 324.754nm 和 Cu 327.396nm 谱线位置处有没有谱线出现。若有，就表明试样中有铜的特征谱线组，则试样含铜。若无，则说明试样不含铜或铜的含量低于它的检测限量。

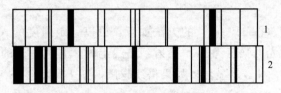

图 1.1-10 并列光谱
1—试样光谱；2—铁光谱

上述方法仅适用于没有光谱干扰的情况，事实上由于试样中有许多元素的谱线波长相近，而摄谱仪和光谱感光板的分辨率又是有限的，因此试样光谱中有些谱线可能互相重叠产生干扰，在这种情况下需根据仪器、光谱感光板的性能和试样有关知识综合分析后，才能得出正确结论。

（三）谱线波长测定法

虽然铁光谱有着很多相距很近的谱线，而且每条谱线的波长都已精确地测定过，载于标准光谱图中，从而以铁谱线为波长标尺进行识谱有其优点，但有时会遇到这种情况——在摄得的试样光谱中发现有一些谱线，而在标准光谱图中又没有标明这些谱线是属于哪种元素，这时使用铁光谱图比较法就无能为力了。在这种情况下，可采用谱线波长测定法。

当未知波长谱线处于两条已知波长的铁谱线之间时，先在比长仪上测定两铁谱线之间的距离 a，再测定未知波长谱线与两铁谱线中任一铁谱线之间的距离 b，然后按下式计算出未知谱线的波长 λ_x。

$$\frac{\lambda_2 - \lambda_1}{a} = \frac{\lambda_2 - \lambda_x}{b}$$

$$\lambda_x = \lambda_2 - \frac{\lambda_2 - \lambda_1}{a} b \qquad (1.1-9)$$

计算未知谱线波长的示意图见图 1.1-11。根据算出的谱线波长，查对谱线波长表，以确定该未知谱线是属于哪种元素。为了慎重起见，还应在光谱中检查该元素的其他谱线，以作验证。

当然，不管采用什么方法进行光谱定性，都应注意保持试样、试剂等的洁净，避免沾污；在激发光谱时，要使试样中全部元素都激发出辐射光谱，以保证结果的正确性。

进行光谱定性分析时，另一个要注意的问题是谱线的相互干扰。试样组分复杂时，谱线的相互干扰是经常可能发生的，因此，这时不能仅检查一条谱线就据此轻易地做出结论。一般说来，至少要有两条灵敏线出现，才可以确认该元素的存在。如果怀疑有些元素谱线干扰该元素谱线，这时可以再检查某元素的其他灵敏线，如果其他灵敏线在光谱中出现，则不能排除干扰的可能性；如果某元素的其他灵敏线不出现，则可以认为试样中不存在这种干扰元素。也可以采用这种方法来确认被检元素是否存在，即在该元素谱线附近再找出一条某元素的干扰谱线，这一条干扰谱线与原来的干扰谱线强度相近或稍强一些，将所找的干扰谱线与被检元素灵敏线进行比较，如果被检元素灵敏线的黑度大于或等于新找出的干扰谱线的黑度，则可以认为被检元素是存在的。

在光谱分析时，光强越强，曝光时间越长，在感光板上记录的谱线就越黑，各个谱线变黑的程度用黑度表示。

测定光谱线的黑度（图 1.1-12）的方法如下：设以一定强度的入射光投射到感光板的未曝光部分时，其透过光的强度为 I_1；投射到谱线上时，其透过光的强度为 I_2，则谱线的黑度 S 定义为 $S = \lg(I_1 / I_2)$。显然，如果谱线越黑，则 I_2 愈小，S 就愈大。

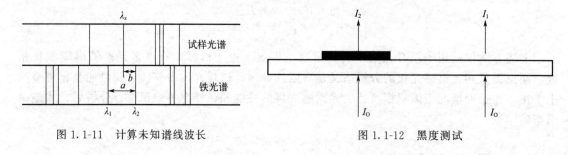

图 1.1-11　计算未知谱线波长　　　　　　　　图 1.1-12　黑度测试

三、光谱半定量分析

如果在光谱定性分析的同时，能给出试样中被检元素的大致含量，则比仅仅给出定性结果要更有意义得多。估测试样中组分的大致含量是光谱半定量分析的目的。光谱半定量分析的方法，常用的有比较光谱法、显线法等。

（一）比较光谱法

将试样与含量不同的标样在一定条件下摄谱于同一感光板上，然后在映谱仪上用目视法直接比较被测试样与标样光谱中分析线的黑度，如果被测试样光谱中的分析线黑度与某一含量的标样光谱中的分析线黑度相等，则表明被测试样中被测元素含量等于该标样中被测元素的含量。比较光谱法的准确度取决于被测试样与标准样品组成的相似程度，以及标样中被测元素含量间隔的大小。标准样品中被测元素含量间隔越小，则得到的结果越准确，但相应要求配制的标准样品的数目越多。

（二）显线法

前文中曾经提到，谱线的数目随着被测元素含量的降低而减少，当含量足够低时，仅出现少数灵敏线；反之，随着被测元素含量逐渐增加，次灵敏线和其他弱线将相继出现，于是可以编成一张谱线出现与含量的关系表，以后就根据某一谱线是否出现来估计试样中该元素的大致含量。此法的优点是简便快速，不需配制标准样品。但对于光谱简单的一些元素要选一组合适的谱线，还是比较困难的。此外，此法受试样组成变化的影响较大。要想获得好的结果，一定要设法保持分析条件的一致性。

四、光谱定量分析

（一）谱线强度与试样中被测元素浓度的关系

光谱定量分析是以光谱中分析谱线的强度为基础的，因此，在光谱定量分析中，最重要的是要确立谱线强度与试样中被测元素浓度之间的关系。正如式（1.1-7）所表明的，谱线强度与等离子体中辐射该谱线的原子或离子的浓度成正比。然而在实际工作中，我们感兴趣的并不是等离子体中的原子或离子的浓度，而是试样中被测元素的含量，因此，只有找到了等离子体中原子或离子浓度同试样中被测元素含量之间的关系，才能借助于式（1.1-8）进一步确立谱线强度与试样中被测元素含量之间的关系。

大家知道，试样中被测元素的原子或离子在其被激发辐射光谱之前，要经历由试样中蒸发进入气相的蒸发过程、在气相中分子离解为原子的离解过程、原子电离为离子的电离过程等，在每一过程中都有不少因素影响过程的进行，而最终都要影响到谱线的强度。

蒸发过程中，在单位时间内所蒸发的试样中被测元素化合物的量是与蒸发的表面积 s 成正比的，即

$$M = ms \tag{1.1-10}$$

式中，m 为比蒸发速度，表示单位时间内从单位表面上蒸发的物质量；M 称为蒸发速度。很显然，蒸发速度将会随时间而改变，物质的蒸发速度随蒸发时间而变化的曲线称为蒸发曲线。蒸发过程中，不断有试样物质蒸发进入等离子体内的同时，也不断有试样物质从等离子体中逸出，其逸出速度 M' 将与等离子体内试样物质的浓度，亦即元素的总浓度 n_t 成正比，即

$$M' = \delta n_t \tag{1.1-11}$$

式中，δ 为逸出速度常数，与元素蒸气在等离子体内的平均停留时间有关，平均停留时间越长，δ 越小。当蒸发过程达到平衡时，则

$$n_t = M'/\delta \tag{1.1-12}$$

而 M' 是直接与试样中被测物质含量 C 有关的

$$M' = aC \tag{1.1-13}$$

于是

$$n_t = aC/\delta \tag{1.1-14}$$

式中，a 是与蒸发过程有关的参数。

蒸发进入等离子体内的分子要离解为原子，离解的程度直接影响生成原子的数目。离解

程度用离解度 β 来表示

$$\beta = \frac{n_a}{n_a + n_m} \tag{1.1-15}$$

式中，n_m、n_a 分别为被测元素化合物未离解的分子浓度和离解生成的中性原子浓度。离解生成的中性原子，在与等离子体内高速运动的粒子相互碰撞的过程中，一部分中性原子受到激发，当碰撞粒子能量大于中性原子电离电位时，还会使一部分中性原子电离为离子，电离度的大小将影响到原子谱线与离子谱线的强度。电离度 α 可以表示为

$$\alpha = \frac{n_i}{n_i + n_a} \tag{1.1-16}$$

式中，n_i 是一级离子的浓度。显然，等离子体内各种粒子的浓度之间有下列关系

$$n_t = n_m + n_a + n_i \tag{1.1-17}$$

结合式 (1.1-15)~式 (1.1-17)，可以得到

$$n_a = \frac{(1-\alpha)\beta n_t}{1 - \alpha(1-\beta)} \tag{1.1-18}$$

$$n_i = \frac{\alpha\beta n_t}{1 - \alpha(1-\beta)} \tag{1.1-19}$$

将式 (1.1-14)、式 (1.1-18)、式 (1.1-19) 代入式 (1.1-8)，就可以得到原子谱线强度 I 和离子谱线强度 I^+ 同试样中被测元素浓度 C 之间的关系，对于原子谱线的强度，$n_0 = n_a$

$$I_{qp} = \left[A_{qp} h\nu_{qp} \frac{(1-\alpha)\beta}{1-\alpha(1-\beta)} - \frac{g_q}{g_0} e^{-\frac{E_q}{kT}} \frac{\alpha}{\delta} \right] \times C \tag{1.1-20}$$

对于离子谱线的强度，$n_0 = n_i$

$$I_{qp}^+ = \left[A_{qp}^+ h\nu_{qp} \frac{\alpha\beta}{1-\alpha(1-\beta)} \frac{g_q^+}{g_0^+} e^{-\frac{E_q}{kT}} \frac{\alpha}{\delta} \right] \times C \tag{1.1-21}$$

在实验条件固定时，式 (1.1-20) 和式 (1.1-21) 中括弧内各项为常数 A。用一般通式表示，则有

$$I = AC \tag{1.1-22}$$

式中，A 代表括弧内各项，是和谱线性质、实验条件有关的常数。式 (1.1-22) 并未考虑自吸的情况，当考虑谱线自吸时，由于自吸是随等离子体中该元素的原子浓度增加而增强的，因此，可以将式 (1.1-22) 写为

$$I = AC^b \tag{1.1-23}$$

式中，b 是自吸收系数，$b \leqslant 1$。当无自吸时，$b=1$，式 (1.1-23) 就变为式 (1.1-22)。式 (1.1-23) 是光谱定量分析的基本关系式。对式 (1.1-23) 两边取对数，则有

$$\lg I = b\lg C + \lg A \tag{1.1-24}$$

式 (1.1-24) 表明，$\lg I$ 与 $\lg C$ 之间具有线性关系。

（二）内标法光谱定量分析的基本原理

上面已经提到，只有在实验条件固定时，$\lg I$ 与 $\lg C$ 之间才具有线性关系。但是，事实上，有些实验条件是很难严格控制的，例如激发条件的波动，因此，直接利用式（1.1-24）来进行光谱定量分析误差较大。为了提高分析准确度，在光谱定量分析中通常选用一条比较线，用分析线强度和比较线强度的比值进行光谱定量分析，这样可以使谱线强度由于实验条件波动而引起的变化得到补偿。这种方法称为内标法，所采用的比较线称为内标线，提供内标线的元素称为内标元素。内标法是盖纳赫在 1925 年提出来的，是光谱定量分析发展的一个重要成就。

内标法定量分析的原理如下：

设被测元素含量为 C_1，对应的分析线强度为 I_1，根据式（1.1-23）有

$$I_1 = A_1 C_1^{b_1} \tag{1.1-25}$$

同样地，对于内标线也有

$$I_0 = A_0 C_0^{b_0} \tag{1.1-26}$$

式中，C_0 是已知内标元素含量；b_0 是内标线自吸系数，均为常数。将式（1.1-25）除以式（1.1-26），则得分析线对的相对强度 R

$$R = \frac{I_1}{I_0} = A C_1^{b_1} \tag{1.1-27}$$

$$\lg R = \lg \frac{I_1}{I_0} = b_1 \lg C_1 + \lg A \tag{1.1-28}$$

式中，$A = \dfrac{A_1}{A_0 C_0^{b_0}}$，当激发条件变化时，$A_1$、$A_0$ 同时变化，而使 A 基本保持不变；R 为分析线对的强度比。由式（1.1-28）可见，$\lg R$ 与 $\lg C_1$ 之间也具有线性关系。而且，外界条件变化对 $\lg R$ 影响不大。

现在，问题的关键是如何选择内标元素和内标线，以使得谱线强度比不受实验条件波动的影响，而只依赖于被测定元素的含量。很显然，要满足这一要求，内标元素和内标线不能任意选择，必须符合一定的条件。这些条件是：

① 内标元素的含量必须固定。因此，要求原试样中不得含有内标元素，否则，式（1.1-28）中的 A 不可能为常数。同样地，内标元素的化合物中也不应含有被测定元素。

② 内标元素和被测元素在激发光源作用下应具有相近的蒸发性质，即有相近似形状的蒸发曲线。

③ 内标线与分析线必须不受其他谱线的干扰，而且，谱线没有自吸或自吸很小。

④ 若选择原子线组成分析线对，要求两线的激发电位相近；如果选择离子线组成分析线对，则不仅要求激发电位相近，而且还要求内标元素和被测元素的电离电位也相近。用一条原子线与一条离子线组成分析线是不合适的。

⑤ 因为光谱感光板的性质依赖于波长，为了减少光谱感光板乳剂的影响，要求组成分析线对的两条谱线波长尽量靠近。

（三）光谱定量分析的方法——三标准试样法

三标准试样法是光谱定量分析的最基本的方法。所谓三标准试样法，就是按照确定的分析条件，用三个或三个以上的含有不同浓度的被测元素的标准样品摄谱，测定分析线对的强度比 R，以 $\lg R$ 对 $\lg C$ 作图。未知样品也摄在同一光谱谱板上，根据测得的未知样品的 $\lg R$ 值，从标准样品的 $\lg R \sim \lg C$ 曲线上查得未知样品中被测元素含量的 $\lg C_x$，从而求得 C_x 值。

如果分析线和内标线的黑度都落在感光板的乳剂特性曲线的直接部分，而且分析线和内标线的波长很靠近的话，则分析线和内标线的黑度差 ΔS 对 $\lg C$ 作图也是直线，因此，这时不必将测量的黑度值 S 通过乳剂曲线换算为强度，直接用黑度差 ΔS 对被测定元素浓度的对数 $\lg C$ 绘制校正曲线，则更为简便。

三标准试样法的优点是准确度较高，因为标准样品与分析样品的光谱摄于同一光谱感光板上，保证了分析条件的基本一致性。缺点是消耗较多标准样品和感光板，费时长（因为制作校正曲线时，标准样品不得少于三个），因此，三标准试样法不适合于快速分析。

第五节　原子发射光谱技术应用

一、原子发射光谱分析的特点

① 相当高的灵敏度。进行光谱定量分析，直接光谱法测定时，相对灵敏度可以达到 $0.1 \sim 10\text{ppm}$，绝对灵敏度可以达到 $1 \times 10^{-8} \sim 1 \times 10^{-9} \text{g}$。如果用化学或物理方法对被测元素进行富集，相对灵敏度可以达到 ppb 级，绝对灵敏度可以达到 10^{-11}g。表达溶液浓度时，1ppm 即为 $1\mu\text{g/mL}$；表达固体中成分含量时，1ppm 即为 $1\mu\text{g/g}$。1ppb 为 1ppm 的千分之一。

② 选择性好。每一种元素的原子被激发之后，都产生一组特征的光谱，根据这些特征光谱就可以准确无误地确定该元素的存在，所以，光谱分析至今仍然是进行元素定性分析的最好的方法。例如，在元素周期表上化学性质相似的同族元素，当它们共存时，用化学分析方法进行分别测定比较困难，而光谱分析法却能比较容易地实现各元素的分别测定。

③ 准确度较高。光谱分析的相对误差一般为 5%～20%。当被测元素含量大于 1% 时，光谱分析的准确度较差；含量为 0.1%～1%，其准确度近似于化学分析法；当含量小于 0.1% 时，其准确度优于化学分析法。因为化学分析法的误差随被测元素的含量减小而迅速增大，而光谱分析的标准差与被测元素的含量无关，因此，光谱分析特别适用于痕量元素的分析。

④ 能同时测定许多元素，分析速度快。采用光电直读光谱仪，仅几分钟可给出合金中 20 多个元素的分析结果。

⑤ 用样量小。使用几毫克至几十毫克的试样，就可以完成光谱全分析。

光谱分析的缺点是：用它来进行高含量元素的定量测定时，误差较大；用它来进行超微量元素的定量测定，灵敏度尚不能满足要求；对于一些非金属元素如 S、Se、Te、卤素的测定，灵敏度也很低；光谱分析法是一种相对分析方法，一般需要一套标准样品作对照，由于样品的组成、结构的变化对测定结果有较大的影响，因此，配制一套合用的标准样品并非一件容易的事，况且，标准样品的标定本身尚需以化学分析作基础；光谱仪器目前仍比较昂贵。

二、对样品的要求

试样的制备是将取得的样品制成适合于激发发光的形式，制备试样的方法要根据试样来源、形状、要求分析的元素和其他分析目的来确定。所取的极少量的试样一定要能代表全体的样品物质，即要求所取的样品一定要能代表其母体的性状，因此一定要注意制备组成均匀的分析试样。

三、光谱分析的应用

光谱分析目前已经获得了十分广泛的应用。地质部门在地质普查、找矿过程中，用光谱分析方法每年完成大量的分析任务；冶金部门用光谱分析进行产品的成品分析和控制冶炼的炉前快速分析；机械制造部门用光谱分析来检验原材料、零件和半成品；化工部门利用光谱分析来检验产品的纯度；在原子能工业、半导体工业中的超纯材料检验和分析中，光谱分析也占有重要的地位。总之，光谱分析目前已经成为国民经济各个部门、教学科研各单位广泛采用的一种分析测试技术。

样品中含有什么元素？大致含量如何？这就需要用定性或半定量分析来回答。光谱定性分析比化学法简便、快速、准确，适合于各种形式的试样，对大多数元素有很高的灵敏度，它是目前元素定性分析的主要工具之一。光谱半定量分析在地质勘察、矿石品位的鉴定、钢材及合金的分类、产品质量控制等方面获得了广泛应用。

光谱定量分析过去在冶金和地质部门应用较多。近年来，由于等离子体光源的应用和发展，使光谱定量分析的面貌焕然一新，现在它已经深入到各个分析领域之中。下面简要介绍几方面的应用情况。

（一）冶金样品分析

金属与合金样品，一般采用块状或棒状试样用火花或交流电弧光源直接激发，样品能快速制备，操作也方便。光电法及计算机的应用使 AES 成功地用于炉前快速分析。据统计，在日本的钢铁分析中，90％的任务是由 AES 和 XRF（X 射线荧光光谱）分析来完成的。

一些化学性质相似的元素很难分离，例如铌和钽、锆和铪以及稀土元素等。在冶金样品中分析这些元素，用化学分析法是比较困难的，而 AES 法分析这些元素非常方便。

采用电弧或火花光源时，分析信号高度依赖于基体成分，因此试样与标样之间正确匹配非常重要。为克服这一缺点，ICP-AES 在冶金分析上的应用日益增多。例如日本岛津生产的 ICP 光谱仪，其中近半数是用于冶金分析。

高炉中钢水的直接光谱分析是引人注目的研究课题。以熔炉中的探头作阳极，钢水作阴极，产生弧光放电。用氩气将放电产生的样品气送入离高炉几十米处的 ICP 光谱仪进行分析，从而控制冶炼过程。

（二）地质样品分析

AES 是地质部门应用最广的分析手段，分析方法也比较成熟。许多地质样品是不导电的，一般是将样品磨匀后装入炭电极小孔内用电弧光源激发。如果分析元素含量较高又难激发，则可将样品粉末压片后用火花光源激发，分析结果的精密度比电弧光源有较大改善。对于微小矿物的鉴别，用激光光源作微区分析，分析表面可控制在直径 $10\sim300\mu m$ 以内，绝对灵敏度可达 $10^{-10}\sim10^{-12}g$。

地质样品的成分复杂、含量多变、均匀性差，用电弧或火花光源激发进行分析会遇到许多困难，而 ICP-AES 分析技术的建立给地质样品分析开辟了新的途径。例如 ICP-AES 分析技术已成功地应用于岩矿中主要、次要、痕量及稀土元素的测定。样品在密闭的聚四氟乙烯溶样器中用盐酸-氢氟酸溶解，加入硼酸后进行分析；或者样品经偏硼酸锂熔融，用稀硝酸浸取后进行测定。该法简单、快速，适用于多种岩矿分析。

（三）环境样品分析

环境质量对人的健康有重大影响，因此对于环境样品——特别是环境水及空气悬浮粒子中微量元素的测定越来越重视。

环境样品中微量元素的分析，传统的方法是比色法和原子吸收法。这两种方法的主要缺点是单元素分析、有较大的基体干扰、定量分析的浓度范围窄等。因而人们在过去多年中花费了很大力量寻求各种监测环境的方法。与各种分析技术相比，ICP-AES 法显示为最有效的方法，它在分析速度和分析成本方面大大优于比色法和原子吸收法。

环境水分析是 ICP-AES 多元素分析技术应用的一个重要领域。各种水样——海水、地面水、矿泉水、生活及工业用水等正是 ICP-AES 最适合的分析对象。一般可直接将水样引入 ICP 中进行测定，方法简便，分析速度快。对于空气悬浮粒子中多种重金属元素的分析，常用硝酸-双氧水分解样品，制得的试样溶液直接用于 ICP-AES 分析。

环境样品分析中，目前 ICP-AES 是最引人注目的方法。美国环保部门已推荐用 ICP-AES 测定水和废水中的痕量元素，并将 ICP-AES 作为测定空气悬浮粒子中铅的基准方法。

（四）临床医学样品分析

人体内含有 30 多种元素，除组成有机体本身的 C、N、H、O 主体元素及 K、Na、Ca、P 等大量元素外，还含有许多微量元素。例如钴是一种有益的微量元素，参与造血作用，但它又是一种致癌金属。人体内元素含量与健康状况、生活环境密切相关。其中头发内金属元素含量比其他器官组织高出约 10 倍，故有人把头发试样视为揭露疾病和中毒现象的指示剂。例如汞中毒、铅中毒患者的头发中，汞、铅含量高于正常人。因此对于头发、血液等样品中微量元素的测定，在职业病防治、生理和病理研究及环境保护等方面都具有十分重要的意义。

头发样品可采用湿式分解或干式灰化处理，所得试液用 ICP-AES 进行多元素同时测定。但要注意，在干式灰化中，如果灰化温度过高，会使某些易挥发的 As、Sn、Pb、Cd 等元素的分析结果偏低。

血液易凝结，黏性大，可将血液用水稀释 10 倍后用 ICP-AES 直接分析；或者将血液如同头发一样地处理，然后进行测定。

对于人尿、指甲及动物组织等亦可采用类似的方法进行光谱分析。

上述各例仅是发射光谱分析应用的一部分。此外，将发射光谱法用于植物、土壤分析，指导合理施肥，以利于提高农作物产量；在食品、饮料生产过程中对原料、产品等分析进行质量控制；对润滑油中微量金属的分析，从而可推知机器的磨损状况；等等。随着仪器的不断更新与完善，特别是计算机技术的应用，可以预料，原子发射光谱分析技术在今后将会获得更大的发展。

例题习题

一、例题

1.用硬白纸板给蜡烛火焰"照相"，了解蜡烛火焰的温场分布。

解答提示：火焰通常是分成几个温场层次。这个小实验，就是要求学生用一张硬白板纸，靠近燃烧的蜡烛火焰，调节高度，让火焰烟灰在白板纸留下印记。印记通常是几个同心圆形，颜色有深有浅，表明了蜡烛火焰的温场分布。

通过这个小实验，使学生直观地了解到火焰是有一定的温场分布的。

2.钾原子共振线波长是 766.49nm，求该共振线的激发能量（以 eV 表示）、频率和波数（cm^{-1}）。

解答提示：$\Delta E = hc/\lambda = 1.62eV$

二、习题

1.原子发射光谱是怎样产生的？

2.原子发射光谱法的定性分析方法有哪几种？

3.内标元素的选择标准是什么？

4.三标准试样法中为什么至少要用三个标样？

知识链接

一、用氢检验原子结构模型

在前面的原理部分，我们已经认识到光谱中出现的亮线，它们的波长大小及顺序位置无法用经典物理来合理解释。而几乎同时期，普朗克解释了黑体辐射，爱因斯坦解释了（外）光电效应，玻尔解释了氢原子的明线光谱（图 1.1-13）。

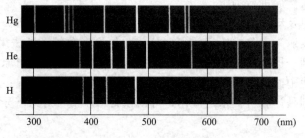

图 1.1-13　明线光谱

　　这些谱线揭示了原子内部的某些基本性质，但到底是怎么回事儿呢？还需要有决定性的检验。为了把特征亮线和某种原子结构理论联系起来，物理学家选择氢光谱作为突破口就不足为奇了，因为氢是所有原子中最简单的。

　　氢原子的主要谱线有四条，都在可见光波段，且在 1862 年就被瑞典天文学家埃斯特罗姆精确测定。1885 年，一位瑞士中学数学教师巴尔末发表了一个他花了好几个月的工作结果，这是关于氢的可见光谱中谱线频率的数值计算。他纯粹从数学出发，发现了一个关于涉及整数的公式，它可以精确算出所有四条可见光段的谱线，以及其他紫外段的谱线。其精确程度好得令人难以置信。

　　之后，玻尔（图 1.1-14）通过引入量子化条件，提出了玻尔模型来解释氢原子光谱，提出互补原理和哥本哈根诠释来解释量子力学，他还是哥本哈根学派的创始人，对二十世纪物理学的发展有深远的影响。

图 1.1-14　授课中的玻尔及其设计的纹章

　　1903 年，18 岁的玻尔进入哥本哈根大学数学和自然科学系，主修物理学。1907 年，玻尔以有关水的表面张力的论文获得丹麦皇家科学文学院的金质奖章，并先后于 1909 年和 1911 年分别以关于金属电子论的论文获得哥本哈根大学的科学硕士和哲学博士学位。随后去英国学习，先在剑桥 J. J. 汤姆逊主持的卡文迪什实验室，几个月后转赴曼彻斯特，参加了曼彻斯特大学以 E.卢瑟福为首的科学集体，从此和卢瑟福建立了长期的密切关系。1912 年，玻尔考察了金属中的电子运动，并明确意识到经典理论在阐明微观现象方面的严重缺陷，赞赏普朗克和爱因斯坦在电磁理论方面引入的量子学说，创造性地把普朗克的量子学说和卢瑟福的原子核概念结合了起来。1913 年初，玻尔任教曼彻斯特大学物理学时，在朋友的建议下，开始研究原子结构，通过对光谱学资料的考察，写出了《论原子构造和分子构造》的长篇论著，提出了量子不连续性，成功地解释了氢原子和类氢原子的结构和性质。还提出了原子结构的玻尔模型，按照这模型，电子环绕原子核做轨道运动，外层轨道比内层轨道可以容纳更多的电子，较外层轨道的电子数决定了元素的化学性质。如果外层轨道的电子落入内层轨道，将释放出一个带固定能量的光子。

1916 年任哥本哈根大学物理学教授，1917 年当选为丹麦皇家科学院院士。

1920 年创建哥本哈根理论物理研究所并任所长，在此后的四十年他一直担任这一职务。1921 年，玻尔发表了《各元素的原子结构及其物理性质和化学性质》的长篇演讲，阐述了光谱和原子结构理论的新发展，诠释了元素周期表的形成，对元素周期表中从氢开始的各种元素的原子结构作了说明，同时对表上的第 72 号元素的性质作了预言。1922 年，第 72 号元素铪的发现证明了玻尔的理论，玻尔由于对原子结构理论的贡献获得诺贝尔物理学奖。他所在的理论物理研究所也在二三十年代成为物理学研究的中心。

1923 年，玻尔接受英国曼彻斯特大学和剑桥大学名誉博士学位。20 世纪 30 年代中期，研究发现了许多中子诱发的核反应。玻尔提出了原子核的液滴模型，很好地解释了重核的裂变。

玻尔认识到他的理论并不是一个完整的理论体系，还只是经典理论和量子理论的混合。他的目标是建立一个能够描述微观尺度的量子过程的基本力学。为此，玻尔提出了著名的"互补原理"，即宏观与微观理论，以及不同领域相似问题之间的对应关系。互补原理指出经典理论是量子理论的极限近似，而且按照互补原理指出的方向，可以由旧理论推导出新理论。这在后来量子力学的建立发展过程中得到了充分的验证。玻尔的学生海森堡在互补原理的指导下，寻求与经典力学相对应的量子力学的各种具体对应关系和对应量，由此建立了矩阵力学。互补理论在狄拉克、薛定谔发展波动力学和量子力学的过程中也起到了指导作用。

二、能级平均寿命

假定在 $t=0$ 这个时刻，有 n_0 个原子得到能量，离开基态跃迁到激发态 E_n，之后停止供应能量。这些原子由于内在原因，或与其他粒子碰撞的原因，纷纷迅速离开这个能级，返回到基态，使停留在 E_n 上的原子数目在不断减少。

那么，该怎样表示能级的平均寿命呢？可以用什么方法来测量能级的平均寿命呢？

假设经过 t 秒的时间后，还在这个原子能级的原子数是 n 个。由统计物理可知，$n = n_0 \exp(-t/\tau)$。其中，τ 就是能级平均寿命。由此可知，经过时间 τ 后，大多数原子已跃迁回基态。

利用激光测量能级平均寿命的方法主要有相位移法、脉冲激发、延迟符合技术等。前两种方法比较简单、直观。下面就介绍这两种方法的工作原理。

假定我们要测量 E_2 的平均寿命。已知从 E_1 跃迁回基态 E_0，发射的光波频率是 ν_{10}，我们使用频率为 ν_{10} 的激光束激发这些原子，原子受到激发后便发出频率为 ν_{10} 的荧光。激光停止照射原子，荧光也同时熄灭。如果照射的光束是断断续续的，那么原子发射的荧光也是断断续续的信号。用超声光调制器把激光束调制成正弦光信号，得到原子发射的荧光信号也是正弦信号。信号的幅度随调制频率的增加而减小，并且相对于照射光的正弦信号有一定的相位移（见图 1.1-15）。相位移的角度 φ 和原子的能级平均寿命 τ 有下面的简单关系

$$\tan\varphi = \Omega\tau \tag{1.1-29}$$

式中，Ω 是调制器调制入射光的频率。所以，从示波器上测出相位移的角度 φ 之后，便可以算出能级平均寿命 τ。

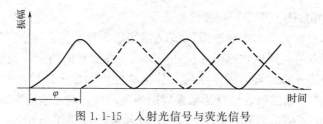

图 1.1-15 入射光信号与荧光信号

为了避免由感应辐射产生的光强度带来的干扰（我们要测量的是原子的自发辐射平均寿命），在做实验测量的时候，应该在与入射光垂直的方向上接收荧光信号（根据感应辐射的特性，感应辐射是和入射光在相同一个方向上传播，所以，在与入射光方向相垂直的地方，就基本上没有接收到感应辐射了）。

利用闪光时间很短的激光激发原子，观察原子发射出来的荧光强度随时间的变化规律，也能够直接地测量出能级平均寿命。前面我们已经谈过，光源发射某个频率的光波有多强，和发光原子数目呈正比例关系。因此，测量原子发光强度随时间的衰减状况，也可以知道在这个能级上的原子数目衰减状况。而知道了在某个能级上面原子数目的衰减状况，找出原子数目减少到初始数值的 $1/e$ 时所需要经历的时间，它便是这个能级的平均寿命 τ。

能够利用直接观察原子发光衰减的图像，由此得出能级平均寿命，需要有功率足够高、闪光时间非常短（即脉冲宽度非常窄）的光源，脉冲宽度起码要比能级平均寿命短许多。这样的光源，只有激光器才能胜任。

三、谱线的分裂

随着光谱仪的光谱分辨率越来越高，从光谱实验中观察到的新现象也越来越多。1896年，荷兰物理学家塞曼（Zeeman）在洛伦兹（Lorentz）学说的启发下，做了很有意义的实验。他把发光原子放置在一个强度很高的非均匀磁场内，发现原子的光谱线比在没有加磁场时略为加宽了一些。后来，他又与别人合作，用强度更高的磁场做实验，发现原先以为是单根的谱线，现在分裂成了三条或者更多的谱线群。比如，镉（Cd）原子光谱中波长等于6439Å 这根谱线，在强度 10 万 Oe（奥斯特，1Oe＝79.5775A/m）的磁场作用下，它分成了两条谱线；类似地，钠（Na）原子那两根黄色的谱线，分别裂成 6 根和 4 根谱线。这个现象后来称为塞曼效应。

由于以上的研究工作，洛伦兹和塞曼一起荣获 1902 年的诺贝尔物理学奖。

之后，德国物理学家斯塔克（Stark），用电场代替磁场重复塞曼做的实验，结果也观察到谱线发生分裂的现象，并且分裂的数目比用磁场时还多，一条谱线可以分裂成几十条谱线。这个现象称为斯塔克效应。他也由此荣获 1919 年的诺贝尔物理学奖。

后来，采用分辨率很高的光谱仪观察原子发射的光谱时，人们又进一步发现，即使没有外加磁场或者电场，谱线也出现分裂。也就是说，原先用分辨率比较低的光谱仪得到的每根谱线，其实并不是一根谱线，而是一组彼此靠得很近的谱线群。

以上的光谱实验结果告诉我们，原子内部的运动状态是很复杂的。根据谱线分裂的情况，已经探明原子内的电子除了围绕着原子核运动之外，本身还有自旋运动；原子核也不是静止不动的，也不断地做着自旋运动。

第二章

原子吸收光谱

第一节　原子吸收光谱历史背景

一、恒星连续光谱中的暗线

原子吸收光谱法，是基于蒸气相中被测元素的基态原子对原子共振辐射吸收，来测定试样中该元素含量的一种方法。这是 20 世纪 50 年代以后才逐渐发展起来的一种新型仪器分析方法，特别是最近十几年来，得到了迅速的发展。

早在 1802 年，伍朗斯顿（W. H. Wollaston）在研究太阳连续光谱时，就发现了太阳连续光谱中出现的暗线。到 1814 年，德国科学家夫琅禾费（J. Fraunhofer）在研究太阳连续光谱时，再次发现了这些暗线，由于当时不了解产生这些暗线的原因，就将这些暗线称为夫琅禾费线。暗线中有几条特别黑，夫琅禾费用大写英文字母 A、B、C、D……字母来标记其中 8 条较黑的线。他还发现，彩色光带中黄色附近有两条相互靠近的暗线，按照他本人给暗线排的顺序，是轮到用英文字母 D 标记。这就是在光谱分析实验中经常提到的钠 D 线。各种谱线的对比见图 1.2-1。

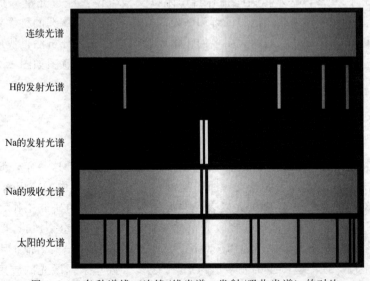

连续光谱

H的发射光谱

Na的发射光谱

Na的吸收光谱

太阳的光谱

图 1.2-1　各种谱线（连续/线光谱、发射/吸收光谱）的对比

1860 年，本生（R. Bunson）和基尔霍夫（G. Kirchhoff）在研究碱金属和碱土金属的火焰光谱时，发现钠蒸气发出的光通过温度较低的钠蒸气时，会引起钠光的吸收，并且根据钠发射线与暗线在光谱中位置相同这一事实，证明太阳连续光谱中的暗线，正是太阳大气圈中的钠原子对太阳光谱中的钠辐射吸收的结果。

一天，本生在散步时向好友基尔霍夫谈到，他最近在用火焰颜色来鉴别各种金属，但有些金属灼烧时火焰的颜色很相近，他就透过有色玻璃片来进一步鉴别。基尔霍夫听了马上说："如果我是你，我就用棱镜来观察这些火焰的光谱。"第二天，基尔霍夫就带了棱镜和其他一些光学仪器来到本生的实验室。他们制作了分光镜，通过分光镜，金属灼烧时发出的各种光变成了明亮的谱线，每种金属对应一种它自己特有的谱线。灼烧时都是红色火焰的锂和锶，在分光镜中就呈现出不同的谱线——锂是蓝线、红线、橙线和黄线，而锶是一条明亮的红线和一条较暗的橙线，它们清晰地区分开了！这是 1859 年初秋的一天，一位化学家和一位物理学家亲密合作，共同发明了光谱分析法。当他们将少量氯化钠放在本生灯的火焰上时，分光镜中出现了两条黄色的谱线。基尔霍夫想起了夫琅禾费线，他仔细观察，发现两条黄线的位置恰好落在太阳光谱中的钠 D 双暗线上。同一位置，一明一暗，是不是太阳上缺少钠呢？他们又让太阳光进入分光镜，看到了钠 D 双暗线，然后在分光镜前灼烧氯化钠，希望钠明亮的黄线能"抹平"太阳光谱中的 D 暗线。意外的是，D 暗线更黑了！如果把太阳光遮挡住，则钠明亮的黄线又出现了，而且准确地落在钠 D 双线的位置上。

对这一实验事实的解释，基尔霍夫认为，只能承认炽热的钠蒸气既能发射钠 D 双线，又能吸收钠 D 双线。于是，他们用氢氧焰煅烧生石灰，使它发出的连续光谱进入分光镜，在分光镜前放上本生灯灼烧氯化钠，果然看到了在石灰的连续光谱中出现了两条暗线，其位置恰好落在钠 D 双线的位置上。这时，如果将其他的盐类放入本生灯的火焰内，也会出现一些暗线，这些暗线的位置恰好与所灼烧金属盐的特征光谱相重合。他们明白了：太阳中不是没有钠，而是有钠。夫琅禾费线和本生灯灼烧金属盐时发出的亮线一样，也能反映出太阳上存在的元素。

1859 年 10 月 20 日，基尔霍夫向柏林科学院提交报告说：经过光谱分析，证明太阳上有氢、钠、铁、钙、镍等元素。他的见解和新发现立即轰动了全欧洲的科学界，在地球上居然检测出了一亿五千万公里之遥的太阳上的化学元素组成！光谱分析法很快成了化学界、物理学界和天文学界开展科学研究的重要手段。恒星发射光谱的示意图如图 1.2-2 所示。

二、原子吸收光谱法

原子吸收光谱法作为一个分析方法是从 1955 年真正开始的。这一年，澳大利亚的瓦尔西（A. Walsh）发表了他的著名论文《原子吸收光谱在化学分析中的应用》，奠定了原子吸收光谱法的理论基础。1961 年里沃夫发表了非火焰原子吸收法的研究工作，此法的绝对灵敏度可达到 $10^{-12} \sim 10^{-14}$ g，使原子吸收光谱法又向前发展了一步。1965 年威尔斯（J. B. Willis）将氧化亚氮-乙炔火焰成功地用于火焰原子吸收光谱法中，大大地扩大了这一方法所能测定的元素范围，使能被测定的元素达到 70 个之多。近年来，激光的应用使原子吸收光谱法为微区和薄膜分析提供了新手段。塞曼效应的应用，使得在很高的背景下也能顺利地实现测定。特别是高效分离技术气相和液相色谱的引入，实现分离仪器和检测仪器的联用，使

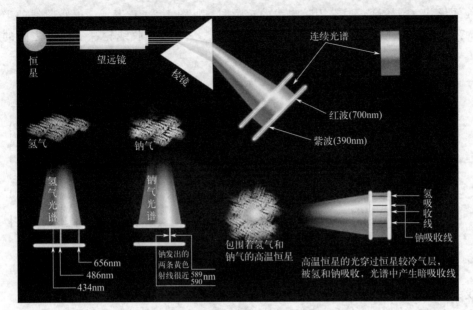

图 1.2-2　恒星发射光谱

原子吸收光谱法的面貌发生重大的改变。

　　原子吸收光谱法具有许多优点：灵敏度高、选择性好、抗干扰能力强、测定元素范围广、仪器简单、操作方便等。其缺点是对某些元素的测定灵敏度还不太令人满意。此外，测定每个元素都需要一个待测元素的空心阴极灯，这对同时要测定试样中多种元素来说不太方便。

第二节　原子吸收光谱基础原理

一、原子吸收光谱与原子发射光谱之间的关系

　　当辐射投射到原子蒸气上时，如果辐射波长相应的能量等于原子由基态跃迁到激发态所需的能量时，则会引起原子对辐射的吸收，产生原子吸收光谱。

　　原子吸收和原子发射一样，取决于原子能级间的跃迁。当原子从低能级被激发到高能级时，必须吸收相应于两能级差 ΔE 的能量，而从高能级跃迁到低能级时则要放出相应的能量。图 1.2-3 表示原子吸收和原子发射之间的关系。原子发射或原子吸收对应的辐射波长为

$$\lambda = \frac{hc}{\Delta E} \tag{1.2-1}$$

　　式中，h 是普朗克常数；c 为光速。

　　原子吸收线的特点是由吸收线的波长、形状、强度来表征的。吸收线的波长如式（1.2-1）所示，取决于原子跃迁能级间的能量差。

吸收线的形状（或轮廓）通常用吸收线的轮廓图（见图 1.2-4）表示，以吸收线的半宽度来表征。所谓吸收线的半宽度 $\Delta\nu$ 是指极大吸收系数一半处吸收线轮廓上两点之间的频率差。

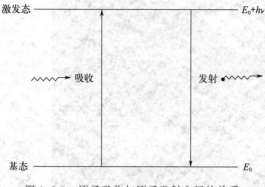

图 1.2-3　原子吸收与原子发射之间的关系

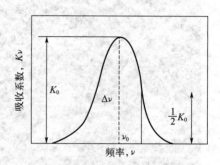

图 1.2-4　原子吸收线的轮廓

吸收线的强度是由两能级之间的跃迁概率决定的。

原子吸收光谱法是通过测量气态原子对特征波长（或频率）的吸收强度来实现的。这种吸收通常出现在可见光区和紫外光区。

一般来说，原子吸收线与原子发射线的波长是相同的。但是，由于共振吸收线的强度分布与原子共振发射线的强度分布是不同的，因此，共振吸收线与共振发射线的中心波长位置有时并不是一致的。而且，最灵敏的发射线未必一定是最灵敏的吸收线。例如在原子吸收光谱中，Ni 最灵敏的吸收线是 2320Å，而在原子发射光谱中常用的 Ni 灵敏线是 3415Å。

一个元素的谱线数目，直接取决于该元素原子内能级的数目。如果原子内总能级数目为 n，从理论上讲，能级之间可能跃迁数，即发射谱线的数目 N_{AES} 为

$$N_{\text{AES}} = \frac{n!}{(n-2)! \, 2!} = \frac{n(n-1)}{2} \tag{1.2-2}$$

当 n 很大时，则

$$N_{\text{AES}} \approx \frac{n^2}{2} \tag{1.2-3}$$

在原子吸收光谱中，仅考虑由基态产生的跃迁，而由基态产生的跃迁数仅正比于原子能级数 n，因此，原子吸收线的数目 N_{AAS} 为

$$N_{\text{AAS}} = \sqrt{2 \times N_{\text{AES}}} \tag{1.2-4}$$

由此可见，吸收线的数目比发射线的数目要少得多。很显然，谱线数目越多，谱线相互重叠的概率就越大。不过，在原子吸收光谱分析中，谱线相互重叠干扰一般可以不予考虑。

在原子发射光谱分析中，发射线的强度直接正比于激发态的原子数，对于给定的原子数而言，激发态的原子数是温度与激发能的函数。在热平衡条件下，共振发射线的强度由下式决定

$$I_q = n_q A_q h\nu_q = A_q n_0 \frac{g_q}{g_0} e^{-\frac{E_q}{kT}} h\nu_q \tag{1.2-5}$$

式中，I_q 是共振发射线强度；n_q 是处于激发态的原子数；A_q 是激发态向基态跃迁的跃迁概率；ν_q 是相应的跃迁频率；g_q 和 g_0 分别为最低激发态和基态的统计权重；E_q 是激发电位；k 是玻尔兹曼常数；T 是绝对温度。在火焰条件下，谱线强度基本上受指数项控制，随温度变化很大。根据玻尔兹曼分布函数，即使在激发电位低和温度高的有利条件下，激发态原子数与基态原子数相比，也是很少的。表 1.2-1 列出了共振激发态与基态原子数之比 n_q/n_0。

表 1.2-1　某些元素共振激发态与基态原子数之比 n_q/n_0

谱线	激发能 /eV	n_q/n_0		
		2000K	2500K	3000K
Ca4227	3.932	1.22×10^{-7}	3.65×10^{-6}	3.55×10^{-5}
Fe3720	3.332	2.29×10^{-9}	1.04×10^{-7}	1.31×10^{-6}
Ag3281	3.778	6.03×10^{-10}	4.84×10^{-8}	8.99×10^{-7}
Cu3248	3.817	4.82×10^{-10}	4.04×10^{-8}	6.65×10^{-7}
Mg2852	4.346	3.35×10^{-11}	5.20×10^{-9}	1.50×10^{-7}
Zn2130	5.795	7.45×10^{-15}	6.22×10^{-12}	5.50×10^{-10}

由表 1.2-1 可知，即使随着温度的大幅提升，多数元素的共振激发态与基态原子数之比 n_q/n_0 有所增加，但总体来看，基态原子数目还是远远大于激发态上的原子数目。这正是原子吸收光谱法优于发射光谱法，灵敏度高、抗干扰能力强的一个重要原因。

二、原子吸收线的形状

如图 1.2-4 所示，原子吸收线并不是无限窄的，而是占据着有限的相当窄的频率范围，也就是说，吸收线并不是几何学上的线，而是有一定的宽度。表示吸收线轮廓特征的值是吸收线的中心波长和吸收线的半宽度，前者是由原子的能级分布特征决定的，后者则受到很多因素的影响，这些因素在不同程度上对吸收线宽度作出贡献。在通常原子吸收分光光度测定的条件下，分别由磁场与电场引起的塞曼变宽效应与斯塔克变宽效应可以不予考虑，吸收线的总宽度 $\Delta\nu_T$ 可用下式表示

$$\Delta\nu_T = \left[\Delta\nu_D^2 + (\Delta\nu_L + \Delta\nu_R + \Delta\nu_N)^2\right]^{1/2} \tag{1.2-6}$$

式中，$\Delta\nu_D$ 是多普勒（Doppler）变宽；$\Delta\nu_L$ 是洛伦兹变宽；$\Delta\nu_R$ 是赫尔兹马克（Holts Mark）变宽；$\Delta\nu_N$ 是自然宽度。

吸收线的自然宽度是和产生跃迁的激发态原子的寿命有关的。激发态原子寿命越长，则吸收线自然宽度越窄。激发态原子寿命约为 10^{-8} s 数量级。

下面分别介绍几种变宽机制。

多普勒变宽：从一个运动着的原子发出的光，如果运动方向离开观察者，在观察者看来，其频率较静止原子所发出的光的频率低；反之，如果原子向着观察者运动，则其发出光的频率较静止原子发出光的频率高，这就是多普勒效应。气相中的原子处于无序运动中，相对于观察谱线的方向，各原子有着不同的运动速度分量。由于这种运动着的发光原子的多普

勒效应便引起谱线的总体变宽。多普勒变宽由下式决定

$$\Delta\nu_D = 1.67 \frac{\lambda_0}{c} \sqrt{\frac{2RT}{M}} \qquad (1.2-7)$$

式中，c 是光速；λ_0 是极大吸收波长；R 是摩尔气体常数；M 是吸收原子的原子量；T 是温度。由式（1.2-7）可以看出，原子量小的元素，多普勒线宽较宽，温度越高，线宽越宽。

赫尔兹马克变宽：又称共振变宽，是同种原子碰撞引起的发射或吸收光量子频率改变而导致的谱线变宽，它随试样原子蒸气浓度增加而增加。随着谱线变宽，吸收值相应地减小。在通常原子吸收分光光度测定条件下，金属原子蒸气压若在 0.01mmHg 以下，共振变宽可以忽略不计，然而，当压力达到 0.1mmHg 时，共振变宽效应则可以明显看出。

洛伦兹变宽：是吸收原子与蒸气中其余原子或分子等相互碰撞而引起的谱线轮廓变宽（$\Delta\nu_L$)、谱峰频移（$\Delta\nu_s$）与不对称性变化。洛伦兹变宽效应大小会随气体压力的增加而增大，也随气体性质的不同而不同。在通常原子吸收分光光度测量的条件下，它与多普勒变宽的数值具有相同的数量级。洛伦兹变宽效应对气体中所有原子是相同的，是均匀变宽，它是按一定比例引起吸收值减小的固定因素，只降低分析灵敏度，而不破坏吸收值与浓度之间的线性关系。

在通常的原子吸收分光光度的条件下，吸收线线宽主要受多普勒变宽效应与洛伦兹变宽效应控制。

三、原子吸收值与原子浓度之间的关系

按照电动力学理论，原子可以看作是大小相等、符号相反的两个点电荷组成的电偶极振子，正电荷有固定位置，负电荷是由原子中所有电子构成，并在正电荷周围振动。在单位时间内谐振子所吸收的总能量为

$$E_{abs} = f_\nu \frac{\pi e^2}{m} Q_\nu \qquad (1.2-8)$$

式中，e 是电子电荷；m 是电子质量；Q_ν 是频率为 ν 的辐射密度；f_ν 是对应频率的吸收振子强度，表示经典的自由电子振子的有效数目，在吸收的条件下，表示原子在指定跃迁时的吸收效应，直接正比于原子对能量为 $h\nu$ 的光量子的吸收概率，即能被入射辐射激发的每个原子的平均电子数，用来表征吸收线的强度。

当光通过原子蒸气时，自由原子的电子在光波电磁场的作用下产生振动，光波则提供能量来激励电子的振动，原子的吸收正好相应于原子内电子固有的振动频率。当辐射密度为 Q_ν，则单位时间内通过单位体积的辐射能为 cQ_ν，这里 c 为光速。因此通过能量 $h\nu$ 的光子数目为 $cQ_\nu/(h\nu)$。若令每个原子吸收光量子有效截面为 S_ν，被吸收的总光量子数为 $\frac{cQ_\nu}{h\nu} S_\nu$，被吸收的总能量是等于被吸收的总光量子数乘以单个光量子的能量，即

$$E_{abs} = S_\nu \frac{cQ_\nu}{h\nu} h\nu = S_\nu c Q_\nu \qquad (1.2-9)$$

结合式 (1.2-8) 与式 (1.2-9)，则有

$$S_\nu = \frac{\pi e^2}{mc} f_\nu \qquad (1.2\text{-}10)$$

因为，常用的是单位体积吸收系数 k_ν，则

$$k_\nu = n S_\nu \qquad (1.2\text{-}11)$$

式中，n 是单位体积内吸收原子数。对于占有一定频率范围的吸收线，在给定的频率范围内的积分吸收值为 $\int k_\nu \mathrm{d}\nu$，它应该等于单个原子对光量子的有效吸收截面乘以其吸收原子数 n，也就是

$$\int k_\nu \mathrm{d}\nu = \frac{\pi e^2}{mc} n f_\nu \qquad (1.2\text{-}12)$$

由式 (1.2-12) 可以看出，积分吸收值与吸收介质中吸收原子浓度成正比，而与蒸气的温度无关。因此，只要测定了积分吸收值，就可以确定蒸气中的原子浓度。

1955 年，瓦尔西提出用测定极大吸收系数 K_0 来代替积分吸收系数的测定，并且证明极大吸收系数 K_0 与基态原子浓度成正比。而 K_0 的测定，只要使用锐线光源，而不必使用高分辨率的单色器就能做到。

在通常原子吸收分光光度测定的条件下，吸收线的形状完全取决于多普勒变宽，这时

$$\int k_\nu \mathrm{d}\nu = \frac{1}{2} \sqrt{\frac{\pi}{\ln 2}} K_0 \Delta\nu_{\mathrm{D}} \qquad (1.2\text{-}13)$$

联合式 (1.2-12) 与式 (1.2-13)，得到

$$k_0 = \frac{2}{\Delta\nu_{\mathrm{D}}} \sqrt{\frac{\ln 2}{\pi}} \frac{\pi e^2}{mc} n f_\nu \qquad (1.2\text{-}14)$$

或者以波长 λ 表示（f_λ 是对应波长的吸收振子强度），则 k_0 值为

$$k_0 = \frac{2\lambda^2}{\Delta\lambda_{\mathrm{D}}} \sqrt{\frac{\ln 2}{\pi}} \frac{\pi e^2}{mc^2} n f_\lambda \qquad (1.2\text{-}15)$$

根据吸收定律（推导见第二篇第一章第二节），$I_\nu = I_0 \mathrm{e}^{-k_\nu l}$ $\qquad (1.2\text{-}16)$

或者以吸光度表示，则 $A = \lg \dfrac{I_0}{I_\nu} = 0.4343 k_\nu l$ $\qquad (1.2\text{-}17)$

式中，I_0 为入射光强度；I_ν 为出射光强度；l 为样品池长度或样品厚度。

当在特征波长测定时，将式 (1.2-15) 代入式 (1.2-17)，得到

$$A = 0.4343 \frac{2\lambda^2}{\Delta\lambda_{\mathrm{D}}} \sqrt{\frac{\ln 2}{\pi}} \frac{\pi e^2}{mc^2} n f_\lambda l \qquad (1.2\text{-}18)$$

由式 (1.2-18) 可以看出，原子吸光度与蒸气中基态原子浓度 n 呈线性关系。

在实际工作中，通常要求测定的并不是蒸气中的原子浓度，而是被测试样中的某组分含量。当试样中被测组分的含量 C 和蒸气相中原子浓度 n 之间保持某种稳定的比例关系时

$$n = \alpha C \qquad (1.2\text{-}19)$$

式中，α 是比例常数。结合式（1.2-18）与式（1.2-19），则有

$$A = 0.4343 \frac{2\lambda^2}{\Delta\lambda_D} \sqrt{\frac{\ln 2}{\pi}} \frac{\pi e^2}{mc^2} f_\lambda \alpha C l \qquad (1.2\text{-}20)$$

式（1.2-20）中，C 为被（待）测元素组分的含量；c 为光速。

简化式（1.2-20）为 $A = KCl$ \qquad (1.2-21)

式中的 K 为式（1.2-20）中右边除掉 C 和 l 的其他实验参数。

由上式可以看出，吸光度 A 与试样中被测组分的含量 C 呈线性关系。

第三节　原子吸收光谱技术原理

一、仪器装备

原子吸收分光光度计与普通的紫外-可见分光光度计的结构基本上相同，只是用空心阴极灯锐线光源代替了普通分光光度计中的连续光源，用原子化器代替了普通的吸收池。原子吸收分光光度计由光源、原子化器、分光系统、检测系统和信号指示系统几部分组成（图1.2-5）。

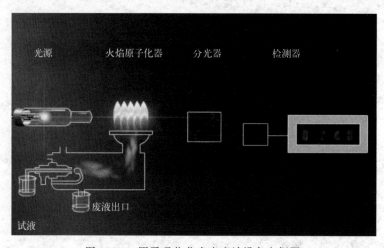

图 1.2-5　原子吸收分光光度计设备方框图

二、光源

光源的功能是发射被测元素基态原子所吸收的特征共振辐射。对锐线光源的基本要求

是：发射的辐射其波长半宽度要小于吸收线的半宽度、辐射强度足够大、稳定性好、使用寿命长。空心阴极灯是能满足这些要求的理想的锐线光源，应用最广。

空心阴极灯有一个由被测元素材料制成的空腔形阴极和一个钨制阳极（见图 1.2-6），阴极内径约为 2mm。放电集中在较小的面积上，以便得到更高的辐射强度。阴极和阳极密封在带有光学窗口的玻璃管内，管内充有惰性气体，压力一般为 $3\sim6$mmHg，以利于将放电限制在阴极空腔内。根据所需要透过的辐射波长，光学窗口在 370nm 以下用石英，在 370nm 以上用普通光学玻璃。

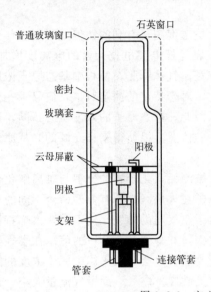
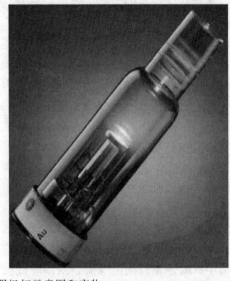

图 1.2-6　空心阴极灯示意图和实物

空心阴极灯放电是辉光放电的特殊形式，放电主要集中在阴极空腔内。当在两极上加上 $300\sim500$V 电压时，便开始辉光放电。电子在离开阴极飞向阳极的过程中，与载气的原子碰撞并使之电离。荷正电的载气离子由电位差获得动能，如果正离子的动能足以克服金属阴极表面的晶格能，当其撞击在阴极表面上时，就可以将阴极原子从晶格中溅射出来。溅射出来的原子再与电子、原子、离子等碰撞而被激发，发出被测元素特征的共振线。在这个过程中，同时还有载气的谱线产生。空阴极放电的光谱特性主要取决于阴极材料的性质、载气的种类和压力、供电方式、放电电流等。阴极材料决定了共振线的波长，载气的电离电位决定阴极材料发射共振线的效率与发射线的性质。He 的电离电位高，用 He 作载气，阴极材料发射的谱线主要是离子线；而用 Ne、Ar 作载气时，阴极材料发射的谱线主要是原子线。放电电流直接影响着放电特性，放电电流很小时，放电不稳定；然而若电流过大，溅射增强，灯内原子蒸气密度增加，谱线变宽，甚至产生自吸，引起测定灵敏度降低，且使灯寿命缩短。因此，在实际工作中需选取一个最适宜的工作电流。

三、原子化器

原子化器的功能在于将试样转化为所需的基态原子。被测元素由试样中转入气相，并离解为基态原子的过程，称为原子化过程。

原子化是整个原子吸收光谱法中的关键所在。实现原子化的方法可以分为两大类：火焰原子化法和非火焰原子化法。

（一）火焰原子化法

用化学火焰实现原子化的优点是操作简便、提供的原子化条件比较稳定、适用范围广。缺点是易生成难离解氧化物的一些元素如 Al、Si、V 等，原子化效率不高，而且在原子化过程中伴随着一系列化学反应的发生，使过程复杂化。

火焰温度明显地影响着原子化过程。一般说来，火焰温度高是有利的，但并不是在任何情况下都是如此。火焰温度提高之后，碱金属、碱土金属等低电离电位元素的电离度增加；火焰发射加强，背景增大；多普勒效应增强，吸收线变宽；气体膨胀，气相中基态原子浓度减小，所有这些效应都会导致测定灵敏度的降低。因此，对于特定的测定对象，应寻求一个最适宜的温度。因为火焰内不同区域的温度是不同的，因此，基态原子的浓度也会不同，这就要求在进行原子吸收测定时必须调节光束通过火焰区的位置，以使得来自光源的光从原子浓度最大的区域通过，从而获得最高的灵敏度。

火焰组成决定了火焰的氧化还原特性，直接影响到被测元素化合物的分解与难离解化合物的形成，从而影响到被测元素的原子化效率和基态原子在火焰区中的有效寿命。不同的火焰，其氧化还原特性自然不同，即使同一类型火焰，由于燃气与助燃气比例不同，火焰特性也会不一样。因此，测定时必须调节燃气与助燃气的比例，并得到一个合适的值。在燃气与助燃气比值保持不变的情况下，由于燃气、助燃气流量增加，也会导致火焰中原子浓度的降低和原子在火焰中有效停留时间的缩短，从而降低测定灵敏度。燃气、助燃气流量太小，试样进样量过小，测定灵敏度也下降。为了获得最佳灵敏度，既要保持合适的燃气与助燃气之比值，又要保持合适的燃气和助燃气的最小流量。有机溶剂的引入，作为附加的热源不仅提高了火焰温度，而且随着有机溶剂中碳与氧的比例不同还会改变火焰的氧化还原特性。

火焰原子化器实际上就是一个喷雾燃烧器。最有效的原子化器就是在单位时间内能使喷入的试样尽可能产生最大数量的微细气溶胶，并将进入火焰的气溶胶最大限度地原子化。形成气溶胶的速率取决于喷雾试液的气体压力和温度，喷雾管和试液管的孔径大小与相对位置，也依赖于试液的黏度、表面张力等物理性质，当然也和喷雾器的结构有关。图 1.2-7 表示原子化器的示意图。

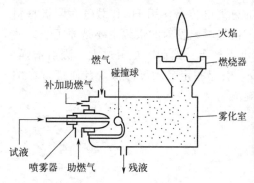

图 1.2-7　火焰原子化器

图 1.2-7 中，原子化器是用助燃气将试液喷入雾化室，在室内预先与燃气混合，而后进入火焰燃烧。它由喷雾器、雾化室和燃烧器三部分组成。雾化器将试液喷成雾珠，不过这时形成的雾珠大小分布范围广，大的雾珠碰撞雾化球（碰撞球），使之进一步细化，形成直径约为 $10\mu m$ 的气溶胶。未被细化的较大的雾珠在雾化室内凝结为液珠，残液沿泄漏管排走，使进入火焰的气溶胶直径大小较为均匀，同时在雾化室内使大部分溶剂蒸发，进入火焰的微粒在室内预先与燃气混合均匀，以减小它们进入火焰时引起的火焰扰动。燃烧器的功用是形成火焰，使进入火焰的微粒原子化。常用的燃烧器是单缝燃烧器，缝长有 5cm 和 10cm 两种。通常使用氧化亚氮-乙炔火焰，用缝长为 5cm 的燃烧器。该原子化器的特点是，由于进入火焰的微粒均匀且细微，在火焰中可瞬时原子化，吸收极大，因而通常出现在火焰的下部。另外，预混合型原子化器形成的火焰稳定性好，有效吸收光程长。缺点是试样利用效率较低，一般约为 10%。若试液浓度高时，易在雾化室壁上沉积。

（二）非火焰原子化法

在非火焰原子化法中，应用最广的原子化器是管式石墨炉原子化器，石墨炉原子化器本质上就是一个电加热器，它是利用电能加热盛放试样的石墨容器，使之达到高温，以实现试样的蒸发与原子化。图 1.2-8 为管式石墨炉原子化器的示意图。

商品仪器大多是管式石墨炉原子化器。石墨炉大多是外径为 6mm、内径为 4mm、长度为 53mm 的石墨管，管两端用铜电极夹住。样品用微量注射器直接由进样孔注入石墨管中，通过铜电极向石墨管供电。石墨管作为电阻发热体，通电后可达到 $2000\sim3000℃$ 的高温，以蒸发试样和使试样原子化。铜电极周围用水箱冷却。电极与水箱之间的弹簧牢固地将石墨管压在电极之间。盖板盖上之后，构成保护气室，设计更完善的石墨炉原子化

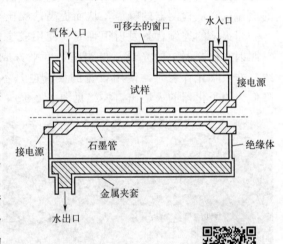

图 1.2-8　管式石墨炉原子化器

器，保护气室是密闭的。室内充入惰性气体 Ar 或 N_2，以保护原子化了的原子不再被氧化，同时也可延长石墨管的使用寿命。

与火焰原子化方法相比，石墨炉原子化的优点是：试样原子化是在充有惰性保护气 Ar 或 N_2 的气室内，并位于强还原性石墨介质内进行的，有利于难熔氧化物的分解；取样量小，通常固体样品为 $0.1\sim10mg$，液体样品为 $1\sim50\mu L$，试样全部蒸发，原子在测定区的有效停留时间长，几乎全部样品参与光吸收，绝对灵敏度高；由于试样全部蒸发，大大地减小了其余组分的干扰影响，测定结果几乎与试样组成无关，这就为用纯标准试样来分析不同未知试样提供了可能性；排除了在化学火焰中常常产生的那种被测组分与火焰组分之间的相互作用，减小了化学干扰；固体试样与液体试样均可直接应用。缺点是：由于取样量小，相对灵敏度不高，试样组成的不均匀性影响较大，测定精度不如火焰原子化法好；若有强的背景，通常都需要考虑背景的影响；所用设备比较复杂，费用较高。

（三）其他原子化法

低温原子化法，亦称化学原子化法，是近年发展起来的一个非火焰原子化法，这个方法主要用来测定 Hg、Ge、Sn、Pb、As、Sb、Bi、Se 和 Te 等。该法主要是利用这些元素或其氢化物在低温下易于挥发的特性，将其蒸气导入气体流动吸收池内进行原子吸收测定。化学原子化法一个优点就是形成元素或其氢化物蒸气的过程本身就是一个分离过程。

此外，还有一些其他的非火焰原子化法，如阴极溅射法、电极放电原子化法、激光原子化法、闪光原子化法、金属器皿原子化法等，但都没有获得普遍的应用。

（四）狭缝宽度

由于吸收线的数目比发射线的数目少得多，谱线重叠的概率大大减少，因此，在原子吸收分光光度测定时，允许使用较宽的狭缝。使用较宽的狭缝可以增加光强，这样可以使用小的增益以降低检测器的噪声，从而提高信噪比与改善检出限。

当火焰的连续背景发射很强时，使用较窄的狭缝是有利的。对于连续光源，它照射在检测器上的光量，与狭缝宽度平方成正比。当在吸收线附近有干扰谱线与非吸收光存在时，使用较宽的狭缝也是不合适的，因为这样会导致灵敏度降低。原子化器的火焰出口狭缝见图 1.2-9。

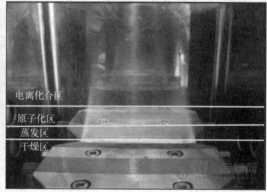

图 1.2-9　原子化器的火焰出口狭缝

合适的狭缝宽度可用实验方法确定。将试液喷入火焰中，调节狭缝宽度，测定在不同狭缝宽度时的吸光度，达到某一宽度后，吸光度趋于稳定，进一步增宽狭缝，当其他谱线或非吸收光出现在光谱通带内时，吸光度将立即减小。不引起吸光度减小的最大狭缝宽度，就是理应选取的最合适的狭缝宽度。

（五）分光器

分光器的作用是将所需的共振吸收线分离出来。由于原子吸收分光光度计采用锐线光源，吸收值测量采用瓦尔西提出的极大吸收系数测定方法，吸收光谱本身也比较简单，因此，对分光器分辨率的要求并不是很高。分光器中的关键部件是色散元件，常用的色散元件有棱镜、光栅，现在商品仪器中多采用光栅作色散元件。原子吸收分光光度计中采用的光栅，刻痕数为 600～2800 条/mm。在原子吸收分光光度计中，为了阻止来自原子吸收池的所有辐射都进入检测器，分光器通常配置在原子化器之后的光路中。

（六）原子吸收分光光度计类型

　　商品仪器大多是单光束型原子吸收分光光度计，但近年来双光束型仪器，乃至更多光束型仪器日益增多。在双光束型仪器中，采用旋转扇形板将来自空心阴极灯的单色辐射分为两光束，一光束为试样光束，它通过火焰或石墨炉原子化器，另一光束为参比光束，它不通过原子化器，通过半透明镜之后两光束经由同一光路通过单色器，进入检测器，再在读数装置上显示两光束之强度比。在商品仪器中，多采用光栅分光器，装置方式有水平对称式光路与垂直对称式光路两种。辐射光源用空心阴极灯。检测器用光电倍增管。图 1.2-10 为单光束与双光束原子吸收分光光度计的结构原理图。

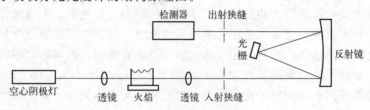

(a) 单光束原子吸收分光光度计

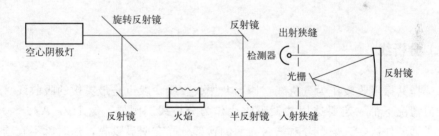

(b) 双光束原子吸收分光光度计

图 1.2-10　原子吸收分光光度计结构原理

第四节　原子吸收光谱分析测试

一、试样处理

　　试样处理的第一步是取样。取样的原则是：一定要注意代表性，送检的样品一定要能代表母体的性状。

防止沾污是样品制备过程中的一个重要问题，因为沾污是限制灵敏度和检出限的重要原因之一。主要沾污来源是水、容器、试剂和大气，而大气污染是很难校正的。避免被测元素的损失是样品制备过程中的又一个重要问题。一般说来，浓度小于 1mg/L 的溶液不宜作为贮备溶液。无机溶液宜放在聚乙烯容器内，并维持一定的酸度。有机溶液在贮存过程中，应避免与塑料、胶木瓶盖等直接接触。

由于溶液中总含盐量对喷雾过程和蒸发过程有重要影响，因此，当试样中总含盐量大于 0.1% 时，在标准试样中也应加入等量的同一盐类。对于用来配制标准溶液的试剂纯度应有一个合理的要求，对于用量大的试剂，例如用来溶解样品的酸碱、光谱缓冲剂、电离抑制剂、释放剂、萃取溶剂、配制标准的基体等，必须是高纯度的，尤其不能含有被测元素。对于被测定元素来说，由于它在标准溶液中的浓度很低，用量少，不需要特别高纯度的试剂，分析纯试剂已能满足实际工作的需要。

对于未知试样的处理，如果是无机溶液样品，在测定时不必做过多的预处理，要是浓度过高，可用水稀释到合适浓度；如果是有机样品，则用甲基异丁酮或石油溶剂稀释，使其接近水的黏度。如果浓度不是过高，稀释之后不便于测定，但又要避免干扰，也可以使用光谱缓冲剂，或者进行必要的化学分离和富集。固体试样的处理比较费事，无机试样要用合适的溶剂和方法溶解，要尽可能完全地将被测元素转入溶液中，并控制溶液中总含盐量在合适的范围内。如果是有机固体试样，则先要用干法或湿法消化有机物，再将消化后的残留物溶解在合适的溶剂中。被测元素如果是易挥发性元素如 Hg、As、Cd、Pd、Sb、Se 等，则不宜采用干法灰化。如果使用石墨炉原子化器，则可以直接分析固体试样，采用程序升温，可以分别控制试样干燥、灰化和原子化过程，使易挥发的或易热解的基体在原子化阶段之前除去。

二、测定条件的选择

（一）分析线

通常选择共振吸收线作为分析线，因为共振吸收线一般也是最灵敏的吸收线。但是，并不是在任何情况下都一定要选用共振吸收线作为分析线。例如，像 Hg、As、Se 等的共振吸收线位于远紫外区，火焰组分对来自光源的这部分光有明显吸收，这时就不宜选择它们的共振吸收线作分析线。当被测定元素的共振吸收线受到其他谱线干扰时，也不能选用共振吸收线作分析线。即使共振吸收线不受干扰，在实际工作中也不一定都要选用共振吸收线，例如分析高浓度试样时，为了改善校正曲线的线性范围，宁可选用其他灵敏度较低的谱线作为分析线。

最适宜的分析线，当视具体情况由实验决定。检验的方法是：首先扫描空心阴极灯的发射光谱，喷入空白液进入原子化器，了解有哪几条可供选用的谱线，然后再喷入试液，查看这些谱线的吸收情况，应该选用不受干扰而且吸收值适度的谱线作为分析线。最强的吸收线最适宜于痕量元素的测定。

（二）原子化条件的选择

在火焰原子化法中，火焰选择和调节是很重要的，因为火焰类型与燃气混合物的流量是影响原子化效率的主要因素。对于分析线在 200nm 以下的短波区的元素（如 Se、P 等），由于烃类火焰有明显吸收，不宜使用乙炔火焰，宜用氢火焰。对于易电离元素如碱金属和碱土金属，不宜采用高温火焰。反之，对于易形成难离解氧化物的元素如 B、Be、Al、Zr、稀土等，则应采用高温火焰，最好使用富燃火焰。火焰的氧化-还原特性明显影响原子化效率和基态原子在火焰中的空间分布，因此调节燃气与助燃气的流量以及燃烧器的高度，使来自光源的光通过基态原子浓度最大的火焰区，从而获得最高的测定灵敏度。

在石墨炉原子化法中，合理选择干燥、灰化和原子化温度十分重要。干燥是一个低温除去溶剂的过程，应在稍低于溶剂沸点的温度下进行。灰化的目的是破坏和蒸发除去试样基体，在保证被测元素没有明显损失的前提下，应将试样加热到尽可能的高温。原子化阶段，应选择能达到最大吸收信号的最低温度作为原子化温度。各阶段的加热时间，依不同试样而不同，需由实验来确定。常用的保护气体为 Ar，气体流速在 1～5L/min 的范围内，对原子吸收信号没有影响。此外，对于棒状和丝状原子化器，原子化器的位置影响较大，定位必须严格；对于管式原子化器，只要将它放在光度计的光路中即可。

（三）试样量

在火焰原子化法中，在一定范围内，喷雾试样量增加，原子吸光度随之增大。但是，当试样喷雾量超过一定值之后，喷入的试样并不能有效地原子化，吸光度不再随之增大；相反，由于试液对火焰的冷却效应，吸光度反而有所下降。因此，应该在保持燃气和助燃气一定比例与一定的总气体流量的条件下，测定吸光度随喷雾试样量的变化，达到最大吸光度的试样喷雾量，就是应当选取的试样喷雾量。

使用石墨管式原子化器时，取样量大小依赖于石墨管内容积的大小，一般固体取样量为 0.1～10mg，液体取样量为 1～50μL。

三、分析方法

（一）标准曲线法

这是最常用的分析方法。配制一组合适的标准溶液，由低浓度到高浓度依次喷入火焰，分别测定吸光度 A，以 A 为纵坐标，被测元素浓度或含量 C 为横坐标，绘制 $A\sim C$ 标准曲线。在相同测定条件下，喷入被测试样，测定其吸光度，由标准曲线上内插法求得试样中被测元素的浓度或含量。

从测光误差的角度考虑，吸光度在 0.2～0.8 之间测光误差较小。因此，应该这样来选择校正曲线的浓度范围，使之产生的吸光度位于 0.2～0.8 之间。为了保证测定结果的准确度，标准试样的组成应尽可能接近实际试样的组成。

喷雾效率和火焰状态的稍许变动、石墨炉原子化条件的变动、波长的漂移，标准曲线的斜率也会随之有些变动。因此，每次测定试样之前最好用标准试样对标准曲线进行检查和校验。

（二）标准加入法

一般说来，被测试样的组成是不完全确知的，这就为配制标准试样带来困难。在这种情况下，如果未知试样量足够的话，使用标准加入法在一定程度上可以克服这一困难。具体做法如下：分取几份等量的被测试样，其中一份不加入被测元素，其余各份中分别加入不同已知量 C_1、C_2、C_3……C_n 的被测元素（标准试样），如图 1.2-11 所示。

然后分别测定各编号试样的吸光度，绘制吸光度对于加入被测元素量（增入量）的校正曲线，如图 1.2-12 所示。

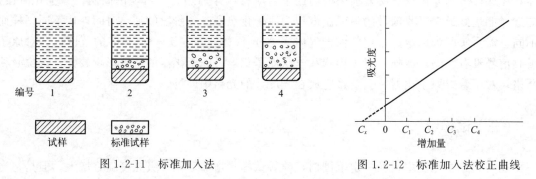

图 1.2-11　标准加入法　　　　　　图 1.2-12　标准加入法校正曲线

由式（1.2-21），$A=KCl$，可知：吸光度与被测元素的浓度成正比。

若令 $K'=Kl$，并设 C_0 为被测元素的浓度，则标准加入法的步骤，可以写作：
$A_0=K'C_0$，$A_1=K'(C_0+C_1)$，$A_2=K'(C_0+C_2)$……
即 $A=K'(C_0+C_x)=A_0+K'C_x$，其中，C_x 为增入量。
因此，当 $A=0$ 时，$C_x=-A_0/K'=-C_0$。

如果试样中不含有被测元素，在正确地扣除背景之后，校正曲线应通过原点；如果校正曲线不通过原点，说明未知试样中含有被测元素。校正曲线在纵坐标轴上的截距所相应的吸光度正是未知试样中被测元素所引起的效应。如果外延校正曲线与横坐标轴相交，由原点至交点的距离相当的浓度或含量 C_x，即为所求的被测元素的含量。

（三）内标法

在标准样品和未知样品中分别加入内标元素，测定分析线和内标线的强度比，并以吸光度比值对被测元素含量绘制校正曲线。内标元素应与被测元素在原子化过程中具有相似的特性。内标法的优点是可以消除在原子化过程中由于实验条件（例如气体流量、火焰状态、石墨炉温度等）变化而引起的误差，提高了测定的精度。但内标法的应用受到测量仪器的限制，需要使用双通道型原子吸收分光光度计。

第五节　原子吸收光谱技术应用

原子吸收光谱法，由于它本身具有一系列的优点，已在地质、冶金、机械、半导体、化工、农业、环境保护、医学卫生和科学研究等各个领域中获得了广泛的应用，元素周期表中大多数的元素都可用原子吸收光谱法直接或间接地进行测定。

一、直接原子吸收光谱法

碱金属是用原子吸收光谱法测定的灵敏度很高的一类元素。碱金属盐沸点低，通过火焰区能立即蒸发，因此使用低温火焰是比较合适的，由于碱金属易电离，因此，在测定某一碱金属时，通常加入另一种易电离的碱金属来抑制电离干扰。碱金属卤化物在 $200\sim400nm$ 区有分子吸收带，在测定时应注意背景的扣除。

原子吸收法测定碱土金属的优点是其特效性。镁（Mg）是用该法测定的最灵敏的元素之一。所有的碱土金属在火焰中易生成氧化物和极小量的 MOH、MOH^+ 基团，宜用富燃火焰。使用高温火焰，有利于自由原子的形成，可提高灵敏度，这时通常需要加入少量碱金属来抑制电离干扰。阳离子 Al^{3+}、Fe^{3+}、Ti^{4+}、Zr^{4+}、V^{5+} 及阴离子硫酸根、磷酸根、硅酸根等对测定碱土金属有干扰作用。

有色金属 Cu、Ag、Zn、Cd、Hg、Pb、Sb、Bi 等的化合物甚至在低温都能迅速而容易地离解，而且不形成难挥发性化合物，原子吸收光谱法能有效地测定这些元素。这些元素的吸收线分布在短波区，火焰吸收的影响比较显著，在测定时应仔细地控制火焰的组成。

金属 Fe、Co、Ni、Cr、Mo、W 等的特点是谱线复杂，而且这些元素经常共存在一起。因此，在富燃火焰中用高强度空心阴极灯测定是特别合适的。测定 Fe、Co、Ni 没有发现特殊的干扰。测定 Mo，由于非挥发性氧化物的形成，干扰较大。

稀有和分散金属在试样中含量低，用化学方法富集之后进行测定是比较适宜的，或者用石墨炉原子吸收法测定。Ga、In 化合物在火焰中很容易离解，易于测定。Se、Te 蒸发快，灯寿命短，宜在低的灯电流下进行测定。Ge、Se 用氢化物法原子吸收测定是很有效的。贵金属 Au、Pd 容易进行测定。

难熔金属 Be、Al、Ti、Zr、Hf、V、Nb、Ta、Th、U、稀土元素等，由于容易形成难熔氧化物，使用强还原性高温火焰进行测定是比较合适的，或者用非火焰原子吸收法测定。

二、间接原子吸收光谱法

间接原子吸收光谱法，是指被测组分本身并不直接被测定，或者不能直接被测定，利用它与可方便测定的元素发生化学反应，然后测定反应产物中或未能反应的过量的可方便测定的元素，由此计算被测组分的含量。例如氯化物和硝酸银反应生成沉淀，原子吸收法测定银，间接定量氯。又如磷酸盐、钛酸盐、钒酸盐、铌酸盐与钼酸盐生成杂多酸，在一定条件下选择性地进行萃取，然后用原子吸收法测定萃取物中的钼，由此求得与钼酸盐反应生成杂多酸的磷、钛、钒、铌的含量。特别值得指出的是，利用杂多酸的化学反应，间接原子吸收法测定钍，使测定钍的灵敏度达到 $0.063\mu g/mL$。间接原子吸收光谱法大大地扩大了原子吸收光谱法的应用范围，目前已用间接原子吸收光谱法测定了许多有机化合物、药物等。

三、同位素分析

原子吸收光谱法测定同位素组成的优点是，不像用发射光谱分析那样需用大分辨率的光谱仪器，而只要测定共振线吸收就可以了。以测定氢同位素为例，将被分析的氢同位素混合物封入水冷式放电管中，由高频发生器供给能量使之放电激发。为了测定同位素组成，需分别测定 H-α 6562.7Å 通过充有纯 H 与同位素混合物的吸收管的透射系数 t 和 T，由此可以确定同位素比。原子吸收法还可用来测定锂、铀、汞等的同位素组成。

 例题习题

一、例题

1.用 AAS 测定某溶液中 Cd 的含量时，测得吸光度为 0.141。在 50mL 这种试液中加入 1mL 浓度为 1×10^{-3} mol/L 的 Cd 标准溶液后，测得吸光度为 0.235；而在同样条件下，测得溶剂（蒸馏水）的吸光度为 0.01。试求未知液中 Cd 的含量。

解答提示：使用吸光度公式作答。

$A_1 = 0.141 - 0.01 = 0.131 = KC_x$

$A_2 = 0.235 - 0.01 = 0.225 = K(1\times1\times10^{-3} + 50C_x)/(50+1)$

以上二式联立求解即可。

二、习题

1.什么是标准加入法？
2.原子谱线为什么有宽度？
3.试画出空心阴极灯的结构示意图，并简述其工作原理。

 知识链接

一、零多普勒宽度

为了满足科研等应用要求，光谱分辨率需要更上一层楼。那么怎样才可以提高光谱分辨率？我们知道，光谱线是有一定宽度的。显然，如果谱线的宽度比两条谱线相隔开的距离还

大，那么，在光谱图上就没有办法辨别出其中是有一条谱线，还是有两条或者三条谱线了。当然，我们可以设想把两条光谱线在光谱图上的距离拉大，也就是说，采用色散率更大的光谱仪工作。但是，这种办法是有限制的。因为光谱线的宽度也将随着光谱仪的色散率增大，做相同比例的展宽，波长相差数值比谱线宽度还小的两条谱线，依然辨别不出来。唯一有效的办法就是尽可能地减小谱线的宽度，使互相靠近的两条谱线能够暴露在谱线宽度之外。

为了获得宽度很窄的谱线，科学家们曾经做了很大的努力。在过去的几十年时间里，在远红外波段和 γ 射线波段的确已经取得了相当大的成就。比如，在微波波段内，利用分子束的方法产生了宽度极窄的谱线，得到 10^9 的光谱分辨率。在 γ 射线波段内，科学家穆斯堡尔在 1958 年发现，嵌在晶格中的原子核，在它的某些能级之间跃迁产生的谱线宽度也极窄，光谱分辨率可以达到 10^{15}。但是，在可见光和近红外光谱波段内，这项工作一直进展不大，光谱分辨率停留在 10^5 的数量级。困难就在于难以消除谱线的多普勒宽度。

多普勒宽度正比于原子沿测量光波方向的速度分量，所以科学家曾设想，在垂直于原子运动的方向上接收原子的发光光谱，就可以排除多普勒效应的影响，获得没有多普勒宽度的光谱。为此，科学家们建立了原子束和分子束光谱。原子束是一群运动速度相等、运动方向相同的原子。如果在与这种理想的原子束相垂直的方向记录由它产生的发射光谱或吸收光谱，当然是没有多普勒宽度的。然而，实际的情况是得不到这种理想的原子束，束中总有一些原子散开朝其他方向传播，因而也就不可能完全消除多普勒效应的影响。目前用这种办法只能够把多普勒宽度降低到原来的 1/10 到 1/50。

到二十一世纪六十年代，激光器发明了。一种崭新的光源给科学家获得零多普勒宽度的光谱线带来了希望，下面就介绍利用激光技术排除多普勒效应干扰，提高光谱分辨率的方法。

二、饱和吸收与饱和吸收光谱

利用激光在物质中产生的饱和吸收现象，可以获得没有多普勒宽度的光谱线，光谱分辨率一般可以做到 $5×10^{10}$，比以往的光谱技术提高了 10 万倍！估计加上与其他技术耦合还有希望提高到 10^{11} 到 10^{13}。

（一）饱和吸收

我们知道，光波通过物质的时候，有一部分能量会被物质吸收掉，因此透射出来的光强度也就减弱。不同种类的物质，它们对光波能量吸收的程度不同，对光波能量吸收大的称为光学非透明物质，对光波能量不吸收或者吸收很少的物质，称为光学透明物质。

物质是光学透明的或者是非透明的，与所用的入射光波长有关系。比如说，半导体材料锗、硅、砷化镓等，它们对可见光是不透明的，但对波长在 $10\mu m$ 左右的光波则是透明的。又如石英玻璃，它对紫外和可见光是透明的，但对红外波段的光波则是不透明的。

除此之外，物质的透明程度还与光波强度有关吗？

这个问题很早就有人提出来。他们设想了如图 1.2-13 那样的实验，其中图（a）是入射光先经过吸收物质，然后通过光学衰减片到达接收器；图（b）是入射光束先经过光学衰减

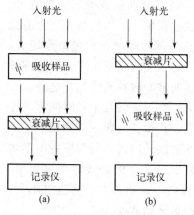

图 1.2-13　光的吸收实验

片，然后通过吸收物质，到达接收器。

这两种实验安排，接收器接收到的光强度是不是一样？

很显然，假如物质的透明程度和光波强度没有关系，接收到的光强度应该是相同的。因为实验中用的是同一块吸收物质，同一块光学衰减片，没有什么理由说它们对换一下位置，接收到的强度就不一样了。

用普通光源发射出来的光波做实验，情况的确是两种实验安排接收到同样的光强度。可是，当用强的激光束做实验时就出现变化，按图（a）的安排接收到的光强度比按图（b）接收到的光强度较高，这只能从物质的透明程度，或者说物质的吸收系数与光波强度有关系来找原因。如果物质的吸收系数是随着光强度增加而减小，那么，的确按图（a）的布局比按图（b）的布局接收器接收到的光信号较强。

后来，人们采用不同功率的激光束测量了同一块物质的透明程度，结果完全证实，物质的透明程度和光束功率有关系。当光功率高到一定数值之后，物质会变成几乎一点也不吸收光波能量。这个现象称为饱和吸收，它是强光与物质相互作用产生的非线性光学现象之一。

为什么用普通光源看不到饱和现象，而用了激光束之后就能见到呢？这需要了解一下物质对光波吸收的过程。从量子论的观点来看，吸收是原子从基态向激发态，或者是能量较低的能级向能量较高的能级跃迁的一种过程。入射的光波能量被物质吸收掉的数量与在基态的原子数目成正比例关系。入射光的功率增高，单位时间内离开基态的原子数目也随之而增多，参与吸收的组元也就相应减少。因此，完全有理由想象，物质的透明程度是和光的强度有关系的。但是，在通常的条件下，物质内绝大部分原子是在基态，而在单位体积内的原子数目又是巨大的，比如说，在室温条件下，$1cm^3$ 的气体中含有的气体原子就有 2.7×10^{19} 个。所以，要让基态原子数目出现较明显的变化，比如出现千分之一的变化，就要求相当高的功率，普通光源是远远不能办到的。

（二）设想

利用饱和吸收现象，我们便有希望得到没有多普勒宽度的光谱线。设想如图 1.2-14 那样的实验示意图。从激光器输出来的激光束，通过分束器分成两束，一束被反射镜 1 反射后进入样品盒，另外一束被反射镜 2 反射后进入样品盒。光束 1 叫作饱和光束，光束 2 叫作探测光束。它们的光频率相同，但传播方向相反，而且两者的光强度有较大差别。饱和光束强度很高，它通过样品盒的时候能够产生饱和吸收，亦即它通过样品后能量损失很少。探测光束的强度比较低，它通过样品的时候不会发生饱和吸收。又因为在一般条件下，饱和光束和探测光束是与样品内不相同的一群原子相互作用。所以，探测光束在通过样品的时候，依然受到比较强烈的吸收，接收器接收到的探测光强度也就很弱。

探测光束和饱和光束是与样品内不相同的一群原子相互作用，可以这样来说明其中的道理。我们说饱和光束和探测光束的频率相同，那是指测量光频率的仪器和光源同是固定在实验桌上的结果。对于样品内的原子来说，情况就不大相同，因为原子总是不停地在运动着。

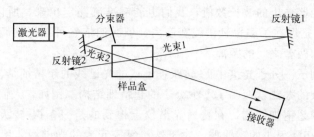

图 1.2-14　利用饱和吸收获得无多普勒宽度谱线的实验

根据多普勒频率移动的原理，不同的原子所接收到的光波频率就不是相同的了。假如原子在静止的时候能够吸收的光波频率是 ν_0（它也就是原子的谱线中心频率），当它以速度 v 迎着光波运动时，它实际吸收的将是频率为 $\nu_0 + \Delta\nu_D$ 的光波，这里的 $\Delta\nu_D$ 是多普勒频率位移。而当这个原子以速度 v 沿着光波传播方向运动时，它吸收的将是频率为 $\nu_0 - \Delta\nu_D$ 的光波。所以，如果入射的光波频率比 ν_0 低，那么，就只有那些沿着光波传播方向的原子才吸收光波的能量。如果入射光波的频率比 ν_0 高，则那些迎着光波运动的原子吸收光波。

但是，如果入射的光波频率刚好等于原子的谱线中心频率 ν_0，这种情况是特殊的。在这时候就唯有相对于光束是静止不动的，或者是与光束传播方向垂直的那些原子才能吸收光波的能量。此时饱和光束和探测束和同一群原子相互作用。即饱和光束使样品中的这些原子产生饱和吸收之后，探测光束通过的时候就不会被吸收，于是在接收器上便接收到一个强度比较高的信号。即是说，只有当入射光的频率准确地等于原子的吸收谱线中心频率，才能够接收到一个强度比较高的光信号，其他频率的入射光，接收器没有信号输出。这样一来，我们得到的吸收光谱线是完全属于原子吸收线中心频率的，它消除了多普勒效应的影响。

（三）实践与潜力

假如我们要研究的是原子能级 B 的超精细结构。如图 1.2-15 所示，能级 B 是包含两个互相靠得很近的能级 B_1 和 B_2。从能级 B_1 跃迁到能级 A，以及从能级 B_2 跃迁到能级 A 发射的光波频率是 ν_{01} 和 ν_{02}。因为能级 B_1 和能级 B_2 的能量相差很小，所以，光频率 ν_{01} 和 ν_{02} 相差的数值也就很小，比谱线的多普勒宽度还小。因而利用普通光谱仪得到的光谱图上，实际看到的是一条宽度比较宽的谱线，而不是看到有两条谱线。至于能级 B_1 和 B_2 之间的裂距，当然也就没有办法确定。现在我们来看看，利用饱和吸收现象是怎样把两条谱线分辨开来的。

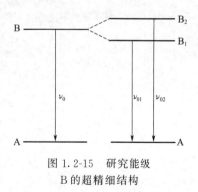

图 1.2-15　研究能级 B 的超精细结构

我们利用一台频率可以调谐的激光器作光源。根据前面叙述过的道理，当激光器输出的频率刚好等于从能级 B_1 跃迁到能级 A 的频率 ν_{01} 时，探测器便接收到一个强度比较高的信号；再调谐激光器输出的频率，当频率刚好又是对应于从能级 B_2 跃迁到能级 A 的频率 ν_{02} 时，接收到的又是一个强的光信号，先后得到的这两个光信号，它们便是能级 B 跃迁到能级 A 的超精细结构。因为我们是在排除了多普勒效应的影响，在入射光频率准确等于两个跃迁的中心频率时才获得的，所以，先后得到的两个光信号明显可辨，让我们确信其中有两条谱线。其次，激光器输出的波长数值，我们也能够准确测定出来，所以，尽管频率为 ν_{01} 和 ν_{02} 的这两条谱线是埋在了多普勒谱线宽度内，但我们依然可以把它们辨别出来，而且可以准确地测量出它们两者之间的距离。

举一个实际的例子。分子光谱中振-转跃迁形式的光谱线的超精细结构以往是不清楚的，现在，利用饱和吸收的办法就探明了不少分子的超精细结构。例如，人们利用氩离子激光器研究了碘分子光谱的超精细结构，在普通光谱仪上得到的是一条振-转跃迁光谱线，现在发现它是 20 多条波长相隔很小的谱线群。对于钠、氢等元素的光谱线，用脉冲染料激光器作光源，更进一步探明了它们的谱线超精细结构。过去，我们已经知道钠 D 线是双线，它们是对应于基态能级发生分裂而产生的。同样地，跃迁的上能级也发生分裂，不过，由它分裂所产生的谱线超精细结构，用普通光谱仪是鉴别不出的。故此，人们一直没有观察到过上能级的分裂造成的光谱结构的变化。现在，利用氮分子激光器泵浦的染料激光器作光源，详细地测量了钠 D_1 和钠 D_2 线的超精细结构，发现每条谱线是由 4 条更细的谱线组成的，并不是一条谱线。

参考文献

[1] 清华大学分析化学教研室. 现代仪器分析[M]. 北京：清华大学出版社，1983.

[2] 雷仕湛. 漫话光谱[M]. 北京：科学出版社，1985.

[3] 四川省分析测试技术联合服务中心. 精密分析仪器及应用[M]. 成都：四川科学技术出版社，1988.

[4] 泉美治，小川雅弥，加藤俊二. 仪器分析导论[M]. 刘振海，李春鸿，张建国，译. 北京：化学工业出版社，2005.

[5] 马成龙，王忠厚，葛德栋. 光学式分析仪器（一）[M]. 北京：机械工业出版社，1981.

[6] 摄谱仪器编写组. 摄谱仪器[M]. 北京：机械工业出版社，1978.

[7] JK.И.塔检索夫. 光谱仪器[M]. 包学斌，桑胜泉，祝绍其，译. 北京：机械工业出版社，1985.

[8] 吴国安. 光谱仪器设计[M]. 北京：科学出版社，1978.

[9] 赫兹堡. 分子光谱与分子结构：第一卷[M]. 王鼎昌，译. 北京：科学出版社，1983.

[10] 张寒琦. 仪器分析[M]. 2版. 北京：高等教育出版社，2013.

[11] 黎兵. 现代材料分析技术[M]. 北京：国防工业出版社，2008.

第二篇

分子光谱法

　　本篇介绍的是材料分析技术的第二大类方法，即与分子结构有关的三种光谱技术——紫外-可见光谱、红外光谱、激光拉曼光谱。

第一章

紫外-可见光谱

第一节　紫外-可见光谱历史背景

　　按作用物分类，光谱分析分为原子光谱分析和分子光谱分析，按能级跃迁方式，分为吸收光谱分析和发射光谱分析，按所用光波分为红外、可见、紫外。当用原子发射光谱法来分析分子化合物，特别是有机分子化合物时会遇到困难，因为分子化合物在火焰、电弧、电火花中加热时，或者是在低气压放电时，都很容易发生分解或离解。同样地，原子吸收光谱法也不适宜用来分析分子化合物，因为原子吸收光谱法中也是用火焰或者电加热的方法，把样品变成原子蒸气，然后再进行分析的。在分析分子化合物时，比较常用的是分子吸收光谱法，它的产生，在原理上与原子吸收光谱法相似，但实验方法各异。

　　由于分子的电子跃迁发射的光波是在紫外-可见波段；振动跃迁产生的辐射是在红外波段，所以，分子吸收光谱一般又划分为紫外-可见吸收光谱和红外吸收光谱两种。

一、分子光谱概述

　　如第一篇所述，原子光谱是由原子中电子能级跃迁所产生的，它是由一条条明锐的彼此分立的谱线组成的线状光谱，每一条光谱线对应于一定的波长。

　　分子光谱比原子光谱要复杂得多，这是因为在分子中除了有电子的运动以外，还有组成分子的各原子间的振动，以及分子作为整体的转动。如不考虑这三种运动形式之间的相互作用，则分子的总能量可认为是这三种运动能量之和，即

$$E_{分子} = E_{电子} + E_{振动} + E_{转动} \quad (2.1\text{-}1)$$

　　分子中这三种不同的运动状态都对应有一定的能级，即分子除了有电子能级之外，还有振动能级和转动能级，这三种能级都是量子化的。正如原子有原子能级图一样，分子也有其特征的分子能级图。图2.1-1是双原子分子的能级示意图。

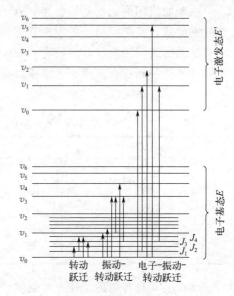

图 2.1-1　双原子分子能级

如图所示，振动量子数用 $v=0$，1，2，3……表示，转动量子数用 $J=0$，1，2，3……表示。转动能级的间距最小，其次是振动能级，电子能级的间距最大，即 $\Delta E_{电}>\Delta E_{振}>\Delta E_{转}$。在每一电子能级上有许多间隔较小的振动能级，在每一振动能级上又有许多间隔更小的转动能级。

当分子吸收一定能量的电磁辐射时，分子就由较低的能级 E 跃迁到较高的能级 E'，吸收辐射的能量与分子的这两个能级差相等。即

$$\Delta E=E'-E=h\nu$$

根据式（2.1-1）

$$\Delta E=(E'_e-E_e)+(E'_v-E_v)+(E'_J-E_J) \tag{2.1-2}$$

能级差可认为是上面三种运动能量（E_e、E'_e 电子运动，E_v、E'_v 分子振动，E_J、E'_J 分子转动）之和。

用频率表示为

$$\nu=\frac{E'-E}{h}=\frac{E'_e-E_e}{h}+\frac{E'_v-E_v}{h}+\frac{E'_J-E_J}{h} \tag{2.1-3}$$

$$\nu=\nu_e+\nu_v+\nu_J \tag{2.1-4}$$

即分子吸收辐射的频率是由上述三者加合而成的。

二、分子光谱的类型

电子能级的能量差一般为 $1\sim20eV$，相当于紫外和可见光的能量，因此由电子能级的跃迁而产生的光谱叫紫外-可见光谱，又称电子光谱。

振动能级间的能量差一般在 $0.05\sim1eV$ 之间，相当于红外光的能量。因此，由于振动能级间的跃迁所产生的光谱叫振动光谱，又称红外光谱。

转动能级间的能量差一般为 $0.005\sim0.05eV$，相当于远红外光甚至微波的能量，因此由于转动能级的跃迁而产生的光谱是转动光谱或远红外光谱。分子光谱的类型和辐射区域见表 2.1-1。

表 2.1-1　分子光谱的类型和辐射区域

辐射区域	波长	光谱类型
真空紫外	$10\sim200nm$	电子光谱
紫外	$200\sim400nm$	电子光谱
可见	$400\sim750nm$	电子光谱
红外	$0.75\sim1000\mu m$	振动转动光谱
微波	厘米数量级	转动光谱

实际上，只有用远红外光或微波照射分子时，才能得到纯粹的转动光谱。例如，分子从 $J=0$ 跃迁到 $J=1$ 的转动能级，其能量差为 $0.005eV$，则分子吸收辐射的波数为

$$\bar{\nu} = \frac{0.005 \times 1.60 \times 10^{-19}}{6.6 \times 10^{-24} \times 3 \times 10^{10}} \approx 40\,\mathrm{cm}^{-1}$$

或者波长 $\lambda \approx \dfrac{1}{40} = 250\mu\mathrm{m}$，即由一对转动能级跃迁所产生的光谱是对应于一定波数的一条谱线。在一定温度下，分子处于各个不同能级的分子数服从玻尔兹曼分布定律，即处于能量高的分子数目 n' 比处于能量低的分子数目 n 要少，玻尔兹曼分布的表达式为

$$\frac{n'}{n} = \mathrm{e}^{-\frac{E'-E}{kT}} = \mathrm{e}^{-\frac{\Delta E}{kT}}$$

但是，因为分子的转动能级间距很小，即使在室温下，分子处于不同的转动能级的数目相差并不太大，因此，可以在许多不同的相邻能级间发生转动跃迁，这样就可以得到由一系列谱线组成的转动光谱。图 2.1-2 是 HCl 气体的转动光谱。

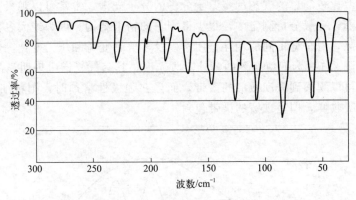

图 2.1-2　HCl 气体的转动光谱

转动光谱的数目取决于跃迁选律，即 $\Delta J = \pm 1$。由上可知，转动光谱是振动光谱的精细结构。

第二节　紫外-可见光谱基础原理

物质的吸收光谱，本质上就是物质中的分子、原子等，吸收了入射光中某些特定波长的光能量，并相应地发生跃迁吸收的结果。而紫外-可见光谱就是物质中的分子或基团，吸收了入射的紫外-可见光能量，产生了具有特征性的带状光谱。

光经过物体的透光率 $T = I_{t}/I_{0}$，其中 I_{t} 为透过光强度，I_{0} 为入射光强度，而吸光度定义为 $A = \lg(1/T) = \lg(I_{0}/I_{t})$。

一、精细结构

当用能量较高的红外光照射分子时，就可引起振动能级间的跃迁。由于分子中在同一振动能级上还有许多间隔很小的转动能级，因此在振动能级发生变化时，同时又有转动能级的

改变。所以，在一对振动能级发生跃迁时，不是产生对应于该能级差的一条谱线，而是由一组很密集的（其间隔与转动能级间距相当）谱线组成的光谱带。对于整个分子来说，就可以观察到相当于许多不同振动能级跃迁的若干个谱带。所以振动光谱实际上是振动-转动光谱。如果仪器的分辨率不高，则得到的就是很宽的连续谱带。液体和固体的红外光谱，由于分子间相互作用较强，转动能级一般分辨不清，一个谱带通常只显示一个振动峰。

同样的，因为在同一电子能级上还有许多间隔较小的振动能级和间隔更小的转动能级，当用紫外-可见光照射分子时，则不但发生电子能级间的跃迁，同时又有许多不同振动能级间的跃迁和转动能级间的跃迁。因此，在一对电子能级间发生跃迁时，得到的是很多的光谱带，这些谱带都对应于同一个 ν_e 值，但是包含许多不同的 ν_v 和 ν_j 值，形成一个光谱带系。对于一种分子来说，可以观察到相当于许多不同电子能级跃迁的多个光谱带系，所以说，电子光谱实际上是电子-振动-转动光谱，是复杂的带状光谱。如果用高分辨的仪器进行测定，则双原子以及某些比较简单的气态的多原子分子的分子光谱，常常可以观察到它的振动和转动精细结构。然而在一般分析测定中，很少得到它的精细结构。因为绝大多数的分子光谱分析都是用液体样品，由于分子间的相互作用，以及多普勒变宽和压力变宽等效应，光谱的精细结构消失了。图 2.1-3 为四氮杂苯的紫外吸收光谱，其蒸气光谱呈现明显的精细结构，在非极性溶剂中还可以观察到振动效应的谱带，而当在强极性溶剂时，则精细结构完全消失，得到的是很宽的吸收峰，即呈现宽的谱带包封。

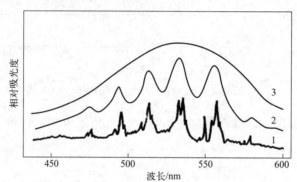

图 2.1-3　四氮杂苯的紫外吸收光谱
1—四氮杂苯蒸气；2—四氮杂苯溶于环己烷中；3—四氮杂苯溶于水中

二、紫外-可见吸收光谱的电子跃迁

一般所说的电子光谱是指分子的外层电子或价电子（即成键电子、非键电子和反键电子）的跃迁所得到的光谱。各类分子轨道的能量有很大的差别，通常是非键电子的能级位于成键和反键轨道的能级之间。当分子吸收一定能量的辐射时，就发生相应的能级间的电子跃迁。在紫外-可见光区域内，有机物经常碰到的跃迁有 $\sigma \rightarrow \sigma^*$、$n \rightarrow \sigma^*$、$n \rightarrow \pi^*$ 和 $\pi \rightarrow \pi^*$ 等四种类型。图 2.1-4 表示这类电子的相对能级

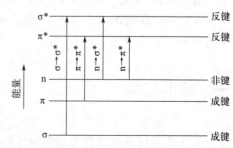

图 2.1-4　分子电子的能级和跃迁

和跃迁。

① $\sigma \rightarrow \sigma^*$ 跃迁：这是分子中成键 σ 轨道上的电子吸收辐射后，被激发到相应的反键 σ^* 轨道上。和其他可能的跃迁相比较，引起 $\sigma \rightarrow \sigma^*$ 跃迁所需要的能量很大，这类跃迁主要发生在真空紫外区。饱和烃只有 $\sigma \rightarrow \sigma^*$ 跃迁，它们的吸收光谱一般在低于 200nm 区域内才能观察到。例如甲烷的最大吸收峰在 125nm 处，而乙烷则在 135nm 处有一个吸收峰。

② $n \rightarrow \sigma^*$ 跃迁：含有非键电子（即 n 电子）的杂原子的饱和烃衍生物，都可发生 $n \rightarrow \sigma^*$ 跃迁。这类跃迁所需的能量，通常要比 $\sigma \rightarrow \sigma^*$ 跃迁小。可由在 $150 \sim 250nm$ 区域内的辐射引起，并且大多数的吸收峰出现在低于 200nm 区域内。因此在紫外区仍不易观察到这类跃迁。由表 2.1-2 可见，这类跃迁的摩尔吸收系数一般在 $100 \sim 300$ 范围内。

表 2.1-2　由 $n \rightarrow \sigma^*$ 跃迁所产生的吸收

化合物	λ 最大/nm	ε 最大	化合物	λ 最大/nm	ε 最大
H_2O	167	1480	$(CH_3)_2S$	229	140
CH_3OH	184	150	$(CH_3)_2O$	184	2520
CH_3Cl	173	200	CH_3NH_2	215	600
CH_3Br	204	200	$(CH_3)_2NH$	220	100
CH_3I	258	365	$(CH_3)_3N$	227	900

③ $n \rightarrow \pi^*$ 和 $\pi \rightarrow \pi^*$ 跃迁：有机物最有用的吸收光谱是基于 $n \rightarrow \pi^*$ 和 $\pi \rightarrow \pi^*$ 跃迁所产生的。π 电子和 n 电子比较容易激发，这类跃迁所需的能量使产生的吸收峰都出现在波长大于 200nm 的区域内。这两类跃迁都要求有机分子中含有不饱和官能团。这种含有 π 键的基团就称为生色基。

$n \rightarrow \pi^*$ 跃迁与 $\pi \rightarrow \pi^*$ 跃迁的差别，首先是吸收峰强度的不同。$n \rightarrow \pi^*$ 跃迁所产生的吸收峰，其摩尔吸收系数 ε 很低，仅在 $10 \sim 100$ 范围内，这比 $n \rightarrow \sigma^*$ 跃迁的还要低。而 $\pi \rightarrow \pi^*$ 跃迁产生的吸收峰的摩尔吸收系数则很大，一般要比 $n \rightarrow \pi^*$ 大 $100 \sim 1000$ 倍。对含单个不饱和基的化合物，ε 在 10^4 左右。其次是溶剂的极性对这两类跃迁所产生的吸收峰位置的影响不同。当溶剂的极性增加时，$n \rightarrow \pi^*$ 跃迁所产生的吸收峰通常向短波方向移动（称为蓝移）。面对 $\pi \rightarrow \pi^*$ 跃迁则常常观察到相反的趋势，即吸收峰向长波方向移动（称为红移）。

三、辐射吸收定律——朗伯-比尔定律

分子对辐射的吸收，可以看作是分子或分子中某一部分对光子的俘获过程。那么，只有当光子和吸收辐射的物质分子相碰撞时，才有可能发生吸收。当光子的能量与分子由低能级（或基态能级）跃迁到更高能级（或激发态能级）所需的能量相等时，该分子就可能俘获具有这种能量的光子。由此可见，物质分子对辐射的吸收，既和分子对该频率辐射的吸收本领有关，又和分子同光子的碰撞概率有关。

图 2.1-5 为辐射吸收的示意图。假设有一束平行单色辐射，通过厚度为 l、截面积为 s 的一块各向同性的均匀吸收介质。设进入吸收介质的最初辐射强度为 I_0，入射辐射经过吸收介质 x 厚度以后的辐射强度为 I_x。

现讨论吸收介质中厚度为 dx 的无限小单元的吸收情况。

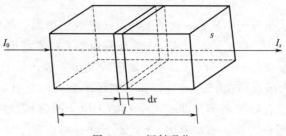

图 2.1-5　辐射吸收

当 I_x 通过 dx 后，其辐射强度减弱了 dI_x，因此辐射强度减弱的程度为 $-dI_x/I_x$。当 dx 无限小，可认为分子对光子的俘获概率为 ds/s（ds 表示无限小单元中俘获光子的截面积）。则

$$-\frac{dI_x}{I_x} = \frac{ds}{s} \tag{2.1-5}$$

如果介质中含有多种吸收辐射的组分，就都对 ds 有贡献，则

$$ds = \alpha_1 dn_1 + \alpha_2 dn_2 + \cdots + \alpha_i dn_i \tag{2.1-6}$$

式中，α_i 表示 1 个分子或 1 摩尔分子的第 i 种组分的俘获面积；dn_i 表示在 sdx 体积单元中，第 i 种组分的分子数或物质的量。将式（2.1-5）代入式（2.1-6），得到

$$-\frac{dI_x}{I_x} = \frac{1}{s}(\alpha_1 dn_1 + \alpha_2 dn_2 + \cdots + \alpha_i dn_i) \tag{2.1-7}$$

当辐射通过厚度为 l 的吸收介质时，对式（2.1-7）两边同时积分

$$\int -\frac{dI_x}{I_x} = \frac{1}{s}\int(\alpha_1 dn_1 + \alpha_2 dn_2 + \cdots + \alpha_i dn_i)$$

$$\ln\frac{I_0}{I} = \frac{1}{s}(\alpha_1 n_1 + \alpha_2 n_2 + \cdots + \alpha_i n_i) \tag{2.1-8}$$

因为吸收介质的体积 $V=sl$，其浓度 $C=\dfrac{n}{V}$，代入式（2.1-8），得

$$\ln\frac{I_0}{I} = \alpha_1 C_1 l + \alpha_2 C_2 l + \cdots + \alpha_i C_i l$$

即 $\lg\dfrac{I_0}{I} = 0.4343(\alpha_1 C_1 l + \alpha_2 C_2 l + \cdots + \alpha_i C_i l)$

$$\lg\frac{I_0}{I} = K_1 C_1 l + K_2 C_2 l + \cdots + K_i C_i l$$

$$= l\sum_1^i K_i C_i \tag{2.1-9}$$

式中，$\lg\dfrac{I_0}{I}$ 称为吸光度，用 A 表示，因此有

$$A = l \sum_{1}^{i} K_i C_i \qquad (2.1\text{-}10)$$

式中，K 表示物质分子对某频率的吸收本领，称为吸收系数。式（2.1-10）即辐射吸收定律的数学形式。它的物理意义是物质的吸光度与物质的吸收系数和浓度的乘积成正比。而物质的总吸光度则等于物质中各种组分的吸光度的加和，这就是光吸收的加和特性。如果物质中只有一种吸光组分，则式（2.1-10）简化为

$$A = KCl \qquad (2.1\text{-}11)$$

这就是朗伯-比尔定律的数学表达式。吸收系数 K 和入射辐射的波长 λ 以及吸收物质的性质有关，K 的单位为 L/(g·cm)。若浓度的单位为 mol/L，则 K 的单位为 L/(mol·cm)，称为摩尔吸收系数，通常用符号 ε 表示。朗伯-比尔定律是分光光度定量测定的基础，表示一束平行单色光通过一均匀、非散射的吸光物质时，在入射光的波长、强度以及物质温度等保持不变时，该物质的吸光度 A 与其浓度 C 及厚度 l 的乘积成正比。朗伯-比尔定律适用的范围：

① 入射光为单色光，适用于可见、红外、紫外光；

② 均匀、无散射溶液、固体、气体；

③ 吸光度 A 具有加和性，$A_{a+b+c} = A_a + A_b + A_c$；

④ 入射光为平行光，且垂直物体表面入射。

摩尔吸收系数表示物质对某一波长的辐射的吸收特性。ε 愈大，表示物质对某一波长辐射的吸收能力愈强，因而分光光度测定的灵敏度就愈高。吸收系数的特点：①一定条件下是一个特征常数；②在温度和波长等条件一定时，ε 仅与物质本身的性质有关，与待测物浓度 C 和厚度 l 无关；③定性和定量分析依据，同一物质在不同波长时 ε 值不同，不同物质在同一波长时 ε 值不同，ε_{max} 表明了该物质在最大吸收波长 λ_{max} 处的最大吸光能力。

对于某一特定的物质来说，吸收不同波长的辐射时，其相应的摩尔吸收系数是不同的，即 $\varepsilon = f(\lambda)$。若固定物质的浓度和吸收池的厚度，以吸光度 A（或透射率 T）对辐射波长作图，就得到物质的吸收光谱曲线。吸收光谱曲线体现了物质的特性，不同的物质具有不同的特征吸收曲线，因此，吸收光谱可用作物质的定性鉴定。

第三节 紫外-可见光谱技术原理

一、紫外-可见光谱仪

分光光度法使用的仪器是分光光度计。虽然目前商品生产的紫外-可见光谱仪类型很多，但就其结构原理来讲，都是由光源、分光系统（单色器）、吸收池、检测器和测量信号显示系统（记录装置）这五个基本部件组成的（图2.1-6）。

由光源产生的复合光通过单色器分解为单色光，当单色光通过吸收池时，一部分光被样

品吸收；未被吸收的光到达检测器，将光信号转变成电信号并加以放大，放大后的电信号再被显示或记录下来。

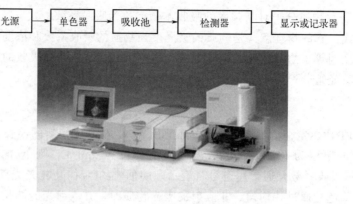

光源 → 单色器 → 吸收池 → 检测器 → 显示或记录器

图 2.1-6　紫外-可见光谱仪

二、光源

对光源的基本要求是在广泛的光谱区域内发射连续光谱；有足够的辐射强度；光源有良好的稳定性；辐射能量随波长没有明显变化。但是，大多数光源由于发射特性及其在单色器内能量损失的不同，辐射能量实际上是随波长而变化的。为了尽可能使投射到吸收池上的能量在各个波长都保持一致，通常在分光光度计内装有能量补偿凸轮，该凸轮与狭缝联动，使得狭缝的开启大小随波长而改变，以便补偿辐射能量随波长的变化。

在紫外-可见光谱仪上，常用的光源是钨丝灯和氢灯（或氘灯）。钨丝灯是常用于可见光区的连续光源（其波长区域在 320～2500nm 之间）。辐射能量随温度升高而增大，在 3000K 时，约有总能量的 11% 是在可见光区。钨丝灯的操作温度通常是 2870K。灯的发射系数对电压变化非常敏感，能量输出在可见光区和工作电压的四次方成正比。因此，严格控制钨丝灯的端电压是很重要的，为此常常需要采用稳压装置。

氢灯、氘灯是常用于紫外光区（180～375nm）的连续光源。氢灯是在石英制成的放电管内充入低压氢气（通常为 2～0.5mmHg），当接上电源后放电管内产生电弧，氢气分子受激发而产生氢光谱，氢光谱在紫外光区是连续光谱可作为紫外光源。若用同位素氘来代替氢，则叫氘灯。在相同的操作条件下，氘灯的光强度比氢灯高 3～5 倍，寿命也更长，市售的仪器多采用氘灯。由于在这段波长内玻璃对辐射有强烈的吸收，因此灯管上必须采用石英窗。

三、吸收池

吸收池按材料可分为两类，即石英吸收池和玻璃吸收池。石英池适用于紫外-可见光区，对近红外光区（波长在约 $3\mu m$ 以内）也是透明的。玻璃池只能用于可见光区。为了减少反射损失，吸收池的光学面必须完全垂直于光束方向。

就其光路长短而论，有 0.2cm、1cm、5cm、10cm 等多种，可供在测定不同浓度和不同试样时选用，但最常用的是 1cm 光路的方形池。

四、检测器

　　检测器的功能是检测光信号，并将它转变为电信号。对检测器的基本要求是：灵敏度要高，对辐射的响应时间短，对辐射能量响应的线性关系良好，对不同波长的辐射具有相同的响应可靠性，以及噪声水平低、有良好的稳定性等。光电倍增管是目前分光光度计中应用最广的一种检测器。它是利用二次电子发射以放大光电流，放大倍数可高达 10^8 倍。光电倍增管的光谱灵敏度主要取决于涂在阴极上的光敏材料，通常用碱金属与锑、铋、银等制成合金作涂料。在没有光照时，它仍有"暗电流"存在，这是由阴极的热发射和残留在管内的气体被发射电子电离引起的。"暗电流"的波动就形成了暗电流噪声，它限制了最小可检测信号。光电倍增管的疲劳效应也会降低它的检测灵敏度。

五、积分球

　　在测量反射率较高的样品时，必须扣除反射光以获得透射光和吸收光。由于样品表面的影响，反射光往往不是一束均匀的光，需要引入积分球进行匀光。积分球是具有高反射性内表面的空心球体，其结构如图 2.1-7 所示，外表一般由金属或是硬塑料覆盖，表面上开有一个或多个孔，可以作为输入窗或输出窗。光线由输入窗入射后，在此球内部被均匀的反射及漫射，因此输出窗所得到的光线为均匀的漫射光束。入射光的入射角

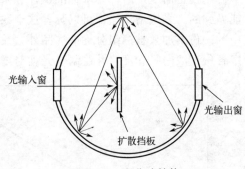

图 2.1-7　积分球结构

度、空间分布、极化等皆不会对输出的光束强度及均匀度造成影响。光线经过积分球内部的积分后才射出，因此积分球亦可当作一光强度衰减器。光输出强度与输入强度比约为光输出窗的面积/积分球内部的表面积。一个完整的积分球测量系统还会有载物台、辅助光源、光源适配器、光纤接口等。

第四节　紫外-可见光谱分析测试

一、试样的制备

　　紫外-可见光谱测定通常是在溶液中进行，因此，需要选用合适的溶剂将各种试样转变

为溶液。选择溶剂的一般原则是：对试样有良好的溶解能力和选择性；在该测定波段溶剂本身无明显吸收（由于大多数溶剂在可见光区是透明的，所以应重点注意紫外光区的溶剂选择）；被测组分在溶剂中具有良好的吸收峰形；溶剂挥发性小、不易燃、无毒性以及价格便宜；更重要的是所选择的溶剂必须不与被测组分发生化学反应。

二、分析方法

（一）校正曲线法

配制一系列不同含量的标准试样溶液，以不含试样的空白溶液作参比，测定标准试液的吸光度，并绘制吸光度-浓度曲线如图 2.1-8 所示。未知试样和标准试样要在相同的操作条件下进行测定，然后根据校正曲线求出未知试样的含量。

（二）增量法

用校正曲线法时，要求标准试样和未知试样的组成保持一致，这在实际工作中并不是总能做到的。采用增量法，可以弥补这个缺陷。把未知试样溶液分成体积相同的若干份，除其中的一份不加入被测组分标准样品外，在其他几份中都分别加入不同量的标准样品。然后测定各份试液的吸光度，并绘制吸光度对增量的校正曲线，如图 2.1-9 所示。

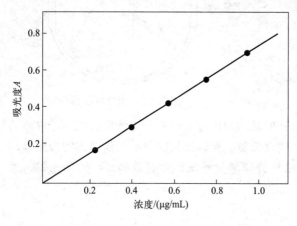

图 2.1-8　吸光度-浓度曲线

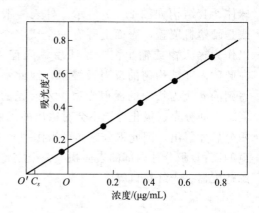

图 2.1-9　增量法校正曲线

根据朗伯-比尔定律，当未知试样中不含被测组分时，其吸光度应为零，校正曲线通过原点。当未知试样中含有被测组分时，由图 2.1-9 可见，校正曲线不通过原点。用直线外推法使校正曲线延长交于横坐标轴的 O' 点，则 OO' 长度所对应的浓度 C_x，就是未知试样中被测组分的浓度。此法和原子吸收分光光度法中的标准加入法类似。用增量法作定量分析，除被测组分的含量不同外，试样的其他成分都相同。因此，其他成分对测定的影响都能互相抵消，而不会干扰吸光度的测定。后期数据处理时，常用 UVProbe 软件进行谱图解析。

第五节　紫外-可见光谱技术应用

一、定性分析

用紫外光谱鉴定一个化合物，就是把该化合物的光谱特征，如吸收峰的数目、位置、强度（摩尔吸收系数）以及吸收峰的形状（极大、极小和拐点），与纯化合物的标准紫外光谱图作比较，如果两者非常一致，尤其是当未知物的光谱含有许多锐利而且很有特征性的吸收峰时，可以认为这两个化合物具有相同的生色基，以此推定未知物的骨架，或认为就是同一个化合物。但是，由于在溶液中测定的大多数有机物的紫外光谱，其谱带数目不多，且谱带宽而缺少精细结构，特征性往往也不明显。因此，单靠紫外光谱数据来鉴定未知物，一般是不可能的。然而，紫外光谱是配合红外光谱、质谱和核磁共振波谱进行有机物结构研究的一种有用的工具。它常用于鉴定有机物中是否存在某种官能团。常见的标准谱图和电子光谱数据库有：Sadtler Standard Spectra（Ultraviolet）（萨特勒标准谱图）收集了 49000 种化合物的紫外光谱；Ultraviolet Spectra of Aromatic Compounds 收录了 579 种芳香化合物的紫外光谱；Handbook of Ultraviolet and Visible Absorption Spectra of Organic Compounds 和 Organic Electronic Spectral Data 目前还在持续收录中。

例如，在 270～300nm 区域内，存在一个随溶剂极性增加而向短波长方向移动的弱吸收带，就可能是羰基存在的一个证据。在大约 260nm 处有一个具有振动精细结构的弱吸收带，则是芳香环存在的标志。根据紫外光谱还可以判断生色基之间是否存在共轭体系，若在 217～280nm 区域内，k 吸收带很强，表示有共轭体系存在。如果化合物有颜色，则说明共轭链比较长。当然，实际工作中确定一个官能团，往往需要参考几种光谱互相验证。紫外光谱常常是被用来证实别的方法已经推断的结论。

二、定量测定

紫外-可见光谱是进行定量分析的最有用工具之一，它不仅可用于测定微量组分，而且可以测定超微量组分、常量组分以及对多组分混合物同时进行测定。

（一）多组分混合物的同时测定

解决多组分混合物中各个组分测定的基础是吸光度的加和性。对于一个含有多种吸光组分的溶液，在某一测定波长下，其总吸光度应为各个组分的吸光度之和。即 $A_{总} = \sum A_i = l \sum \varepsilon_i c_i$。这样即使各个组分的吸收光谱互相重叠，只要服从朗伯-比尔定律，就可根据此式测定混合物中各个组分的浓度。最简单的是二组分混合物分析。例如，在某一试液中含有浓度分别为 c_1 和 c_2 的两个组分，它们的吸收曲线如图 2.1-10 所示。

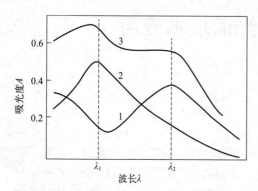

图 2.1-10 二组分混合物的吸收曲线
1—第 1 个组分的吸收曲线；2—第 2 个组分的
吸收曲线；3—混合物的吸收曲线

设 A_{λ_1} 和 A_{λ_2} 分别为在 λ_1 和 λ_2 波长下所测得的试液的总吸光度，ε'_{λ_1} 和 ε'_{λ_2} 为第 1 个组分的摩尔吸收系数，$\varepsilon''_{\lambda_1}$ 和 $\varepsilon''_{\lambda_2}$ 为第 2 个组分的摩尔吸收系数。吸收池的光程为 1cm。根据比尔定律和吸光度的加和性，可以得到以下两个方程式

$$A_{\lambda_1} = \varepsilon'_{\lambda_1} c_1 + \varepsilon''_{\lambda_1} c_2 \tag{2.1-12}$$

$$A_{\lambda_2} = \varepsilon'_{\lambda_2} c_1 + \varepsilon''_{\lambda_2} c_2 \tag{2.1-13}$$

由方程式就可求出 c_1 和 c_2。为了提高测量精度，在选择波长时，要求 ε'_{λ_2} 和 $\varepsilon''_{\lambda_1}$ 尽可能大，而 ε'_{λ_1} 和 $\varepsilon''_{\lambda_2}$ 则尽可能小。原则上讲，用这种方法也可分析含有两种以上吸光组分的混合物，但是，测量组分增多，实验结果的误差增大。

（二）示差分光光度法

分光光度法被广泛应用于微量分析。普通分光光度测定的相对误差较大，约百分之几。若在很低或很高吸光度范围内进行定量分析，则相对误差都很大，因此，用空白溶液作参比的普通分光光度法，不适于高含量或痕量物质的分析。采用示差分光光度法可以解决这个问题。

示差分光光度法是用一个已知浓度的标准溶液作参比，与未知浓度的试样溶液比较，测量其吸光度，即

$$A_s - A_x = \varepsilon(c_s - c_x)l \tag{2.1-14}$$

式中，A_s 为用作参比的标准溶液的吸光度；A_x 为被测溶液的吸光度；c_s 为标准溶液的已知浓度；c_x 为试样（被测）溶液的未知浓度；l 为厚度。

例题习题

一、例题

1. 利用紫外-可见吸收光谱来判断有机化合物的同分异构体。
比如乙酰乙酸乙酯的互变异构体为：

$\underset{\text{酮式}}{CH_3C(=O)\!-\!CH_2\!-\!COC_2H_5} \Longleftrightarrow \underset{\text{烯醇式}}{CH_3C(O\!-\!H\cdots O)\!=\!CH\!-\!COC_2H_5}$

酮式　　　　　　　烯醇式

酮式没有共轭双键，在 206nm 处有中吸收，而烯醇式存在共轭双键，在 245nm 处有强吸收，因此可以做出判断。

2. 利用紫外-可见光谱法测试半导体材料光学带隙

图 2.1-11 给出了三种不同材料的透过率曲线，利用 Tauc 公式可以获得薄膜的带隙能 E_{g}。

$$\alpha h\nu = A(h\nu - E_{g})^{m} \tag{2.1-15}$$

式中，α 为薄膜的吸收系数，cm^{-1}；$h\nu$ 为光子能量，eV；A 为常数；当材料为直接带隙半导体允许的跃迁，$m=0.5$；当材料为直接带隙半导体禁止的跃迁，$m=1.5$；当材料为间接带隙半导体允许的跃迁，$m=2$；当材料为间接带隙半导体禁止的跃迁，$m=3$。通过式（2.1-16）可获得薄膜的吸收系数，其中 d 为薄膜的厚度，nm；T 和 R 分别为薄膜的透过率和反射率。

$$\alpha = -\frac{1}{d}\ln\left(\frac{T}{1-R}\right) \tag{2.1-16}$$

由上式获得样品的 Tauc 图，并外推获得薄膜的带隙能 E_{g}。

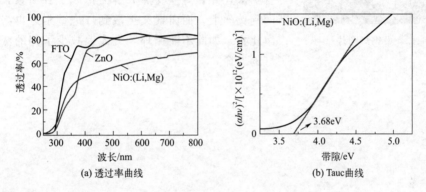

图 2.1-11　利用紫外-可见光谱法测试半导体材料光学带隙

二、习题

1. 分子光谱与原子光谱有何不同？

2. 请描述节能灯的节能原理，并试举几例。

3. 什么叫发色团（生色团、生色基）？

4. 试推导辐射吸收定律。

5. 为什么分子光谱的精细结构不容易观测到？

6. 试分析如何用紫外-可见光谱获得晶态材料的光学带隙？

在紫外-可见光谱仪上，常用的光源是钨丝灯和氢灯（或氘灯）。钨丝灯是常用于可见光区的连续光源，但是钨丝灯的使用寿命较短，主要原因是钨丝受热后，在发光的同时也造成钨的蒸发损耗。这也就是老式的钨丝灯用的时间长了灯泡壁会黑的原因。

那有什么办法可以尽量减少钨的蒸发损耗呢？

图 2.1-12　卤钨灯图片

我们可以在钨丝灯中加入适量的卤素或卤化物（碘钨灯加入纯碘，溴钨灯加入溴化氢），构成卤钨灯（图 2.1-12）；卤钨灯的灯泡是用石英做成的，所以又叫石英卤钨灯。

卤钨灯具有比普通钨丝灯更高的发光效率和更长的寿命。原因何在？

因为在适当的温度下，从灯丝蒸发出来的钨原子在灯泡壁区域内与卤素生成易挥发的卤化物，卤化物分子又向灯丝扩散，并在灯丝受热分解为钨原子和卤素，钨原子重新回到钨丝上，而卤素又扩散到灯泡壁附近再与钨原子生成卤化物。如此不断循环，大大地减少了钨的蒸发而提高了灯的寿命。

第 二 章

红外光谱

第一节　红外光谱历史背景

1800 年，一位英国天文学家 Hershel 用一组涂黑的温度计，做测量太阳可见光谱区域的内、外温度差实验，发现在红色光以外肉眼看不见的部分，温度升高较可见光区域内更为明显，进而认识到在可见光谱的长波末端外还有一个能量区，称为红外光区。自从发现红外辐射后，陆续有人用这种红外辐射来观测物质的吸收光谱，红外光谱技术得以逐步发展起来。此后，到 1905 年前后，科学家们已经系统地研究了几百种有机和无机化合物的红外吸收光谱，并且发现了一些吸收谱带与分子基团间的相互关系。分子光谱现象和原子光谱一样只有应用量子理论才能阐明清楚。普朗克和爱因斯坦提出量子论以后，原子物理学和结构化学的进展又迫切要求对分子结构进行更深刻的认识，而分子光谱法可以比经典的化学方法提供更为精确的分子结构图像。于是，在 1918 年到 1940 年间，人们对双原子分子进行了系统的研究，建立起了一套完整的理论，随后在量子力学的基础上又建立了多原子分子光谱的理论基础。但是，对于化学工作者大量遇到的复杂分子的红外光谱来说，理论分析还很困难。然而，化学家非常善于用经验的方法解决许多理论上一时悬而未决的实际问题，红外光谱定性分析就是其中之一。

长期以来，尽管人们还不能从理论上清楚地阐明红外光谱与分子结构间的相互关系，但是化学家们已经从大量的光谱资料中归纳出了许多实用的规律，可用于基团分析、分子结构鉴定等。红外光谱的这些应用引起了化学工作者的极大兴趣，到 50 年代在化学领域已经开展了大量的光谱研究工作，积累了非常丰富的资料，收集了大量纯物质的标准红外光谱图。现在，红外光谱已成为有机结构分析最成熟的分析手段之一。

随着光学技术、电子技术的迅速发展和应用，红外分光光度计也不断革新和日臻完善。从 20 世纪 40 年代中期到 50 年代末期，红外光谱的研究工作主要是采用以棱镜为色散元件的双光束记录式红外分光光度计，到 60 年代，由于复制光栅大量生产，光栅式红外分光光度计的应用愈来愈普遍。由于光栅的色散能力、分辨本领、波长范围都大大超过棱镜，致使红外光谱区域从近红外到远红外都可应用。到 70 年代初，又发展傅里叶变换光谱仪，这种仪器具有极高的分辨本领和极快的扫描速度，因而为红外光谱的应用开辟了许多新领域，特别适于对弱信号和微小样品测定、跟踪化学反应过程等。傅里叶变换红外光谱仪配上多次内反射装置可以更有效地对表面吸附态分子构型、络合状态等表面化学性质进行研究。近年来，电子计算机技术在红外光谱中发挥了越来越重要的作用。

红外吸收光谱最突出的特点是具有高度的特征性，除光学异构体外，每种化合物都有自己的红外吸收光谱。因此红外光谱法特别适于鉴定有机物、高聚物，以及其他复杂结构的天然及人工合成产物。在生物化学中还可用于快速鉴定细菌，甚至对细胞和其他活组织的结构进行研究。固态、液态、气态样品均可测定，测试过程不破坏样品，分析速度快，样品用量少，操作简便。由于红外光谱法具有这些优点，现已成为化学实验室常规的分析仪器。但红外光谱法在定量分析方面还不够灵敏，在复杂的未知物结构鉴定上，由于它主要的特点是提供关于官能团的结构信息，因此需要与其他仪器配合才能得到圆满的结构鉴定结果。

第二节 红外光谱基础原理

一、双原子分子振动——谐振子和非谐振子

（一）谐振子

双原子分子可近似地当作谐振子模型来处理，把两个原子看成刚体小球，连接两个原子的化学键设想为无质量的弹簧，如图 2.2-1 所示。

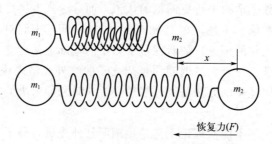

图 2.2-1　谐振子模型

基于这样的模型，双原子分子的振动方式就是在两个原子的键轴方向上作简谐振动。根据经典力学，简谐振动服从胡克定律，即振动时恢复到平衡位置的力 F 与位移 x（伸缩时的核间距与平衡时核间距之差）成正比，力的方向与位移方向相反。用公式表示即为

$$F = -kx \tag{2.2-1}$$

式中，k 是弹簧力常数，对分子来说，就是化学键力常数。

根据牛顿第二定律，$F = ma = m\dfrac{\mathrm{d}^2 x}{\mathrm{d}t^2}$

则

$$m\frac{\mathrm{d}^2 x}{\mathrm{d}t^2} = -kx \tag{2.2-2}$$

式（2.2-2）的解为

$$x = A\cos(2\pi\nu t + \phi) \tag{2.2-3}$$

式中，A 是振幅（即 x 的最大值）；ν 为振动频率；t 是时间；ϕ 是相位常数。

将式（2.2-3）对 t 求两次微商，再代入方程（2.2-2），化简即得

$$\nu = \frac{1}{2\pi}\sqrt{\frac{k}{m}} \tag{2.2-4}$$

用波数 $\bar{\nu}$ 表示时，则

$$\bar{\nu} = \frac{1}{2\pi c}\sqrt{\frac{k}{m}} \tag{2.2-5}$$

对双原子分子来说，用折合质量 $\mu = \dfrac{m_1 m_2}{m_1 + m_2}$，代替 m 则

$$\bar{\nu} = \frac{1}{2\pi c}\sqrt{\frac{k}{\mu}} \tag{2.2-6}$$

由于折合质量 μ 以原子质量单位为单位，而 m_1、m_2 是摩尔（mol）质量，故要考虑到阿伏伽德罗常数 N_0，若力常数 k 以 N/cm 为单位，则式（2.2-6）可简化为

$$\bar{\nu} = 1302\sqrt{\frac{k}{\mu}} \tag{2.2-7}$$

即双原子分子的振动行为用上述模型描述的话，分子的振动频率可用方程式（2.2-7）计算，即分子的振动频率取决于化学键的强度和原子的质量。化学键越强，原子量越小，振动频率越高。

例如，HCl 分子的键力常数为 5.1N/cm，根据公式可算出 HCl 的振动频率（波数）$\bar{\nu}_{振}$

$$\bar{\nu}_{振} = 1302\sqrt{\frac{5.1}{\dfrac{35.5 \times 1.0}{35.5 + 1.0}}} = 2981(\text{cm}^{-1})$$

在红外光谱中观测的 HCl 的吸收频率为 2885.9cm^{-1}，基本接近实验值。

此公式同样也适用于复杂分子中一些化学键的振动频率的计算。例如分子中 C—H 键伸缩振动频率为

$$\mu = \frac{1 \times 12}{1 + 12} = 0.92, k_{C-H} = 5\text{N/cm}$$

$$\bar{\nu}_{振} = 1302\sqrt{\frac{5.0}{0.92}} = 3035(\text{cm}^{-1})$$

与实验值基本一致。例如，$CHCl_3$ 的 C—H 伸缩振动吸收位置是 2916cm^{-1}。

把双原子分子看成是谐振子，则双原子分子体系的热能 V 为

$$V = \frac{1}{2}kx^2 \tag{2.2-8}$$

势能曲线为抛物线型，如图 2.2-2（a）所示。根据量子力学，求解体系能量的薛定谔方程为

$$\left(\frac{-h}{8\pi^2\mu}\frac{\mathrm{d}^2}{\mathrm{d}x^2}+\frac{1}{2}kx^2\right)\psi=E\psi \tag{2.2-9}$$

解为

$$E=\left(v+\frac{1}{2}\right)hc\bar{\nu}_{振}=\left(v+\frac{1}{2}\right)\frac{h}{2\pi c}\sqrt{\frac{k}{\mu}} \tag{2.2-10}$$

式中，$v=0$，1，2，3……，称为振动量子数。

（二）非谐振子

实际上，双原子分子并非理想的谐振子，其势能曲线也不是抛物线。分子的实际势能随着核间距离的增大而增大，当核间距增大到一定值后，核间引力不再存在，分子离解成原子，此时势能趋于一常数。其势能曲线应如图 2.2-2（b）所示。

按照非谐振子的势能函数求解薛定谔方程，体系的振动能为

$$E(v)=\left(v+\frac{1}{2}\right)hc\bar{\nu}_{振}-\left(v+\frac{1}{2}\right)^2\chi hc\bar{\nu}_{振}+\cdots \tag{2.2-11}$$

即非谐振子的振动能应对式（2.2-11）加校正项（通常只取到第二项），式中的 χ 称为非谐振常数，其值远小于 1，例如 HCl 的 $\chi=0.0172$。

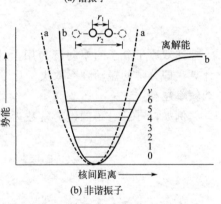

(a) 谐振子

(b) 非谐振子

图 2.2-2 势能曲线

（三）基频和倍频

由式（2.2-10）和式（2.2-11）可知，分子在任何情况下其振动能也不会等于零，即使在振动基态（$v=0$）仍有一定的振动能，对于非谐振子

$$E(v)=E(0)=\frac{1}{2}hc\bar{\nu}_{振}-\frac{\chi}{4}hc\bar{\nu}_{振}$$

对于谐振子，$E(v)=E(0)=\frac{1}{2}hc\bar{\nu}_{振}$

量子力学的这个结论是与实际相符的，即使在 0K 时，也存在零点振动能。

在常温下绝大部分分子处于 $v=0$ 的振动能级，如果分子能够吸收辐射跃迁到较高的能级，则吸收辐射 $\bar{\nu}_{吸收}$ 为

$$\frac{\bar{\nu}}{0 \to 1 \text{吸收}} = \frac{E(1) - E(0)}{hc} = \bar{\nu}_振 - 2\chi \bar{\nu}_振 = (1 - 2\chi)\bar{\nu}_振 \qquad (2.2\text{-}12)$$

$$\frac{\bar{\nu}}{0 \to 2 \text{吸收}} = \frac{E(2) - E(0)}{hc} = 2\bar{\nu}_振 - 6\chi \bar{\nu}_振 = (1 - 3\chi)2\bar{\nu}_振 \qquad (2.2\text{-}13)$$

$$\frac{\bar{\nu}}{0 \to 3 \text{吸收}} = \frac{E(3) - E(0)}{hc} = 3\bar{\nu}_振 - 12\chi \bar{\nu}_振 = (1 - 4\chi)3\bar{\nu}_振 \qquad (2.2\text{-}14)$$

由 $v=0$ 跃迁到 $v=1$ 产生的吸收谱带叫基本谱带或称基频，由 $v=0$ 跃迁到 $v=2$，$v=3$，……产生的吸收谱带分别叫第一，第二，……倍频谱带。

下面我们对由谐振子和非谐振子所得结果做个比较。

按照谐振子的振动能级计算，任意两个相邻能级之间的跃迁，其吸收波数是一定的，由式（2.2-10）可知，波数为

$$\bar{\nu} = \frac{\Delta E}{hc} = \frac{E(v+1) - E(v)}{hc} = \bar{\nu}_振 = \frac{1}{2\pi c}\sqrt{\frac{k}{\mu}}$$

即当分子吸收辐射的频率与该分子的振动频率一致时，就发生共振吸收。而且任何相邻振动能级的间距都是相等的。如果按照谐振子只允许 $\Delta v = \pm 1$ 的跃迁选律，则作为谐振子的双原子分子，只能产生一条振动谱线（不考虑转动能级产生的精细结构）。但是，实际上 HCl 分子在远红外区可观察到五条振动谱带，如图 2.2-3 所示，该图还给出了红外光谱中波数与波长的关系。

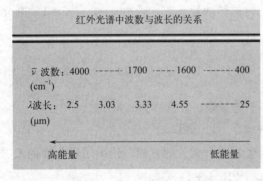 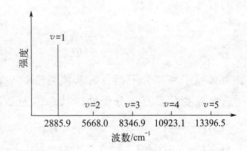

图 2.2-3 HCl 红外吸收谱带

不过，只有 $\bar{\nu} = 2885.9\,\text{cm}^{-1}$ 处的基本谱带最强，其他谱带要弱得多。说明谐振子模型基本符合双原子分子的实际情况。但根据非谐振子模型的振动能级和跃迁选律（$\Delta v = \pm 1, \pm 2, \pm 3 \cdots$），由式（2.2-13）、式（2.2-14），则可以比较满意地解释：HCl 倍频的存在，振动能级随振动量子数增加时其间距逐渐缩小，以及倍频也不正好是基频的整数倍等事实。

二、双原子分子的振动——转动光谱

以双原子分子为例，分子振动能级发生变化时，一定伴随着转动能级的改变。分子振动-转动能级由振动量子数 v 和转动量子数 J 决定。如前所述，双原子分子的振动能级公式

为 [见式（2.2-11）]

$$E(v) = \left(v + \frac{1}{2}\right)hc\bar{v} - \left(v + \frac{1}{2}\right)^2 hc\chi\bar{v}$$

双原子分子的转动能级为

$$E(J) = J(J+1)\frac{h^2}{8\pi^2 I} \tag{2.2-15}$$

式中，I 是转动惯量；h 是普朗克常数。

双原子分子的振动-转动能级为

$$E(v,J) = E(v) + E(J) = \left(v + \frac{1}{2}\right)hc\bar{v} - \left(v + \frac{1}{2}\right)^2 hc\chi\bar{v} + J(J+1)\frac{h^2}{8\pi^2 I}$$

$$\tag{2.2-16}$$

若令 $B_v = \dfrac{h}{8\pi^2 Ic}$（$B_v$ 是振动量子数为 v 时的 B 值；v 较大时，转动惯量较大，B 就减小）。则

$$E(v,J) = \left(v + \frac{1}{2}\right)hc\bar{v} - \left(v + \frac{1}{2}\right)^2 hc\chi\bar{v} + B_v hcJ(J+1) \tag{2.2-17}$$

令 J 为 $v=0$ 时的转动量子数，J' 为 $v=1$ 时的转动量子数，若由 $v=0$ 向 $v=1$，则分子吸收的红外光的波数为

$$\bar{v}_{振-转} = \frac{\Delta E_{振-转}}{hc} = \bar{v}_{振} + B[J'(J'+1) - J(J+1)] \tag{2.2-18}$$

对多原子线型分子而言，若偶极变化平行于分子轴，其选律为 $\Delta J = \pm 1$。

若偶极变化垂直于分子轴，其选律为 $\Delta J = 0, \pm 1$。所以

当 $\Delta J = 0$ 时，即 $J' = J$ 时，$\bar{v}_{振-转} = \bar{v}_{振}$，这个与 J 无关的方程，给出了吸收峰的 Q 支。

当 $\Delta J = 1$ 时，即 $J' = J+1$ 时，$\bar{v}_{振-转} = \bar{v}_{振} + 2B(J+1)$，式中，$J = 0,1,2,3\cdots$。

这个方程，给出了与 J 有关的吸收峰的 R 支。

当 $\Delta J = -1$ 时，即 $J' = J-1$ 时，$\bar{v}_{振-转} = \bar{v}_{振} - 2BJ$，式中，$J = 1,2,3\cdots$。

这个方程，给出了与 J 有关的吸收峰的 P 支。（见图 2.2-4）

由上可知，线型分子在振动过程中，偶极变化无论是平行于分子轴，还是垂直于分子轴，都会出现 P 支和 R 支，其转动吸收线之间的距离为 $2B$。但是，Q 支只在有垂直于分子轴的偶极变化时才会发生。

对于异核双原子分子来说，在振动过程中，偶极变化只能平行于分子轴，按照选律 ΔJ 只能 $= \pm 1$，$\neq 0$，所以只有 P 支和 R 支。失掉 Q 支是全部异核双原子分子红外吸收的特征。

注意，在 P 支中，$J \neq 0$。

图 2.2-5 是 HCl 的振转光谱的基本谱带。其中图（a）是用低分辨率的光谱仪得到的 HCl 的基本谱带，其中 R 支和 P 支表现为两个宽的吸收峰。图（b）是用高分辨红外光谱仪得到的精细结构，P 支和 R 支的每一条谱线的波数与上述用公式计算的数值基本是吻合的。

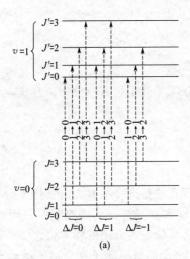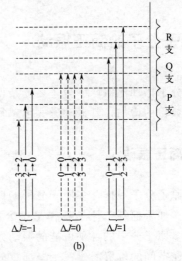

图 2.2-4　线型分子的振-转能级（a）和偶极变化对应的振-转吸收光谱（b）

我们通常做结构分析时所得到的红外光谱就是这种吸收峰。

对于大多数的多原子分子来说，由于分子的转动惯量 I 较大，而由

$$B_v = \frac{h}{8\pi^2 Ic}，其中 c 为光速$$

可知，它们的转动能级的间距都比较小。因此，得到的只是不易分辨的谱线包峰，如图 2.2-5 所示。

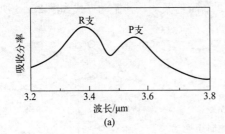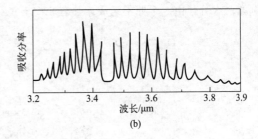

图 2.2-5　HCl 的振动-转动光谱的基本谱带

另外，我们看到，各自的吸收强度最初随着波数的增加而增大，达到一个极大值后又随着波数的增加而降低，这是由具有不同转动能级的分子分布引起的。P、Q、R 支中最强的吸收线，表示分配到该转动能级的分子数最多。按统计力学可知，第 J 转动能级的分子数为

$$N_J \propto (2J+1)e^{-\frac{BhcJ(J+1)}{kT}} \tag{2.2-19}$$

式中，c 为光速。

由式（2.2-19）可知，不同转动能级所分配的分子数不同。起初，随着 J 的增大，N_J 也增大，当 N_J 达到一个极大值后，则随着 J 的增大，N_J 在减小，从而形成了 P、Q、R 各支吸收峰的强度分布。同时，N_J 还与温度 T 有关，当温度 T 升高时，吸收峰将变宽变平。

三、多原子分子的简正振动

多原子分子振动比双原子分子要复杂得多。双原子分子只有一种振动方式，而多原子分子随着原子数目的增加，其振动方式也越复杂。

（一）简正振动

如同双原子分子一样，多原子分子的振动也可看成是许多被弹簧连接起来的小球构成的体系的振动。如果把每个原子看作是一个质点，则多原子分子的振动就是一个质点组的振动。要描述多原子分子的各种可能的振动方式，必须确定各原子的相对位置。要确定一个质点（原子）在空间的位置需要三个坐标（x，y，z），即每个原子在空间的运动有三个自由度。一个分子有 n 个原子，就需要 $3n$ 个坐标确定所有原子的位置，也就是说一共有 $3n$ 个自由度。但是，这些原子是由化学键构成的一个整体分子，因此，还必须从分子整体来考虑自由度，分子作为整体有三个平动自由度和三个转动自由度，剩下 $3n-6$ 个才是分子的振动自由度（直线型分子有 $3n-5$ 个振动自由度）。每个振动自由度相应于一个基本振动，n 原子分子总共有 $3n-6$ 个基本振动，这些基本振动称为分子的简正振动。

简正振动的特点是，分子质心在振动过程中保持不变，整体不转动，所有原子都是同相运动，即都在同一瞬间通过各自的平衡位置，并在同一时间达到其最大值。每个简正振动代表一种振动方式，有它自己的特征振动频率。

例如，水分子由 3 个原子组成，共有 $3\times3-6=3$ 个简正振动，其振动方式如图 2.2-6 所示。

对称伸缩　　　　　反对称伸缩　　　　　弯曲振动
$(3652cm^{-1})$　　　$(3756cm^{-1})$　　　$(1596cm^{-1})$

图 2.2-6　水分子的简正振动

图 2.2-6 中，水分子的第一种振动方式：两个氢原子沿键轴方向作对称伸缩振动，氧原子的振动恰与两个氢原子的振动方向的矢量和是大小相等、方向相反的。这种振动称为对称伸缩振动。

第二种振动方式：一个氢原子沿着键轴方向作收缩振动，另一个作伸展振动。同样，氧原子的振动方向和振幅也是两个氢原子的振动的矢量和。这种振动称为反对称伸缩振动。

第三种振动方式：两个氢原子在同一平面内彼此相向弯曲。这种振动方式称为剪式振动或面内弯曲振动。

CO_2 是三原子线型分子，它有 $3\times3-5=4$ 个简正振动，图 2.2-7 所示，

图中的 "＋" 符号表示垂直于纸面的向内运

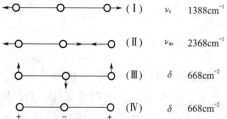

（Ⅰ）　ν_s　$1388cm^{-1}$

（Ⅱ）　ν_{as}　$2368cm^{-1}$

（Ⅲ）　δ　$668cm^{-2}$

（Ⅳ）　δ　$668cm^{-2}$

图 2.2-7　CO_2 分子的简正振动

动，"—"符号表示垂直于纸面的向外运动。Ⅲ、Ⅳ两种弯曲振动方式相同，只是方向互相垂直而已。两者的振动频率相同，称为简并振动。

（二）简正振动类型

复杂分子的简正振动方式虽然很复杂，但基本上可分为两大类，即伸缩振动和弯曲振动。如前所述，所谓伸缩振动，是指原子沿着键轴方向伸缩使键长发生变化的振动。伸缩振动按其对称性的不同分为对称伸缩振动和反对称伸缩振动。前者在振动时各键同时伸长或缩短；后者在振动时某些键伸长另外的键则缩短。

弯曲振动又叫变形振动，一般是指键角发生变化的振动。弯曲振动分为面内弯曲振动和面外弯曲振动。面内弯曲振动的振动方向位于分子的平面内，而面外弯曲振动则是垂直于分子平面方向上的振动。

面内弯曲振动又分为剪式振动和平面摇摆振动。两个原子在同一平面内彼此相向弯曲叫剪式振动，若基团键角不发生变化只是作为一个整体在分子的平面内左右摇摆，即谓平面摇摆振动。

面外弯曲振动也分为两种：一种是扭曲振动，振动时基团离开纸面（见图2.2-8），方向相反地来回扭动；另一种是非平面摇摆振动，振动时基团作为整体在垂直于分子对称平面前后摇摆，基团键角不发生变化。

下面以分子中的甲基、次甲基以及苯环为例图示各种振动方式。

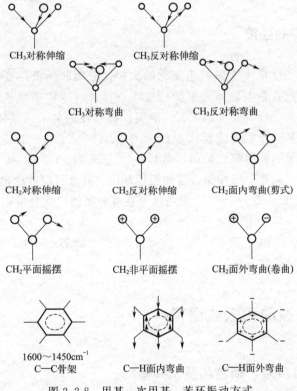

图 2.2-8　甲基、次甲基、苯环振动方式

四、红外光谱的吸收和强度

（一）分子吸收红外辐射的条件

分子的每一简正振动对应于一定的振动频率，在红外光谱中就可能出现该频率的谱带。但是，并不是每一种振动都对应有一条吸收谱带。分子吸收红外辐射必须满足两个条件：

① 只有在振动过程中，偶极矩发生变化的那种振动方式才能吸收红外辐射，从而在红外光谱中出现吸收谱带。这种振动方式称为红外活性的。反之，在振动过程中偶极矩不发生改变的振动方式是红外非活性的，虽然有振动但不能吸收红外辐射。例如，CO_2 分子的对称伸缩振动，在振动过程中，一个原子离开平衡位置的振动刚好被另一原子在相反方向的振动所抵消，所以偶极矩没有变化，始终为零，因此它是红外非活性的。可是反对称伸缩振动则不然，虽然 CO_2 的永久偶极矩等于零，但在振动时产生瞬变偶极矩，因此它可以吸收红外辐射，这种振动是红外活性的。

② 振动光谱的跃迁选律是 $\Delta v = \pm 1, \pm 2, \cdots \cdots$ 因此，当吸收的红外辐射能量与能级间的跃迁能量相当时，才会产生吸收谱带。因而，除了由 $v=0 \rightarrow v=1$，或由 $v=0 \rightarrow v=2$ 等跃迁以外，从 $v=1 \rightarrow v=2$、$v=2 \rightarrow v=3$ 等的跃迁也是可能的。但是，在常温下绝大多数分子处于 $v=0$ 的振动基态，因此主要观察到的是由 $v=0 \rightarrow v=1$ 的吸收谱带。

（二）吸收谱带的强度

红外吸收谱带的强度取决于偶极矩变化的大小。振动时偶极矩变化愈大，吸收强度愈大。根据电磁理论，只有带电物体在平衡位置附近移动时才能吸收或辐射电磁波。移动越大，即偶极矩变化越大，吸收强度越大。一般极性比较强的分子或基团吸收强度都比较大，极性比较弱的分子或基团吸收强度都比较弱。例如，C＝C、C＝N、C—C、C—H 等化学键的振动，其吸收谱带的强度都比较弱；而 C＝O、Si—O、C—Cl、C—F 等的振动，其吸收谱带的强度就很强。但是，即使是很强的极性基团，其红外吸收谱带比电子跃迁产生的紫外-可见光吸收谱带强度也要小 2～3 个数量级。在红外光谱定性分析中，通常把吸收谱带的强度分为五个级别——VS（很强，$\varepsilon > 200$），S（强，ε 为 75～200），M（中强，ε 为 25～75），W（弱，ε 为 5～25）；VW（很弱，$\varepsilon < 5$）；或三个级别——S（>75），M（>25），W（<25）。这里 ε 为分子吸收系数。

五、多原子分子振动和吸收谱带

（一）倍频、组合频、耦合和费米共振

多原子分子的每一简正振动也都有如图 2.2-2 那样的势能曲线，当其从 $v=0$ 跃迁到

$v=1$ 时，所吸收的能量就是该振动的吸收频率。在红外光谱上就产生一条谱带，称为基本谱带。式（2.2-12）计算出的波数值就是该简正振动的基频。一般反对称伸缩振动比对称伸缩振动频率要高些，弯曲振动的频率比伸缩振动要低得多。

分子除了有简正振动对应的基本振动谱带外，由于各种简正振动之间的相互作用，以及振动的非谐性质，还有倍频、组合频、耦合以及费米共振等吸收谱带。

① 倍频：如前所述，倍频是从分子的振动基态（$v=0$）跃迁到 $v=2$、3 等能级吸收所产生的谱带。倍频强度很弱，一般只考虑第一倍频。例如，在 $1715cm^{-1}$ 处吸收的 CO_2 基频，在 $3430cm^{-1}$ 附近可观察到（第一）倍频吸收。

② 组合频：它是由两个或多个简正振动组合而成，其吸收谱带出现在两个或多个基频之和或差的附近。例如基频为 v_1 和 v_2，组合频为 $|v_1 \pm v_2|$，强度也很弱。

③ 耦合：当两个频率相同或相近的基团联结在一起时，会发生耦合作用，结果分裂成一个较高另一个较低的双峰。

④ 费米共振：当倍频或组合频位于某基频附近（一般只差几个波数）时，则倍频峰或组合峰的强度常被加强，而基频强度降低，这种现象叫费米共振。比如—CHO 的 C—H 伸缩振动 $2830 \sim 2695cm^{-1}$ 与 C—H 弯曲振动 $1390cm^{-1}$ 的倍频 $2780cm^{-1}$ 发生费米共振，结果产生 $2820cm^{-1}$、$2720cm^{-1}$ 二个吸收峰，如图 2.2-9 所示。

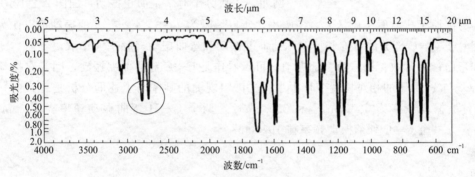

图 2.2-9　苯甲醛的红外吸收光谱

（二）观测的红外吸收谱带

由上述可知，所观测的红外吸收谱带要比简正振动数目多。但是更常见的情况却是吸收谱带的数目比按照 $3n-6$（或 $3n-5$）公式计算的要少，这是因为：

① 不是所有的简正振动都是红外活性的。

② 有些对称性很高的分子，往往几个简正振动频率完全相同，即是能量简并的振动形式，所以就只有一个吸收谱带。

③ 有些吸收谱带特别弱，或彼此十分接近，仪器检测不出或分辨不开。

④ 有的吸收谱带落在仪器检测范围之外。

（三）化学键和基团的特征振动频率

由于多原子分子振动的复杂性，对其红外光谱要确定各个吸收谱带的归宿是比较困难的。化学工作者根据大量的光谱数据发现，具有相同化学键或官能团的一系列化合物有近似共同的吸收频率，这种频率称为化学键或官能团的特征振动频率。例如各种醇、酚化合物在 $3000 \sim 3700 \mathrm{cm}^{-1}$ 处都有吸收谱带，此谱带就是—OH 的特征振动频率。

为什么会有特征振动频率呢？它与分子的简正振动频率有什么关系呢？

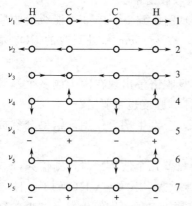

图 2.2-10　乙炔分子的简正振动

简正振动频率与化学键的振动频率不同，前者是属于整个分子的。然而，在一定情况下，某种简正振动主要取决于某特殊的化学键的振动。例如，含 X—H（X 指 O、N、C、S 等原子）化学键的分子，处于分子末端的氢原子，质量最轻，振幅最大。因此，对于整个分子的简正振动，可近似地看作是氢原子相对于分子的其余部分的振动，整个分子的振动频率主要取决于 X—H 键的键力常数。当不考虑分子中其他键的相互作用时，分子中 X—H 键的特征振动频率就可以像双原子分子振动那样进行计算，即

$$\nu_{X-H} = \frac{1}{2\pi}\sqrt{\frac{k}{\mu}}$$

例如，乙炔分子有 7 个简正振动，如图 2.2-10 所示。

因为碳原子比氢原子质量大，振幅小，所以编号为 1、3、4、5、6 的振动可以认为是氢原子相对于 C≡C 部分的对称和反对称的伸缩振动和弯曲振动，频率大小取决于 C—H 键的伸缩和弯曲键力常数；编号为 2 的振动，可以看作是 C≡C 键的伸缩振动，因为在振动过程中 C 原子与 H 原子的相对位置变化很小。光谱中观测的频率与上述的分析是一致的，两个 C—H 伸缩振动频率为 $3375 \mathrm{cm}^{-1}$ 和 $3301 \mathrm{cm}^{-1}$，两个 C—H 弯曲振动频率在 $612 \mathrm{cm}^{-1}$ 和 $878 \mathrm{cm}^{-1}$，一个 C≡C 伸缩振动频率在 $1974 \mathrm{cm}^{-1}$。

第三节　红外光谱技术原理

一、傅里叶变换红外光谱仪

傅里叶变换红外光谱仪（简称 FT-IR）与普通色散型红外光谱仪的工作原理有很大不同，FT-IR 主要由光源、迈克尔逊干涉仪、探测器和计算机等几部分所组成。其外形及工作原理如图 2.2-11 所示。

光源发出的红外辐射，通过迈克尔逊干涉仪变成干涉图，通过样品后即得到带有样品信息的干涉图，经放大器将信号放大，输入通用电子计算机处理或直接输入到专用计算机的磁芯存储体系中。当干涉图经模拟-数字转换器进行计算后，再经数字-模拟转换，由波数分析器扫描，便可由 X-Y 记录器绘出通常的透过率对应波数关系的红外光谱。其核心部分是迈克尔逊干涉仪，图 2.2-12 是它的结构和工作原理图。

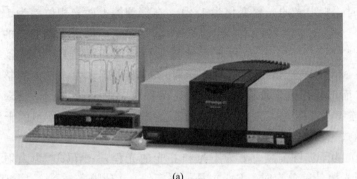

(a)

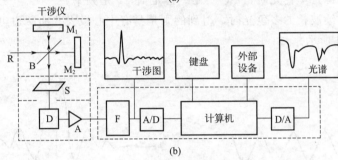

(b)

图 2.2-11　FT-IR 外形及工作原理

R—红外光源；M_1—固定镜；M_2—动镜；B—光束分裂器；S—样品；D—探测器；

A—放大器；F—滤光器；A/D—模拟-数字转换器；D/A—数字-模拟转换器

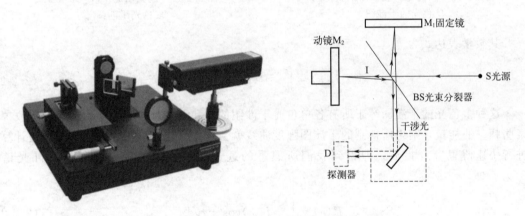

图 2.2-12　迈克尔逊干涉仪结构和工作原理

　　干涉仪主要由平面镜（固定镜 M_1 和动镜 M_2）、光束分裂器 BS 和探测器 D 所组成。M_1 和 M_2 垂直放置，M_1 固定不动，M_2 则可沿图示方向移动，故称动镜。在 M_1 和 M_2 之间放置一呈 45°角的半透膜光束分裂器 BS。光束分裂器可使 50% 的入射光透过，其余部分被反射。当光源 S 发出的入射光进入干涉仪后，就被半透膜光束分裂器分裂成透射光 I 和反射光 II，其中透射光 I 穿过半透膜被动镜 M_2 反射，沿原路回到半透膜上并被反射到达探测器 D，反射光 II 则由固定镜 M_1 沿原路反射回来通过半透膜到达探测器（图中的虚线，表示干涉光经样品的光路）。这样，在探测器 D 上所得到的 I 光和 II 光是相干光。如果进入干涉仪的是波长为 λ 的单色光，开始时，因 M_1 和 M_2 离半透膜 BS 距离相等（此时 M_2 处于零位），I 光和 II 光到达检测器时相位相同，发生相长干涉，亮度最大；当动镜 M_2 移动入射

光的 $1/4\lambda$ 距离时，则 I 光的光程变化为 $1/2\lambda$，在探测器上两光相位差为 $180°$，则发生相消干涉，亮度最小（暗条）。当动镜 M_2 移动 $1/4\lambda$ 的奇数倍，即 I 光和 II 光的光程差 x 为 $\pm 1/2\lambda$、$\pm 3/2\lambda$、$\pm 5/2\lambda$……时（正负号表示动镜零位向两边的位移），都会发生这种相消干涉。同样，动镜 M_2 位移 $1/4\lambda$ 偶数倍时，即两光的光程差 x 为波长 λ 的整数倍时，则都将发生相长干涉。而部分相消干涉则发生在上述两种位移之间。因此，当动镜 M_2 以匀速向 BS 移动，也即连续改变两光束的光程差时，就会得到如图 2.2-13 所示的干涉图。

其数学表达式为
$$I(x) = B(\nu)\cos 2\pi\nu x \tag{2.2-20}$$

式中，$I(x)$ 为干涉图强度；x 为 I 光和 II 光的光程差；$B(\nu)$ 为入射光的强度，它是频率的函数，当光源是单色光时，$B(\nu)$ 是一恒定值；ν 是频率。

当入射光为连续波长的多色光时，得到的则是具有中心极大并向两边迅速衰减的对称干涉图，如图 2.2-14 所示。

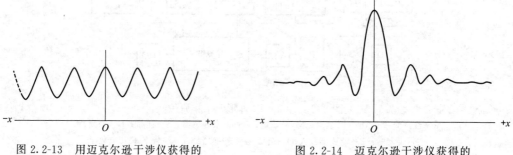

图 2.2-13　用迈克尔逊干涉仪获得的　　　　图 2.2-14　迈克尔逊干涉仪获得的
　　　　　　单色光的干涉图　　　　　　　　　　　　　多色光干涉图

其数学表达式为

$$I(x) = \int_{-\infty}^{+\infty} B(\nu)\cos 2\pi x\nu\, d\nu \tag{2.2-21}$$

这种多色光的干涉图等于所有各单色光干涉图的加和。经过样品后，由于样品吸收掉了某些频率的能量，结果所得到的干涉图强度曲线就会发生变化，再把这种干涉图通过计算机进行快速傅里叶变换后，即得到我们所熟悉的透过率随波数 ν 变化的普通红外光谱图 $B(\nu)$，即

$$B(\nu) = \int_{-\infty}^{+\infty} I(x)\cos 2\pi x\nu\, dx \tag{2.2-22}$$

二、红外光谱仪的主要部件

（一）光源

色散型红外光谱仪和傅里叶变换红外光谱仪所使用的光源基本相同。但 FT-IR 对光源光束的发散情况要求更加严格，这是由于入射光束发散时，发散光束中的中心光线和它的外端光线之间就会产生光程差而发生干涉，这样，即使动镜有足够的移动距离也得不到高分辨

光谱。同时也会使计算出的光谱线发生位移。FT-IR 由于测定波长范围很宽，必须根据需要更换不同的光源。

（二）检测器

色散型红外光谱仪所用的检测器，如热电偶、测辐射热计等能将照射在它上面的红外光变成电信号。检测器的一般要求是：热容量低，热灵敏度高，检测波长范围宽以及响应速度快等。对于 FT-IR，如中红外区干涉图频率范围在音频区，则要求检测器的响应时间非常短。

（三）单色器

这是色散型双光束红外光谱仪的核心部件，所使用的色散元件有光栅和棱镜两种，一般都采用反射型平面衍射光栅。

FT-IR 具有以下优点：①具有很高的分辨率。通常傅里叶变换红外光谱仪分辨率达 $0.1 \sim 0.005 cm^{-1}$，而一般棱镜型光谱仪在 $1000 cm^{-1}$ 处仪器分辨率约 $3 cm^{-1}$，光栅型红外光谱仪分辨率也只有 $0.2 cm^{-1}$。②灵敏度高。因傅里叶变换红外光谱仪不用狭缝和单色器，反射镜面又大，故能量损失小，到达检测器的能量大，可检测 $10^{-8} g$ 数量级的样品。③扫描速度极快。傅里叶变换仪器是在整个扫描时间内同时测定所有频率的信息，一般只要 1s 左右即可。因此，它可用于测定不稳定物质的红外光谱。而色散型红外光谱仪，在任何一瞬间只能观测一个很窄的频率范围，一次完整扫描通常需要 8s、15s、30s 等。④光学部件简单，只有一个动镜在实验中运动，不易磨损。⑤测量波长范围宽，其波长范围可达到 $45000 \sim 6 cm^{-1}$，杂散光不影响检测，对温度、湿度要求不高，样品不受因红外聚焦而产生的热效应的影响等。

第四节　红外光谱分析测试

一、制样

红外光谱分析测试对样品的要求如下：

① 单一组分的纯物质，纯度应＞98％，便于与纯化合物的标准进行对照。

② 试样要干燥无水。水本身有红外吸收，不仅严重干扰样品谱，还会侵蚀吸收池的盐窗。

③ 样品的浓度和测试厚度应选择适当，以使光谱图中的大多数吸收峰的透射比处于 10％～80％范围内。

制样的方法包括固体样品制备、液体样品制备及气体样品制备。

（1）固体样品的制备

① 压片法：将 1～2mg 固体试样与 200mg 纯 KBr 研细混合，研磨到粒度小于 $2\mu m$，在

油压机上压成透明薄片，即可用于测定。

②糊状法：研细的固体粉末和液体石蜡调成糊状，涂在两盐窗上，进行测试，此法可消除水峰的干扰。液体石蜡本身有红外吸收，此法不能用来研究饱和烷烃的红外吸收。

（2）液体样品的制备

①液膜法：对沸点较高的液体，直接滴在两块盐片之间，形成没有气泡的毛细厚度液膜，然后用夹具固定，放入仪器光路中进行测试。

②液体吸收池法：对于低沸点液体样品和定量分析，要用固定密封液体池。制样时液体池倾斜放置，样品从下口注入，直至液体被充满为止，用聚四氟乙烯塞子依次堵塞池的入口和出口，进行测试。

（3）气体样品的制备

气体样品一般都灌注于气体吸收池内进行测试。

二、红外光谱与分子结构

（一）基团振动和红外光谱区域的关系

红外光谱位于可见光和微波区之间，波长范围为 $0.7\sim300\mu m$。通常将红外区分为三个部分，如表 2.2-1 所示。

表 2.2-1　红外光谱区

区域	能级跃迁类型	波长范围/μm	波数范围/cm^{-1}
近红外区	倍频	$0.75\sim2.5$	$13300\sim4000$
中红外区	振动	$2.5\sim25$	$4000\sim400$
远红外区	转动	$25\sim300$	$400\sim33$

红外光谱应用最广泛的是中红外区，即通常所说的振动光谱。

按照光谱与分子结构的特征可将整个红外光谱大致分为两个区域，即官能团区（4000～1330cm^{-1}）和指纹区（1330～400cm^{-1}）。

官能团区，即前面讲到的化学键和基团的特征振动频率区，它的吸收光谱主要反映分子中的特征基团的振动，特征基团的鉴定工作主要在该区进行。指纹区的吸收光谱很复杂，特别能反映分子结构的细微变化，每一种化合物在该区的谱带位置、强度和形状都不一样，相当于人的指纹，用于认证有机化合物是很可靠的。此外，在指纹区也有一些特征吸收峰，对于鉴定官能团也是很有帮助的。

指纹区，在该区域大多是单键的伸展振动和各种弯曲振动。此区域的振动类型复杂，且吸收谱带重叠，谱带位置变化范围大，特征性差。但在该区域的光谱对结构的变化十分敏感，分子结构的微小变化都会引起此区域光谱的改变。所以，人们称它为指纹区。常用来推测有机基团的周围环境及比较化合物的同一性，以及鉴定异构体。

利用红外光谱鉴定化合物的结构，需要熟悉重要的红外光谱区域基团和频率的关系。通常将中红外区分为四个区，如图 2.2-15 所示。

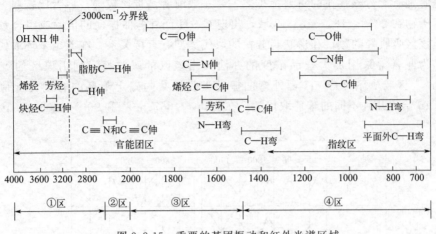

图 2.2-15 重要的基团振动和红外光谱区域

（二）基团振动分区

1. X—H 伸缩振动区（X 代表 C、O、N、S 等原子）

波数的范围为 4000～2500cm^{-1}，该区主要包括 O—H、N—H、C—H 等的伸缩振动。O—H 伸缩振动在 3700～3100cm^{-1}，氢键的存在使频率降低，谱峰变宽，它是判断有无醇、酚和有机酸的重要依据；C—H 伸缩振动分饱和烃与不饱和烃两种，饱和烃 C—H 伸缩振动在 3000cm^{-1} 以下，不饱和烃 C—H 伸缩振动（包括烯烃、炔烃、芳烃的 C—H 伸缩振动）在 3000cm^{-1} 以上。因此，3000cm^{-1} 波数是区分饱和烃与不饱和烃的分界线，但三元环的—CH$_2$ 伸缩振动除外，它的吸收在 3000cm^{-1} 以上；N—H 伸缩振动在 3500～3300cm^{-1} 区域，它和 O—H 谱带重叠，但峰形比 O—H 尖锐。

2. 三键和累积双键区

频率范围在 2500～2000cm^{-1}。该区红外谱带较少，主要包括—C≡C—、—C≡N 等三键的伸缩振动和 —C＝C＝C、—C＝C＝O 等累积双键的反对称伸缩振动。

3. 双键伸缩振动区

在 2000～1500cm^{-1} 区域，该区主要包括 C＝O、C＝C、C＝N、N＝O 等的伸缩振动以及苯环的骨架振动、芳香族化合物的倍频谱带。羰基的伸缩振动在 1900～1600cm^{-1} 区域，所有羰基化合物，例如醛、酮、羧酸、酯、酰卤、酸酐等在该区均有非常强的吸收带，而且往往是谱图中的第一强峰，非常有特征性，因此 C＝O 的伸缩振动吸收带是判断有无羰基化合物的主要依据。C＝O 伸缩振动吸收带的位置还和邻接基团有密切关系，因此对判断羰基化合物的类型有重要价值；C＝C 伸缩振动出现在 1660～1600cm^{-1}，一般情况下强度比较弱，当各邻接基团差别比较大时，例如，正己烯 的 C＝C 吸收带就很强。单核芳烃的 C＝C 伸缩振动出现在 1500～1480cm^{-1} 和 1600～1590cm^{-1} 两个区域。

这两个峰是鉴别有无芳核存在的重要标志之一，一般前者谱带比较强，后者比较弱。

苯的衍生物在 $2000\sim1667cm^{-1}$ 区域，出现 C—H 面外弯曲振动的倍频或组合频峰，强度很弱，但该区吸收峰的数目和形状与芳核的取代类型有直接关系，在鉴定苯环取代类型上非常有用。为此常常采用加大样品浓度的办法给出该区的吸收峰。利用该区的吸收峰和 $900\sim600cm^{-1}$ 区域苯环的 C—H 面外弯曲振动吸收峰共同确定苯环的取代类型是很可靠的。图 2.2-16 给出几种不同的苯环取代类型在 $2000\sim1667cm^{-1}$ 和 $900\sim600cm^{-1}$ 区域的光谱图形。

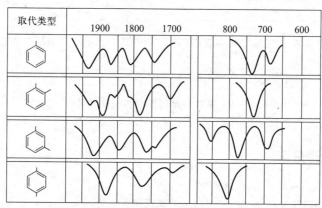

图 2.2-16　苯环取代类型在 $2000\sim1667cm^{-1}$ 和 $900\sim600cm^{-1}$ 的光谱图形

4. 部分单键振动及指纹区

如前所述，$1500\sim670cm^{-1}$ 区域的光谱比较复杂，出现的振动形式很多，除了极少数较强的特征谱带外，一般难以找到它的归宿。对鉴定有用的特征谱带主要有 C—H 和 O—H 的变形振动以及 C—O、C—N 等的伸缩振动。

饱和的 C—H 弯曲振动包括甲基和次甲基两种。甲基的弯曲振动有对称弯曲振动、反对称弯曲振动和平面摇摆振动。其中以对称弯曲振动较为特征，吸收谱带在 $1370\sim1380cm^{-1}$，受取代基的影响很小，可作为判断有无甲基存在的依据。次甲基的弯曲振动有四种方式，其中的平面摇摆振动在结构分析中很有用，当四个或四个以上的 CH_2 基呈直链相连时，CH_2 基的平面摇摆振动出现在 $722cm^{-1}$，随着 CH_2 个数的减少，吸收谱带向高波数方向位移，由此可推断分子链的长短。

烯烃的 C—H 弯曲振动。在烯烃的 C—H 弯曲振动中，波数范围在 $1000\sim800cm^{-1}$ 的非平面摇摆振动最为有用，可借助这些吸收峰鉴别各种取代类型的烯烃。

芳烃的 C—H 弯曲振动中，主要是在 $900\sim650cm^{-1}$ 处的面外弯曲振动，对于确定苯环的取代类型是很有用的，甚至可以利用这些峰对苯环的邻、间、对位异构体混合物进行定量分析。

C—O 伸缩振动常常是该区中最强的峰，比较容易识别。一般醇的 C—O 伸缩振动在 $1200\sim1000m^{-1}$，酚的 C—O 伸缩振动在 $1300\sim1200m^{-1}$。在酯醚中有 C—O—C 的对称伸缩振动和反对称伸缩振动。反对称伸缩振动比较强。

C—Cl、C—F 伸缩振动都有强吸收，前者出现在 $800\sim600m^{-1}$，后者出现在 $1400\sim1000m^{-1}$。

上述四个重要基团振动光谱区域的分布，是和用振动频率公式 $\bar{v}=\dfrac{1}{2\pi c}\sqrt{\dfrac{k}{\mu}}$ 计算出的结果完全相符的。即键力常数大的（如 C≡C），折合质量小的（如 X—H）基团都在高波数区；反之，键力常数小的（如单键），折合质量大的（C—Cl）基团都在低波数区。

三、定量分析

紫外-可见分光光度法定量分析的基础，对于红外定量分析也是适用的。
如第二篇第一章所述，朗伯-比尔定律公式

$$A = \lg \frac{I_0}{I} = \varepsilon c l$$

在红外光谱中其纵坐标一般都用透过率 T，A 与 T 之间的关系是

$$A = \lg \frac{I_0}{I} = \lg \frac{1}{T}$$

红外定量分析中吸光度的测定主要有两种方法：一点法和基线法。

（一）一点法

当参比光路中插入的补偿槽正好补偿溶剂的吸收和槽窗的反射损失，同时溶液中又没有悬浮粒子造成的散射时，即当背景吸收可以不考虑时，就采用一点法。只要把样品槽和补偿槽放在光路中，慢慢扫描分析波数区，或把仪器固定在分析波数处，从光谱图的纵坐标上直接读出分析波数的透过率 T，按 $A = \lg \frac{1}{T}$ 公式就可算出分析波数的吸光度，如图 2.2-17 中的 A 曲线所示。

（二）基线法

应该指出，在实际测定中，背景吸收完全可以忽略的情况是很少见的，而且谱带的形状往往是不对称的。在这种情况下就不能取 $T = 100\%$ 作为 I_0，而是采用基线法，即用画出的基线表示该分析峰不存在时的背景吸收线，用它代替记录纸上的 100% 透过率线，如图 2.2-17 所示。

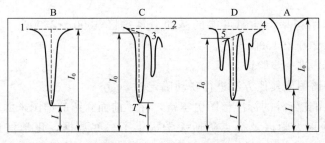

图 2.2-17　基线的画法

基线的画法有以下几种：

如分析峰不受其他峰干扰，如图 2.2-17 中的 B 曲线所示，即可用 1 线为基线。

如果分析峰受到附近旁峰的干扰，则可用单点水平切线为基线，如 C 曲线上的 2 线，也可用 3 线作基线。

如果干扰峰和分析峰紧靠在一起，但是它们的影响实际上是恒定的，也就是说，当浓度改变，干扰峰的峰肩位置变化不是太大时，则可采用图 2.2-17 中的 D 曲线上的 4 线或 5 线作基线。

如上所述，同一谱带的基线有时可有几种取法，究竟采用哪一种基线合适，须根据实际测定的结果和画出的定量曲线来判断。

四、红外光谱分析步骤

红外吸收分析物质，一般遵循以下过程。

（1）前期工作

① 了解待测试样品的基础信息，如试样来源、熔点、沸点、折光率、旋光率、状态、用途、是否混合物等；② 样品的分离与纯化（化学、物理方法与计算机差谱）；③ 应用其他的分离分析方法，包括元素分析、火焰分析、溶解度实验、核磁与质谱分析、色谱与红外、色谱与质谱联用分析等。

（2）谱图采集

制样，扫描得到谱图。

（3）谱图解读

① 不饱和度计算，通过元素分析得到分子式，并求出其不饱和度。对于只含有碳、氢、氧、氮以及单价卤素的化合物，按照 $\Omega = 1 + C - (H - N)/2$ 确定，如果只含有碳和氢，或者氧的化合物，按照 $\Omega = (2C + 2 - H)/2$ 确定，其中 C 为碳数目，H 为氢和卤素原子数目，N 为氮原子数目。$\Omega = 0$ 时，分子是饱和的，分子为链状烷烃或其不含双键的衍生物；$\Omega = 1$ 时，分子可能有一个双键或脂环；$\Omega = 2$ 时，分子可能有两个双键、三键或脂环；$\Omega = 4$ 或 >4 时，分子可能有一个苯环。一些杂原子如 S、O 不参加计算。

② 确定化合物类型，区别有机物还是无机物；区别饱和还是不饱和化合物（$3000cm^{-1}$ 前有峰为饱和 C—H 峰，$3000cm^{-1}$ 后有峰可能有不饱和 C—H 峰）；区别脂肪族和芳香族化合物。

③ 查找特征基团频率，推测可能的基团。氢键区 $4000 \sim 2500cm^{-1}$，三键区 $2500 \sim 2000cm^{-1}$，双键区 $2000 \sim 1500cm^{-1}$。

④ 查找指纹区，进一步验证。

⑤ 与标准红外谱图或其他方法进行联动确定。

红外的标准谱图比紫外的标准谱图更丰富，除了前面介绍的谱图来源，另外，麻省理工学院（MIT）、滑铁卢大学以及得克萨斯大学提供了一些数据，化学信息服务（Chemical Database Service，http：//cds. dl. ac. uk）包含了 21000 个红外谱图。Sadtler 数据库拥有超过 220000 个纯有机物和化合物的红外光谱图。后期数据处理时，常用 Omnic 软件进行谱图解析。

第五节　红外光谱技术应用

红外光谱主要是作为一种定性工具使用的。当然，如果有大量的日常分析工作，比如，工业实践中常常必需的分析工作，它也可用于定量分析。

红外光谱法在定性分析中极有价值，因为吸收位置和吸收强度能提供大量数据。过去人们曾做了大量的工作，绘制了许多键和基的光吸收性质图，使得有可能利用这种数据迅速确定出新化合物的结构。

目前红外光谱（IR）是给出丰富的结构信息的重要方法之一，能在较宽的温度范围内快速记录固态、液态、溶液和蒸气相的谱图。红外光谱经历了棱镜红外、光栅红外，目前已进入傅里叶变换红外（FT-IR）时期，积累了十几万张标准物质的谱图。

利用 IR 显微技术和分离技术（matrix isolation，MI-IR）可对低达 ng 量和 pg 量级的试样进行记录，FT-IR 和色谱的结合，被称为鉴定有机结构的"指纹"，这些优点是其他方法所难以比拟的。红外光谱近年来发展十分迅速，在生物化学高聚物、环境、染料、食品、医药等方面得到广泛应用。

一、造纸工业中的应用

造纸工业是一个技术密集、工艺复杂、资源消耗量大、产生污染物多的工业，其产品范围有纸浆、机制纸及纸板、加工纸、手工纸等。通过红外光谱仪可以对工艺过程涉及的相关材料进行定性或定量的测试分析。

（一）木素的定性/定量和结构分析

将木素试样和溴化钾混合均匀后压片，研制成透明的试片，用红外分光光度计得到相应红外光谱图，再通过所得试样谱图与前人证实的特征吸收峰的位置加以对照比较，来确定木素中所含的各种功能基，从而分析木素的结构。做定量分析时，常以木素的芳环特征吸收峰（即波数为 1500cm^{-1} 和 1600cm^{-1} 处的吸收峰）的强弱为定量的依据，求得纸浆中木素的含量。

（二）研究纤维素的结晶结构（结晶度）

纤维素的结晶是纤维素聚集态形成结晶态的过程，纤维素的结晶度（结晶区占纤维素整体的百分数）反映了纤维的物理性质和化学性质。因此，测定纤维素的结晶度，对于从结构上了解纤维素的性质具有指导意义。纤维素是由结晶区和无定形区交错联结而成的。在结晶区内，纤维素链分子的排列比较整齐，有规则，而在无定形区，纤维素链分子的排列不整齐，规则性较差，结合较松弛，从结晶区到无定形区是逐步过渡的，且无明显的界限。

（三）测定细纤维的取向角

测定 $1094cm^{-1}$ 和 $1121cm^{-1}$ 处峰值强度的比率作为角度的函数，从而测定漂白浆细纤维取向角。

（四）探测热磨机械浆的光返黄

研究发现，甲基氢醌（$C_7H_8O_2$）的变色行为与热磨机械浆的回色非常相似，P-醌和氢醌模型物对激光诱导荧光的分子氧敏感性非常接近返黄和未返黄的机械热磨浆的返色行为，$1675cm^{-1}$ 谱带是由于 P-醌官能基的作用发生红外吸收。因此，可采用傅里叶变换拉曼光谱和傅里叶变换红外光谱，在新的谱带 $1675cm^{-1}$ 处，探测热磨机械浆的光返黄作用。

（五）其他方面的检测

比如采用反射模式利用水在 $1940cm^{-1}$ 处的特征吸收测量纸页中的水分；利用红外光谱仪的差减光谱软件，对复杂混合纤维光谱进行光谱差减，从而推测出混合纤维的构成；通过光吸收方法得到纸页平面的定量一维分布函数，通过傅里叶变换得到纸页局部定量变化的几何分布特征和幅度分布特征，并以此为基础构成表征纸页匀度的特征参数，获得纸页匀度；利用红外温度记录仪，通过向样品施加机械能和热能，使其温度发生变化，从而检测纸张结构。

二、化学反应过程跟踪

红外光谱还常用来跟踪化学反应，研究反应的动力学。由于在化学反应过程中，总是伴随一些基团的消失和另一些基团的生成。比如对于高分子材料结晶反应，在红外光谱中往往会产生材料在非晶态时所没有的新吸收带，这与高分子材料晶胞中分子内原子之间或分子之间的相互作用有关。此外，还有一种"非结晶性"的吸收带，其强度会随晶粒熔融而增加，这与非晶区的内旋转异构体在晶粒熔融时含量增多有关。通过红外光谱实时跟踪，可以很快确定基团的消失和生成情况。从而对反应的历程有较清楚的了解，对反应机理的研究提供重要信息。

三、在环境科学方面的应用

环境科学方面的应用包括水环境检测、固体环境检测和气体环境检测等。水体污染中，有机污染物是主要物质，化学需氧量（COD）是最常用、最重要的表征有机污染程度的指标之一。对污水样近红外光谱分别建立标准水样和废水样的 COD 预测模型。通过气相色谱-傅里叶变换红外光谱联动技术 GC-FTIR 可以分析化工厂废水中的二氯甲烷提取液，GC 分离出各种含苯有机物，包括对二氯苯、各种氯代硝基苯等，提高分析灵敏度，还可以鉴别溢油污染源。如果扫描波数在 $200\sim800cm^{-1}$ 之间，还可以测定水体中残留的各种农药，包括艾试剂、高丙体六六六、DDT 等。

例题习题

一、例题

1. 图 2.2-18 是最常见的正己烷的红外吸收谱，试简要分析红外谱图的特征。

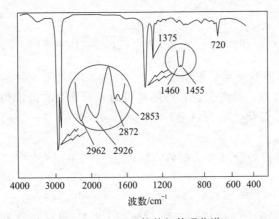

图 2.2-18　正己烷的红外吸收谱

解答：从谱图看，吸收峰比较宽，说明是饱和化合物，对于饱和化合物有很多低能量的构象，每一种构象所对应的吸收峰位置有一定差异，吸收峰峰宽变大是由于有邻近峰叠加而成。

对光谱的解读，一般从高波数开始，$3000cm^{-1}$ 以上无吸收峰，表明没有不饱和的 C—H 伸缩振动。

$3000cm^{-1}$ 以下的峰对应饱和 C—H 伸缩振动峰。$2962cm^{-1}$ 处对应 CH_3 基团的反对称伸缩振动，有一定的范围分布，在 $\pm10cm^{-1}$ 之间，事实上，存在两个简并的反对称伸缩振动。在 $2926cm^{-1}$ 处，对应 CH_2 不对称伸缩振动，分布在中心位置 $\pm10cm^{-1}$ 之间。$2872cm^{-1}$ 处对应 CH_3 对称伸缩振动，分布在中心位置 $\pm10cm^{-1}$ 之间。在 $2853cm^{-1}$ 处，对应 CH_2 对称伸缩振动，分布在中心位置 $\pm10cm^{-1}$ 之间。$1460\sim1375cm^{-1}$ 之间对应 C—H 弯曲振动区域，把该区域 CH_2 和 CH_3 的弯曲振动峰叠加在一起，关于这一点，可以比较环己烷和 2,3-二甲基丁烷在该区间的吸收峰。在 $1460cm^{-1}$ 出现的宽峰实际上是两个峰叠加而成的，见图中插图。一般地，CH_3 基团的反对称弯曲振动峰的位置在 $1460cm^{-1}$ 附近，这是一个简并弯曲振动（仅显示一种），分布在中心位置 $\pm10cm^{-1}$ 之间。在 $1455cm^{-1}$ 处，是 CH_2 的弯曲振动峰吸收值（也叫剪刀振动），分布在中心位置 $\pm10cm^{-1}$ 之间。在 $1375cm^{-1}$ 处对应 CH_3 对称弯曲振动（也叫"伞"弯曲振动）吸收峰位置，这个峰通常是很有用的，因为这个峰比较孤立，比较环己烷的谱图，最大的差异就是在环己烷谱图中没有

CH₃ 基团的对称弯曲振动峰，这个峰也是分布在中心位置 $\pm 10 \text{cm}^{-1}$ 之间。$720 \text{cm}^{-1} \pm 10 \text{cm}^{-1}$ 处对应四个或多个 CH_2 基团在一根链上做摇摆振动。

2. 化合物的分子式为 C_6H_{14} 的 IR 光谱图如图 2.2-19，试推断其可能的分子结构。

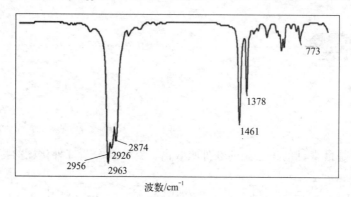

图 2.2-19　未知化合物 C_6H_{14} 的 IR 光谱图

解答：按照本章第四节所述解谱步骤。

① 从谱图看，谱峰少，峰形尖锐，谱图相对简单，化合物可能为对称结构。

② 从分子式可看出该化合物为烃类，不饱和度 $\Omega = (6\times2+2-14)/2 = 0$，表明该化合物为饱和烃类。

③ 由于 1378cm^{-1} 的吸收峰为一单峰，表明无偕二甲基存在。773cm^{-1} 的峰表明亚甲基基团是独立存在的。因此结构式应为：$CH_3-CH_2-\underset{\underset{CH_3}{|}}{CH}-CH_2-CH_3$。

④ 吸收峰归属。$3000\sim2800 \text{cm}^{-1}$ 属于饱和 C—H 的反对称和对称伸缩振动（甲基 2956cm^{-1} 和 2874cm^{-1}，亚甲基 2926cm^{-1} 和 2963cm^{-1}）。1461cm^{-1} 对应亚甲基和甲基弯曲振动。1378cm^{-1} 对应甲基弯曲振动（1380cm^{-1}）。773cm^{-1} 对应亚甲基的平面摇摆振动。

3. 化合物的分子式为 C_8H_8O，它的 IR 光谱图如图 2.2-20，试推断其可能的分子结构。

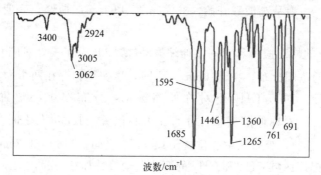

图 2.2-20　未知化合物 C_8H_8O 的 IR 光谱图

解答：① 计算不饱和度，$\Omega = 1+8-(8-0)/2 = 5$，有苯环存在。② 在 $3500\sim3300 \text{cm}^{-1}$ 区间内无任何吸收（3400cm^{-1} 附近吸收为水干扰峰），证明分子中无—OH。2850cm^{-1} 与 2740cm^{-1} 没有明显的吸收峰，可否认醛的存在。1685cm^{-1} 说明是酮，且发生共轭。3000cm^{-1} 以上的及 1595cm^{-1}、1446cm^{-1} 附近峰的出现，以及泛频区弱的吸收证明为芳香族化合物，而 761cm^{-1} 及 691cm^{-1} 附近出现的吸收峰进一步提示为单取代苯。3000cm^{-1}

附近及 $1360cm^{-1}$ 处出现吸收峰提示有—CH_3 存在。③综上所述，化合物应该是苯乙酮，结构式为

二、习题

1. 在图 2.2-1 中，两个原子小球的质量不等，为什么？

2. 红外吸收光谱是怎么产生的？

3. 什么是 R 支、P 支、Q 支？同核双原子分子有无 IR 谱？

4. 什么叫倍频、费米共振？

5. 什么叫红外活性？判据是什么？

6. 什么是指纹区？它有什么用处？

7. 试计算分子式为 C_7H_7NO 和 C_6H_6NCl 的不饱和度。

8. 羧基（—COOH）中 $C\!=\!O$、$C\!-\!O$、$O\!-\!H$ 等键的力常数分别为 12.1N/cm、7.12N/cm 和 5.80N/cm，若不考虑相互影响，试计算：

（1）基频峰的波数与波长；（2）各基团的伸缩振动频率。

知识链接

一、其他红外光谱仪

（一）色散型红外光谱仪

色散型红外光谱仪的组成部件与紫外-可见分光光度计相似，但每一个部件的结构、所用的材料及性能与紫外-可见分光光度计不同。它们的排列顺序也略有不同，红外光谱仪的样品是放在光源和单色器之间；而紫外-可见分光光度计是放在单色器之后。红外光谱仪一般均采用双光束，一束通过试样，另一束通过参比，利用半圆扇形镜使试样光束和参比光束交替通过单色器，然后被检测器检测。当试样光束与参比光束强度相等时，检测器不产生交流信号；当试样有吸收，两光束强度不等时，检测器产生与光强差成正比的交流信号，从而获得吸收光谱，如图 2.2-21 所示。

（二）便携式红外光谱仪

所谓便携式，是指可以机载、车载，也可手持，与传统的台式仪器相比，便携式具有使用方便，质量轻便，适合紧急或户外使用的特点，特别在样品制备，耐稳定性及人机交互性

等方面有大的突破。图 2.2-22 是几种手持近红外光谱仪，可以在瞬间完成实时的定量和定性的物质材料分析。待检测的物质 ID 号及其浓度都显示在 LCD 面板上，所有的数据均可存储并上传到 PC 上进行进一步的分析。手持红外光谱仪均比较轻便（1～2kg）一般测试波长范围在 1000～2400nm。可用于废物回收，食品、药品、农产品以及化学制品分析，产品质量控制与筛选，油漆和镀膜分析（厚度，修补），等。

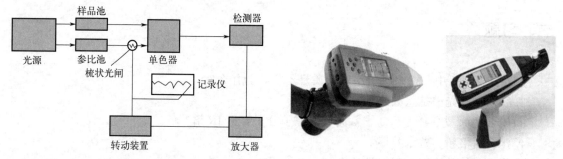

图 2.2-21　色散型红外光谱仪基本结构　　　　图 2.2-22　便携式红外光谱仪

二、微波测光速与波长

　　微波的能量在远红外的范畴。水分子是极性分子，能吸收这种远红外辐射，产生强烈的振动，进而放出大量的热，并导致周围温度的急剧升高。这就是用微波炉加热食物的机制。1939 年，英国科学家们正在积极从事军用雷达微波能源的研究工作，并设计出了一种能够高效产生大功率微波能的磁控管。当时英德处于决战阶段，因此这种新产品无法在国内生产，只好寻求与美国合作，当时的合作对象为专门制造电子管的雷声公司。由此，美国科学家斯宾塞进入了该公司并很快晋升为新型电子管生产技术负责人。一个偶然的机会，斯宾塞在测试磁控管时，发现口袋中的巧克力棒融化了！于是，"微波炉"这个词在他脑海中闪现。经过近 30 年的研制以及不断改进，微波炉逐渐走入千家万户。

（一）在厨房里测光速

　　通常，我们认为光速是一个极其遥远的事物，只有像爱因斯坦这样的大科学家们才能测出它来。但是，看完以下的文字，你就可以对别人说："我可以在自家的厨房里测出光速了！"

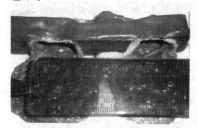

图 2.2-23　在厨房里面测光速

　　你需要的，仅仅是一把尺子、一块巧克力棒以及一台微波炉。就是这么简单。把旋转托盘从你的微波炉中拿出来，再把一块巧克力放到托盘上。用最大的功率加热，直到巧克力上有两到三处出现融化——这仅仅只需 10～20s 的时间。然后，从微波炉中拿出巧克力，测量两个融化处之间的距离（图 2.2-23），再将此距离乘以 2，再乘以 2.45×10^9（即 2450MHz，如果你的微波炉是标准厂家生产的，那么它多半就是这个频率），如果巧克力融化点之间的距离你是按厘米算的，别忘了将你的计算结果除以 100。

接下来，你会惊奇地发现，算出的结果非常接近 299792458，若加上 m/s 的单位，即为光速。宇宙中的一个标准度量单位就这样算出来了。这是怎么一回事呢？

（二）巧克力上测波长

我们知道，微波炉每秒产生 24 亿 5 千万次的超高频率，快速振荡炉中食物所含有的蛋白质、脂肪、水等成分的极性分子，使分子之间相互碰撞、挤压、摩擦，重新排列组合。简而言之，它是靠食物内部的摩擦生热原理来烹调的。

测光速，通常使用公式 $c = S/t$，然而这种方法显然不适合家庭实验。于是，我们改用公式 $c = \lambda\nu$。由于，频率 ν 是微波炉出厂就标定了的，所以，我们只需要再测定波长 λ。

由于巧克力棒静止不动地停留在微波炉里，微波持续地振荡相同的部位——即迅速变热并融化的地方。而相邻两个融化点之间的距离即是波长的一半（图 2.2-24），因为微波穿过巧克力块时是上下波动的。

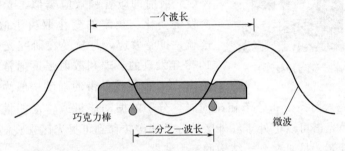

图 2.2-24　巧克力上测波长

将两个融化点之间的距离乘以 2，即为一个完整的波长。而微波和光波一样，它们都是以光速行驶的电磁波。在你的炉子里，它们的频率为 2450MHz。我们已经计算出它们的波长——经历完整的一轮波动所走过的距离。因此根据公式 $c = \lambda\nu$，我们的数据就够了：如果你发现巧克力的融化点之间的距离是 6cm，那么用 $0.06 \times 2 \times 2.45 \times 10^9$ 将会得到 $2.94 \times 10^8 m/s$。这个结果与物理学家们用了半个世纪测出的结果极其相似。

第三章

激光拉曼光谱

第一节　拉曼光谱历史背景

图 2.3-1　科学家拉曼与拉曼谱仪

1930 年的诺贝尔物理学奖授予印度加尔各答大学的拉曼教授（S. V. Raman，1888—1970，图 2.3-1），以表彰他研究了光的散射和发现了以他的名字命名的定律。在光的散射现象中有一特殊效应，和 X 射线散射的康普顿效应类似，光的频率在散射后会发生变化。频率的变化取决于散射物质的特性，这就是拉曼效应，是拉曼在研究光的散射过程中于 1928 年发现的。瑞利散射强度通常约为入射光强度的 10^{-3}，而强拉曼带的强度一般为瑞利散射强度的 10^{-3}。拉曼光谱是入射光子和分子相碰撞时，分子的振动能量或转动能量和光子能量叠加的结果，利用拉曼光谱可以把处于红外区的分子能谱转移到可见光区来观测。因此拉曼光谱作为红外光谱的补充，是研究分子结构的有力武器。

瑞利曾经说过："深海的蓝色并不是海水的颜色，只不过是天空蓝色被海水反射所致。"瑞利对海水蓝色的论述一直是拉曼关心的问题。他决心进行实地考察。于是，拉曼在启程去英国时，行装里准备了一套实验装置：几个尼克尔棱镜、小望远镜、狭缝，甚至还有一片光栅。望远镜两头装上尼克尔棱镜当起偏器和检偏器，随时都可以进行实验。他用尼克尔棱镜观察沿布儒斯特角从海面反射的光线，即可消去来自天空的蓝光。这样看到的光应该就是海水自身的颜色。结果证明，由此看到的是比天空还更深的蓝色。他又用光栅分析海水的颜色，发现海水光谱的最大值比天空光谱的最大值更偏蓝。可见，海水的颜色并非由天空颜色引起的，而是海水本身的一种性质。拉曼认为这一定是起因于水分子对光的散射。他在回程的轮船上写了两篇论文，讨论这一现象，论文在中途停靠时被先后寄往英国，发表在伦敦的两家杂志上。拉曼返回印度后，立即在科学教育协会开展一系列的实验和理论研究，探索各种透明媒质中光散射的规律。许多人参加了这些研究。这些人大多是学校的教师，他们在休假日来到科学教育协会，和拉曼一起或在拉曼的指导下进行光散射或其他实验，对拉曼的研究发挥了积极作用。七年间他们共发表了五六十篇论文。他们先是考察各种媒质分子散射时所遵循的规律，选取不同的分子结构、不同的物态、不同的压强和温度，甚至在临界点发生相变时进行散射实验。1923 年 4 月，他的学生之一拉玛纳桑（K. R. Ramanathan）第一次观察到了光散射中颜色改变的现象。实验是以太阳作光源，经紫色滤光片后照射盛有纯水或纯酒精的烧瓶，然后从侧面观察，却出乎意料地观察到了很弱的绿色成分。拉玛纳桑不理解这一现象，把它看成是由于杂质造成的二次辐射，和荧光类似。因此，在论文中称之为"弱荧光"。然而拉曼不相信这是杂质造成的现象，如果真是杂质的荧光，在仔细提纯的样品中，应该能消除这一效应。

在以后的两年中，拉曼的另一名学生克利希南（K. S. Krishnan），观测了经过提纯的65种液体的散射光，证明都有类似的"弱荧光"，而且他还发现，颜色改变了的散射光是部分偏振的。众所周知，荧光是一种自然光，不具偏振性。由此证明，这种波长变化的现象不是荧光效应。

拉曼和他的学生们想了许多办法研究这一现象。他们试图把散射光拍成照片，以便比较，可惜没有成功。他们用互补的滤光片，用大望远镜的目镜配短焦距透镜将太阳聚焦，并将试验样品由液体扩展到固体，坚持进行各种试验。与此同时，拉曼也在追寻理论上的解释。1924年拉曼到美国访问，正值不久前 A. H. 康普顿发现 X 射线散射后波长变长的效应，而怀疑者正在挑起一场争论。拉曼显然从康普顿的发现得到了重要启示，后来他把自己的发现看成是"康普顿效应的光学对应"。拉曼也经历了和康普顿类似的曲折，经过六七年的探索，才在1928年初作出明确的结论。拉曼这时已经认识到颜色有所改变、比较弱又带偏振性的散射光是一种普遍存在的现象。他参照康普顿效应中的命名"变线"，把这种新辐射称为"变散射"（modified scattering）。拉曼又进一步改进了滤光的方法，在蓝紫滤光片前再加一道特制玻璃，使入射的太阳光只能通过更窄的波段，再用目测分光镜观察散射光，竟发现展现的光谱在变散射和不变的入射光之间，隔有一道暗区。就在1928年2月28日下午，拉曼决定采用单色光作光源，做了一个非常漂亮的有判决意义的实验。他从目测分光镜看散射光，看到在蓝光和绿光的区域里，有两根以上的尖锐亮线。每一条入射谱线都有相应的变散射线。一般情况，变散射线的频率比入射线低，偶尔也观察到比入射线频率高的散射线，但强度更弱些。不久，人们开始把这一种新发现的现象称为拉曼效应。1930年，美国光谱学家武德（R. W. Wood）将频率变低的变散射线取名为斯托克斯线，频率变高的为反斯托克斯线。

拉曼发现反常散射的消息传遍世界，引起了强烈反响，许多实验室相继重复，证实并发展了他的结果。1928年关于拉曼效应的论文就发表了57篇之多。科学界对他的发现给予很高的评价。

第二节　拉曼光谱基础原理

一、拉曼光谱基本原理

用单色光照射透明样品时，光的绝大部分沿着入射光的方向透过，只有一小部分会被样品在各个方向上散射。用光谱仪测定散射光的光谱，发现有两种不同的散射现象，一种叫瑞利散射，另一种叫拉曼散射。

（一）瑞利散射

散射是光子与物质分子相互碰撞的结果。如果光子与样品分子发生弹性碰撞，即光子与分子之间没有能量交换，则光子的能量保持不变，散射光的频率与入射光频率相同，只是光子的方向发生改变，这种散射是弹性散射，称为瑞利散射。

（二）拉曼散射

当光子与分子发生非弹性碰撞时，光子与分子之间发生能量交换，光子就把一部分能量给予分子，或者从分子获得一部分能量，光子的能量就会减少或增加。在瑞利散射线的两侧可观察到一系列低于或高于入射光频率的散射线，这就是拉曼散射。图 2.3-2 给出产生拉曼散射和瑞利散射的示意图。

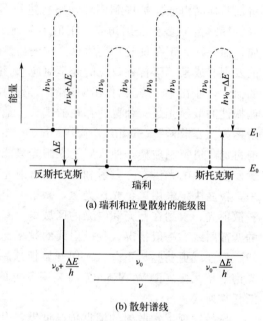

(a) 瑞利和拉曼散射的能级图

(b) 散射谱线

图 2.3-2　散射效应

图中的 $h\nu_0$ 代表入射光子的能量，当入射光与处于稳定态的分子，比如图中的 E_0 或 E_1 态分子相互碰撞时，分子的能量就会在瞬间提高到 $E_0+h\nu_0$ 或 $E_1+h\nu_0$，如果这两种能态不是分子本身所允许的稳定能级的话，则分子就会立刻回到低能态，同时散射出相应的能量（假如 $E_0+h\nu_0$ 或 $E_1+h\nu_0$ 是分子允许的能级，则入射光就被分子吸收）。如果分子回到它原来的能级，则散射光的频率与入射光的频率相同，就得到瑞利线。

但是，如果分子不是回到原来的能级，而是到另一个能级，则得到的就是拉曼线。若分子原来是基态 E_0，与光子碰撞后到达较高的能级 E_1，则分子就获得 E_1-E_0 的能量，而光子就损失这部分能量，散射光频率比入射光频率减小，在光谱上就出现红伴线，即斯托克斯线，其频率为

$$\nu_- = \nu_0 - \frac{E_1 - E_0}{h} \qquad (2.3\text{-}1)$$

而当光子与处于激发态 E_1 的分子碰撞后回到基态 E_0 时，则分子就损失 E_1-E_0 的能量，光子就获得这部分能量，结果是散射光的频率比入射光的频率大，就出现紫伴线，即反射托克斯线，其频率为

$$\nu_+ = \nu_0 + \frac{E_1 - E_0}{h} \qquad (2.3\text{-}2)$$

（三）拉曼位移

斯托克斯线或反斯托克斯线频率与入射光频率之差 $\Delta\nu$，叫拉曼位移。对应的斯托克斯线和反斯托克斯线的拉曼位移相等

$$\Delta\nu = \nu_0 - \nu_- = \nu_+ - \nu_0 = \frac{E_1 - E_0}{h} \tag{2.3-3}$$

$\nu_0 \pm \Delta\nu$ 谱线统称拉曼谱线。

斯托克斯线和反斯托克斯线的跃迁概率是相等的。但是，在正常情况下，分子大多处于基态，所以斯托克斯线比反斯托克斯线强得多。拉曼光谱分析多采用斯托克斯线。

由图 2.3-2 可以看出，拉曼位移与入射光的频率无关，用不同频率的入射光都可观察到拉曼谱线。拉曼位移一般为 $40\sim4000\text{cm}^{-1}$，分别相当于近红外和远红外光谱的频率，即拉曼效应对应于分子中转动能级或振-转能级的跃迁。但是，当直接用吸收光谱方法研究时，这种跃迁就出现在红外区，得到的就是红外光谱。因此，拉曼散射要求入射光能量必须远远大于振动跃迁所需的能量，而小于电子跃迁需要的能量。拉曼散射光谱的入射光通常采用可见光。

二、经典理论解释拉曼散射

设一束频率为 ν_i 的单色光入射到一个分子上，频率为 ν_i 的光波具有的电场强度为

$$E_i = E_0 \cos 2\pi\nu_i t \tag{2.3-4}$$

式中，t 为作用时间。

在这种情况下，电子云将相对于原子核产生畸变，畸变后的电子云反过来推移核，使它偏离原先的平衡位置，这样分子产生了感应偶极矩，当电场强度不太大时，只考虑线性效应，那么感应偶极矩线性地依赖于入射光电场 E_i

$$P = \alpha E_i = \alpha E_0 \cos 2\pi\nu_i t \tag{2.3-5}$$

式中，P 是感应电矩；E_i 是入射光电场；α 为极化率，由于 P 和 E 是向量，则 α 是张量，极化率可以看作在电场作用下，电子通过位移而产生电偶极子的难易的量度。

若分子以频率 ν_k 振动，则核位移 q 可写作

$$q = q_0 \cos 2\pi\nu_k t \tag{2.3-6}$$

式中，q_0 为振动的振幅。对振幅很小的振动，α 为 q 的线性函数，即

$$\alpha = \alpha_0 + \left(\frac{\partial\alpha}{\partial q}\right)_0 q \tag{2.3-7}$$

式中，α_0 为平衡位置的极化率；$\left(\dfrac{\partial \alpha}{\partial q}\right)_0$ 为平衡位置时，单位核位移引起的极化率变化。

式（2.3-5）、式（2.3-6）、式（2.3-7）联合得

$$P = \alpha_0 E_0 \cos 2\pi \nu_i t + \frac{1}{2}\left(\frac{\partial \alpha}{\partial q}\right)_0 q_0 E_0 \cos 2\pi(\nu_i - \nu_k)t +$$

$$\frac{1}{2}\left(\frac{\partial \alpha}{\partial q}\right)_0 q_0 E_0 \cos 2\pi(\nu_i + \nu_k)t \qquad (2.3\text{-}8)$$

振荡的电矩将辐射电磁场，产生散射光。对散射光有贡献的，有以下三项：

第一项 $\alpha_0 E_0 \cos 2\pi\nu_i t$，表明散射光的频率与入射光完全相同，称为瑞利散射。在这种情形下，入射光波与分子相互作用并不改变分子的状态，称为弹性散射。

第二项 $\dfrac{1}{2}\left(\dfrac{\partial \alpha}{\partial q}\right)_0 q_0 E_0 \cos 2\pi(\nu_i - \nu_k)t$ 和第三项 $\dfrac{1}{2}\left(\dfrac{\partial \alpha}{\partial q}\right)_0 q_0 E_0 \cos 2\pi(\nu_i + \nu_k)t$ 表明散射光频谱中在入射光波频率 ν_i 的两侧，相距 $\pm \nu_k$ 处出现新谱线，称为拉曼散射，$\nu_i - \nu_k$ 线称为斯托克斯线，$\nu_i + \nu_k$ 线称为反斯托克斯线。

则拉曼位移为

$$\begin{cases} \Delta\nu = \nu_i - (\nu_i - \nu_k) \\ \Delta\nu = (\nu_i + \nu_k) - \nu_i \end{cases} \qquad (2.3\text{-}9)$$

拉曼位移与物质分子的振动和转动能级有关，不同物质有不同的振动和转动能级，因而有不同的拉曼位移，对于同一物质，若用不同频率的入射光照射，所产生的拉曼位移是一个确定值，因此，拉曼位移是表征物质分子振动、转动能级、晶格振动特性的一个物理量。

三、红外光谱与拉曼光谱的关系

（一）红外活性与拉曼活性

在红外光谱中，某种振动类型是否为红外活性，取决于分子振动时偶极矩是否发生变化；而拉曼活性，则取决于分子振动时极化度是否发生变化（分子转动时，如果发生极化度改变，也是拉曼活性的。然而转动跃迁对拉曼光谱来说，目前在分析上的重要性不大）。

所谓极化度，就是分子在电场（如光波这样的交变电磁场）的作用下，分子中电子云变形的难易程度，极化度 α、电场 E、诱导偶极矩 μ 三者之间的关系为

$$\mu = \alpha E \qquad (2.3\text{-}10)$$

换句话说，拉曼散射与入射光电场 E 所引起的分子极化的诱导偶极矩有关。正如红外光谱的吸收强度与分子振动时偶极矩变化有关一样，在拉曼光谱中，拉曼谱线的强度正比于诱导偶极矩的变化。

因此，红外（IR）活性、拉曼（RS）活性的判据为：

IR 活性：$\partial P/\partial q \neq 0$；RS 活性：$\partial \alpha/\partial q \neq 0$。

由以上判据，可以得到以下几个规则，对任何分子来说，其拉曼和红外是否活性，一般可用下面的规则判别。

1. 相互排斥规则

凡具有对称中心的分子，若其红外是活性的（或者说跃迁是允许的），则其拉曼就是非活性的（或其跃迁是禁阻的）。反之，若该分子的振动对拉曼是活性的，则其红外就是非活性的。

例如，O_2 分子仅有一个简正振动，即对称伸缩振动，它是红外非活性的。因为在振动时，不发生瞬间偶极矩的变化。而它对拉曼光谱来说，则是活性的，因为在振动过程中，极化度发生了改变。

相互排斥规则对于鉴定官能团是特别有用的，例如烯烃的 C═C 伸缩振动，在红外光谱中通常是不存在的或者很弱的，但是其拉曼线则是很强的。图 2.3-3 是 2-戊烯的红外和拉曼光谱图。由图可以看出 ⟩C═C⟨ 的伸缩振动在 $1675 cm^{-1}$ 是很强的拉曼谱带，而在红外光谱中则没有它的吸收峰。

2. 相互允许规则

一般来说，没有对称中心的分子，其红外和拉曼光谱都是活性的。例如图 2.3-3 中的 2-戊烯 C—H 伸缩振动和弯曲振动，分别在 $3000 cm^{-1}$ 和约 $1400 cm^{-1}$，拉曼和红外光谱都有峰出现。

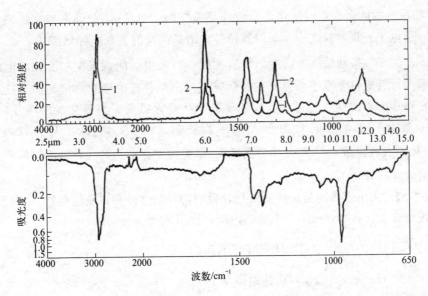

图 2.3-3　2-戊烯的红外和拉曼光谱

3. 相互禁阻规则

前面讲的两条规则可以概括大多数分子的振动行为，但是仍有少数分子的振动其红外和

图 2.3-4 乙烯
分子的扭曲振动

拉曼都是非活性的。

乙烯分子的扭曲振动就是一个很好的例子，如图 2.3-4 所示。

因为乙烯是平面对称分子，它没有永久偶极矩，在扭曲振动时也没有偶极矩的变化，所以它是红外非活性的。同样，在扭曲振动时，也没有极化度的改变，因为这样的振动不会产生电子云的变形，因此它也是拉曼非活性的。

下面再用几个具体例子进一步说明上述的三个规则。

【例 2.3-1】 画出 CS_2 的简正振动，并说明那些振动对红外和拉曼是活性的。

因为 CS_2 是线型分子，它应有 $3N-5=4$ 个简正振动，如图 2.3-5 所示。

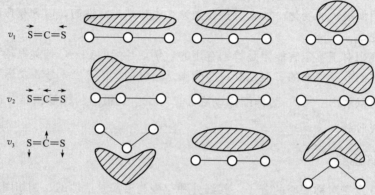

图 2.3-5　二硫化碳的振动及其极化度的变化
v_1 对称伸缩振动；v_2 反对称伸缩振动；v_3 面内弯曲振动（面外弯曲振动 v_4，与 v_3 是简并的）

v_1 振动没有瞬间偶极矩的变化，是红外非活性的。但是 v_1 振动有极化度的改变，因为振动时，价电子云很容易变形，所以其拉曼光谱是活性的。在实际谱图中，v_1 的拉曼谱带是 1388cm^{-1}。v_2 振动是红外活性的，因为振动时发生瞬间偶极矩的变化，但拉曼是非活性的，因为尽管对每个原子来说，在振动时会产生极化度的变化，但是因为反对称的原子位移是在对称中心的两边进行的，极化度的变化互相抵消了，极化度的净效应等于零。也就是说，极化度的改变是针对整个周期而言的。因此，v_2 振动只在红外光谱上，2349cm^{-1} 处有吸收谱带。v_3 和面外弯曲振动 v_4 是简并振动，其红外是活性的，拉曼是非活性的，谱带在红外 667cm^{-1} 处。

【例 2.3-2】 画出乙炔的简正振动模型，说明哪些是红外和拉曼活性的。

炔是线型分子，有 $3N-5=7$ 个简正振动，如下所示：

H—C≡C—H　　v_1　　C—H 对称伸缩振动

H—C≡C—H　　v_2　　C≡C 伸缩振动

H—C≡C—H　　v_3　　C—H 反对称伸缩振动

H—C≡C—H　　v_4　　反式 C—H 弯曲振动（双重简并）

H—C≡C—H　　v_5　　顺式 C—H 弯曲振动（双重简并）

v_4、v_5 都是双重简并的，即每一个面内的弯曲振动都相应有一个面外弯曲振动，一共是七个振动。

因为乙炔有对称中心，根据规则 1，v_1、v_2、v_4 都是拉曼活性的，而 v_3 和 v_5 是红外活性的。v_3、v_5 分别出现在 3287cm^{-1} 和 729cm^{-1}；v_1、v_2、v_4 在拉曼的 3374cm^{-1}、1974cm^{-1}、612cm^{-1}，根据红外和拉曼谱带的互相排斥现象也可证明乙炔是有对称中心的分子。

【例 2.3-3】 画出 N_2O_4 的扭曲振动，说明它是否为红外和拉曼活性。

N_2O_4 是平面分子，如下所示：

这种振动红外和拉曼都是非活性的。因为在振动时，既没有偶极矩的变化，也没有极化度的改变。这是符合规则 3 的例子。

（二）红外光谱与拉曼光谱的比较

红外光谱与拉曼光谱互称为姊妹谱，可以相互补充。激光拉曼光谱与红外光谱一样，都能提供分子振动频率的信息，对于一个给定的化学键，其红外吸收频率与拉曼位移相等，均代表第一振动能级的能量。虽然拉曼光谱与红外光谱产生的原理并不相同，但是它们的光谱所反映的分子能级跃迁类型是相同的。因此，对于一个分子来说，如果它的振动方式对于红外吸收和拉曼散射都是活性的话，那么，在拉曼光谱中所观察到的拉曼位移与红外光谱中所观察到的吸收峰的频率是相同的，只是对应峰的相对强度不同而已。也就是说，拉曼光谱、红外光谱与基团频率的关系也基本上是一致的。因此，在红外光谱法中所讲的结构分析方法也适用于拉曼光谱，即根据谱带频率、形状、强度利用基团频率表推断分子结构。

在这里，用表 2.3-1 来表示红外光谱与拉曼光谱的主要异同点。

表 2.3-1　红外光谱和拉曼光谱的比较

异同点	红外光谱	拉曼光谱
谱线机制	吸收光谱	散射光谱
选择定则	$\partial P/\partial q \neq 0$	$\partial \alpha/\partial q \neq 0$
适宜测的分子类型	极性、非对称	非极性、对称
	异核双原子	同核双原子
	非对称伸缩的线性分子	对称伸缩的线性分子
	非线性分子	非线性分子
试样	固体需要研磨制成压片，不宜测水溶液样品，不能用玻璃容器	固体样品直接测试，宜测水溶液样品，可用玻璃瓶、毛细管等容器

异同点	红外光谱	拉曼光谱
入射光能量	$=E_{振-转}$	$>E_{振-转}$；$<E_{电子}$
光谱范围	$400\sim40000cm^{-1}$	$40\sim40000cm^{-1}$
参数	$A(I)$、ν、λ 等	相对强度、拉曼位移、λ、ρ 等

从表 2.3-1 中可以看到，对于无机物而言，研究拉曼光谱最大的优点是能够使用水溶液。原因在于，水的拉曼散射很弱，干扰很小，而水的红外吸收却很强，容易产生干扰。所以，对于无机系统的研究，拉曼光谱比红外光谱优越。另外，拉曼光谱还有一个特有的参数，即与偏振性质有关的退偏度 ρ。该参数与样品分子的对称性有很密切的关系。

四、退偏光的测定

（一）偏振光

光是一种电磁波，光波振动的方向和前进的方向相垂直，普通光线可以在垂直于前进方向的一切可能的平面上振动。

若将普通光通过一个特殊的晶体——尼克尔棱镜时，则透过棱镜的光只在一个平面上振动，这种光叫偏振光。如图 2.3-6 所示。

如果将偏振光投射在另一个尼克尔棱镜上，只有当偏振光的振动方向与棱镜的轴平行时，偏振光才能通过，若两者互相垂直则不能通过，如图 2.3-7 所示。

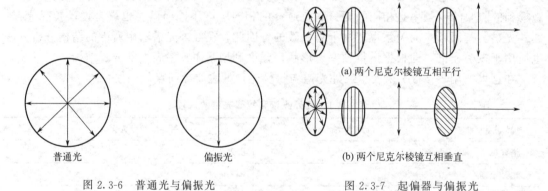

（a）两个尼克尔棱镜互相平行

（b）两个尼克尔棱镜互相垂直

普通光   偏振光

图 2.3-6　普通光与偏振光   图 2.3-7　起偏器与偏振光

（二）退偏度

绝大多数的光谱只有两个基本参数，即频率和强度。但是拉曼光谱还有一个参数，即退偏度，又称作退偏比、去偏振度。

激光是偏振光。一般有机化合物都是各向异性的。当激光与样品分子碰撞时，可散射出各种不同方向的偏振光，如图 2.3-8 所示。

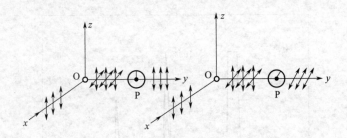

图 2.3-8　分子对激光的散射与退偏度的测量
P—偏振器；O—不对称分子

当入射激光沿着 x 轴方向与样品分子在 O 处相遇时，使分子激发，散射出不同方向的偏振光。若在 y 轴方向上置一个偏振器 P（例如尼克尔棱镜），当偏振器与激光方向平行时，则 zy 面上的散射光就可透过，若偏振器垂直于激光方向时，则 xy 面上的散射光就能透过。

设 $I_\perp$ 为偏振器在垂直方向上散射光的强度，$I_\parallel$ 为偏振器在平行方向上散射光的强度，两者之比定义为退偏度。

$$\rho_\mathrm{p} = \frac{I_\perp}{I_\parallel} \tag{2.3-11}$$

退偏度与分子的极化度有关。若分子是各向同性的，则分子在 x、y、z 三个空间取向的极化度都相等，若分子是各向异性的，则沿着三个轴的极化度互不相等。若令 $\bar{\alpha}$ 为极化度中的各向同性部分，$\bar{\beta}$ 为极化度中的各向异性部分，则

当入射光是偏振光时，退偏度 ρ_p 为，

$$\rho_\mathrm{p} = \frac{3\bar{\beta}^2}{45\bar{\alpha}^2 + 4\bar{\beta}^2} \tag{2.3-12}$$

当入射光是自然光时，退偏度 ρ_n 为，

$$\rho_\mathrm{n} = \frac{6\bar{\beta}^2}{45\bar{\alpha}^2 + 7\bar{\beta}^2} \tag{2.3-13}$$

由于在现代拉曼光谱测试中，是用激光作为光源，故主要采用式（2.3-12）。对球形对称振动来说，$\bar{\beta} = 0$，因此退偏度 $\rho_\mathrm{p} = 0$，即 ρ_p 值越小，分子的对称性越高。若分子是各向异性的，则 $\bar{\alpha} = 0$，$\rho_\mathrm{p} = 3/4$，即分子是不对称的。

由此可见，测定拉曼线的退偏度，可以确定分子的对称性。图 2.3-9 为 CCl_4 的拉曼偏振光谱。在 $459\mathrm{cm}^{-1}$ 处的拉曼谱带，退偏度 $\rho_\mathrm{p} = 0.007$，而在 $314\mathrm{cm}^{-1}$、$218\mathrm{cm}^{-1}$ 退偏度 $\rho_\mathrm{p} \approx 0.75$。说明 $459\mathrm{cm}^{-1}$ 的谱带对应的是 CCl_4 的完全对称的伸缩振动，而在 $314\mathrm{cm}^{-1}$、$218\mathrm{cm}^{-1}$ 处则是非对称性的伸缩振动。

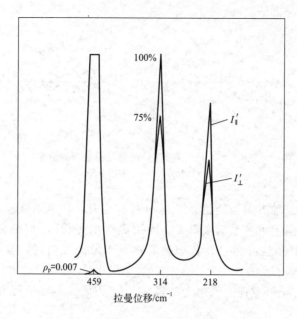

图 2.3-9　CCl₄ 的拉曼偏振光谱

第三节　激光拉曼光谱技术原理

现代激光拉曼光谱仪如图 2.3-10（a）所示，图 2.3-10（b）给出了仪器主要结构，包括激光光源和前置单色器、样品装置、双联（或三联）单色器、探测接收装置。激光光源产生的激光束射入前置单色器滤光，选出单频窄谱线的激光，照射样品，产生拉曼散射光，投射在双联单色器的入口狭缝处，经过双联单色器分光，然后经出口狭缝投射入探测装置光电倍增管上，用光子计数器或直流放大器把微弱的信号放大，送入记录仪，便得到清晰的拉曼光谱图。后期数据处理时，常用 Omnic 软件进行谱图解析。

现分述激光拉曼光谱仪的组成部分如下。

一、激光光源和前置单色器

对光源最主要的要求是应当具有高的单色性，用这种单色光照射在样品上，使之产生具有足够强度的散射光。

在激光问世之前，使用最广泛的光源是汞弧灯。因拉曼散射线强度很弱，通常为入射光强的 $10^{-6} \sim 10^{-8}$，所以必须用强的入射光照射样品。汞弧光源对拉曼效应来说仍太弱，汞弧灯的发射角大，不能很好聚焦，无法进行微量分析和单晶光谱的测量，汞弧灯单色性很差，汞线较宽，无法进行高分辨光谱的测量，由于汞弧灯的这些缺点，使得拉曼光谱的使用和发展受到了很大限制。

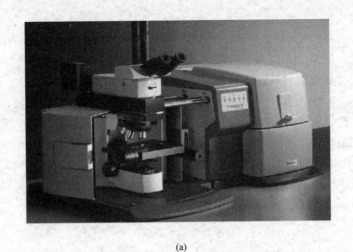

(a)

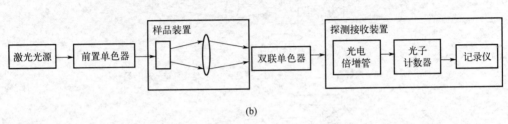

(b)

图 2.3-10　激光拉曼光谱仪及其结构方框图

激光光源单色性及方向性好、偏振性好，所以它是拉曼光谱的理想光源。这种高功率的激光光源可聚集成极细的光束进行微量分析，且由于激光器方向性好、偏振性好，所以可以很容易地进行退偏比测量，从而提供物质结构对称性和振动对称性的信息，激光单色性好，线很窄，有利于高分辨光谱的测量，而且由于激光易于聚焦，能方便地用于高温、低温、高压等条件下拉曼谱的测定。

激光拉曼光谱仪主要使用 He-Ne 激光器、Ar^+ 离子激光器和 Kr^+ 离子激光器。He-Ne 激光器较稳定，使用寿命较长（数万小时），其输出波长为 6328Å，其输出功率在 100mW 以下。Ar^+ 离子激光器具有多谱线输出、功率高、稳定性好等特点，其最强的输出波长为 4765Å、4880Å、4965Å、5145Å，它的缺点是使用寿命较短，已逐步被固体激光器取代。Kr^+ 离子激光器输出的最强谱线波长为 6471Å。

染料激光器能提供波长在一定范围内连续可调的激光。用可调染料激光器，一方面可以选择避开激发出荧光的谱线激发样品，另一方面可以选择合适的波长做共振拉曼光谱。

气体激光器在输出激光谱线的同时，还伴随有由自发辐射产生的等离子线，它的强度虽比激光小几个数量级，但它比拉曼线强 1~2 个数量级，它们是单色器杂散光的来源之一，这将严重干扰拉曼散射的测量，所以需要使用激光滤光单色器即前置单色器。

二、样品装置

对于样品装置，最重要的是如何能够以最有效的方式照射样品，以及如何会聚散射光进入单色器系统。

样品的照射方式有90°、180°及0°，如图 2.3-11 所示。90°照射方式，是在入射光的垂直方向上收集散射光，如图 2.3-11（a）所示。90°照射方式可以提高拉曼散射和瑞利散射的比值，有利于低频区拉曼线的观测。这种照射适用于固体、液体、气体。

180°照射方式，如图 2.3-11（b）所示，这种照射方式关键是使瑞利线按原路返回以抑制它对拉曼线的干扰。在样品有高反射率的情况下，如半导体要采用180°照射方式。180°照射方式的散射光收集效率比较高，信噪比较大。

0°照射方式，是指入射光的方向与收集散射光的方向相同，如图 2.3-11（c）所示。关键是抑制激发线进入单色器，例如对于波长 5145Å 的入射光，通常在收集镜后面装置碘蒸气盒，它对 5145Å 的入射光产生强烈吸收，从而抑制激发线进入单色器。

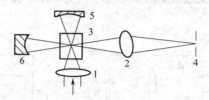

(a) 90°照射方式(1,2—透镜；3—样品；4—狭缝；5,6—反射镜)

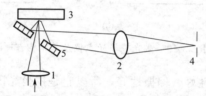

(b) 180°照射方式(1,2—透镜；3—样品；4—狭缝；5—反射镜)

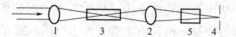

(c) 0°照射方式(1,2—透镜；3—样品；4—狭缝；5—碘蒸气盒)

图 2.3-11　样品的照射方式

三、单色器

拉曼光谱仪中单色器的作用是对散射光进行分光。由于拉曼散射光是十分微弱的，因此要求单色器具有成像质量好、分辨率高、杂散光小的特点。

四、探测接收装置

拉曼讯号是一种很弱的讯号，从激发到接收都贯穿着提高增益、减少噪声、提高信噪比的问题。

拉曼光谱接收方式可采用单道接收和多道接收两种方式。光电倍增管是单道接收元件，单色器出射狭缝输出近似单色光，用光电倍增管接收得到时间分布光谱。如果将单色器的出射狭缝改为宽狭缝，同时输出一定光谱范围的光谱，使用多道探测器硅靶摄像管，不同空间位置对应不同波长射来的光，就得到空间分布光谱。

这里简要介绍单道接收。由光电倍增管输出的电讯号经过放大后，可以记录或送计算机处理。放大接受其输出讯号的方法主要有三种：①直流放大，对于较强讯号是行之有效的，但探测灵敏度较低；②交流放大，探测灵敏度比直流放大高 2～3 个数量级；③光子计数技术，它是探测弱讯号的有效方法，这种方法探测灵敏度高。现代拉曼光谱仪上，直流放大和光子计数同时使用，分别用于检测强、弱讯号。

由于激光技术的发展，以及制造出了高质量的单色器和高灵敏度的探测装置，再加上微处理器的应用，使激光拉曼光谱仪得到了很大发展。目前傅里叶变换拉曼光谱仪采用 Nd-YAG 钇铝石榴石激光器，并配上高灵敏度的铟镓砷探头，有效地避免了荧光干扰，测试精度高，能消除瑞利谱线，且测试速度快。

第四节　激光拉曼光谱分析测试

拉曼光谱测试对样品没有苛刻的要求，气体、液体、粉体、薄膜皆可以做测试。气体常用多路反射气槽测试；液体可以装在毛细管或多重反射槽内；粉末样品可以装在玻璃管内，也可配成溶液；对不稳定的样品，可以直接原瓶测试。在实际测试时，一般开机前需要预热 10～20min，然后设备进行自检，检验仪器状态；将样品放入测试台，首先开启白光照明，利用显微镜调节光路，以可以清晰地观察样品待测区表面为准确定合适的测试位置；将白光光路切换到激光光路，进行测试分析采集谱线。

实际上，在之前的基本原理部分已经谈到了一些关于结果分析方面的内容。

在很多情况下，拉曼光谱用于定性分析和定量分析非常有效，作分析时一般对样品并无任何损害。

至于定性分析方面，拉曼光谱是红外光谱最好的补充。拉曼光谱适于测定分子的骨架，而红外光谱则适合于测定分子的偏基。拉曼光谱对 S—S、C—S、C＝S、C＝C、C＝N、C≡N、N＝N 及无机原子团和络合物的检定有突出的优点，这些键的拉曼光谱峰比较强，具有特征性，特别是对无机阴离子团水溶液的检定，拉曼光谱的灵敏度极高，这些是其他光谱方法不能相比的，关于有机和无机化合物的特征频率已有详细的表可查。

拉曼光谱定量分析比其他光谱法简便，因为拉曼线的强度与样品的浓度呈线性关系，而不是呈指数关系，而且它的谱带较窄，重叠现象较少，选择谱带较容易。但实际应用中要得到拉曼线的强度和样品浓度之间的直线关系是比较困难的，最可行的方法是加入内标——即在被测样品中加入少量已知浓度的物质，在激光照射下，它也产生拉曼光谱。选它的一条拉曼谱线作为标准，将样品的拉曼线与内标拉曼线的强度进行比较来进行定量分析。Bradley 等首先用内标法测定了水中的 50mg/kg 的苯，还有人测定了一些无机阴离子的浓度，其检定限达到了 5mg/kg。拉曼光谱定量分析时灵敏度较低，一般检定限在 mg/kg 数量级，为了提高定量分析的灵敏度，除尽量克服激光功率波动和溶剂背景强度的影响外，最好用激光共振拉曼光谱法。

当激发拉曼散射的激光波长与样品分子的紫外-可见光吸收谱带的吸收极大值相接近时，生色团的某些振动会给出非常强的拉曼线，称为共振拉曼散射。共振拉曼散射可测定的浓度范围很大，所以其应用得很广。

图 2.3-12 是不同层数的石墨烯的拉曼光谱。由图可以看出，单层石墨烯的 G^1 峰强度大于 G 峰，并具有完美的单洛伦兹峰型，随着层数的增加，G^1 峰半峰宽增大且向高波数位移。G^1 峰产生于一个双声子双共振过程，与石墨烯的能带结构紧密相关。不同层数石墨烯的拉曼光谱除了 G^1 峰的差异，G 峰的强度也随着层数的增加而近似线性增加。因此 G 峰强度、G 峰与 G^1 峰的强度比以及 G^1 峰的峰型常被用来判断石墨烯层数。

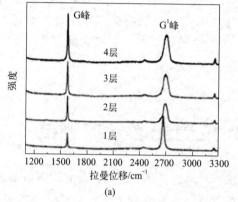 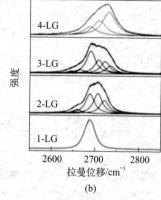

图 2.3-12　不同层数石墨烯的拉曼谱图（a）及 G^1 峰随层数的变化（b）

采用拉曼光谱可以很好地对低维材料的结构、应力进行分析，以石墨烯为例，采用拉曼表面散射，除了得到石墨烯层数的信息外，还能得到石墨烯边缘缺陷类型与密度、手型判断等信息。拉曼光谱分析已经成为低维材料结构特性分析的重要手段。

一般而言，需要对测试所得的拉曼峰进行拟合分析，常采用高斯或者洛伦兹线性拟合，如图 2.3-13 所示。电磁场理论可以证明拉曼峰是一个洛伦兹形状，但是实际上得到的峰包含很多信息，比如拉曼峰本身的形状、仪器的传输函数和一些无序诱发的振荡分布之间的卷积积分（高斯函数）等。通常，晶体的拉曼峰用洛伦兹线性拟合解析，非晶的用高斯拟合解析。

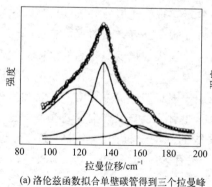

(a)洛伦兹函数拟合单壁碳管得到三个拉曼峰　　(b)高斯函数拟合非晶硅得到四个拉曼峰

图 2.3-13　拉曼谱图拟合分析

影响物质测试拉曼位移的因素比较多，需要对包括样品状态在内的情况加以具体分析。主要因素如下。

① 设备及测试状况。包括设备所用检测器类型及其响应特性，比如光电倍增管和 CCD 探测器具有不同的响应区间；所用分光光栅的种类、所用激发光波长与功率、样品照射方式（角度）、聚焦斑点位置、大小与强度、扫描次数、外界光强、温度影响等将影响拉曼峰的强度。另外具备暗室条件，无强震动源，无强电磁干扰，不可受阳光直射。光学器件表面有灰尘，不允许接触擦拭，可用气球小心吹掉。

② 样品的振动活性与含量、结晶度、对称性和取向；应力、浓度、键能与原子质量表面粗糙度和微缺陷、尺寸效应等。

③ 值得一提的是有些样品产生的荧光会影响拉曼谱。这是因为：拉曼测定的是分子受激发后的反射光，有些材料如无定型的物质会在测定中产生强烈的荧光干扰，将拉曼信号掩盖。消除荧光的方法包括：钝化样品；强激光长时间照射样品；有时在样品中加入少量荧光淬灭剂，如硝基苯、KBr、AgI 等，可以有效地淬灭荧光干扰；利用脉冲激光光源，当激光照射到样品时，产生荧光和拉曼散射光的时间过程不同，若用一个激光脉冲照射样品，将在 $10^{-11} \sim 10^{-13}$ s 内产生拉曼散射光，而荧光则是在 $10^{-7} \sim 10^{-9}$ s 后才出现；改变激发光的波长以避开荧光干扰，在测量拉曼光谱时，对于不同的激发光拉曼谱带的相对位移是不变的，荧光则不然。选择适当的激发光，可避开荧光的干扰，在实际工作中常用这一方法识别荧光峰。

第五节　激光拉曼光谱技术应用

早期拉曼光谱法所用的光源一般是高压汞弧灯，由于它强度不太高和单色性差，限制了拉曼光谱的应用范围，1966 年以后激光技术的发展，使拉曼光谱法出现了崭新的面貌，这是因为激光具有强度高、单色性好、方向性强等优点，它几乎完全克服了汞弧灯光源所存在的缺点。近年来又制造出了各种极为稳定的激光器和波长可在一定范围内连续变化的染料激光器，加之高质量的单色器、高灵敏度的光电检测系统、微处理器，使激光拉曼光谱发展非常迅速，已成为和红外光谱并驾齐驱的重要的光谱研究工具。

拉曼光谱的应用范围很广泛，遍及化学、物理、生物、医学等学科，特别是现代的激光拉曼光谱仪几乎对任何物理条件下各种类型的物质都能得出拉曼光谱。通过对所得拉曼光谱的研究，可知物质内部的各种信息。

一、晶体的声子谱

晶体中原子在平衡位置附近做微振动，这叫晶格振动。晶格振动的能量是量子化的，其量子称为声子。

一阶拉曼散射光谱中只能获得布里渊区中心点附近，即波矢 $q \approx 0$ 的声子频谱，只有极少数的声子才能参与作用。而二阶拉曼散射过程中所参加的声子可以很多，其波矢范围几乎可遍及整个布里渊区，所以它可以提供整个声子本征谱信息，但其强度比一阶过程弱，不易观察。

二、研究结构相变

拉曼散射是研究结构相变的主要方法之一。拉曼等人在 1940 年发现在石英晶体的 α-β 相变中，有一条低频拉曼谱线（约 $220cm^{-1}$）逐渐向低波数移动。1960 年 Cochran 等人从晶格动力学讨论了晶体的失稳性，提出了软模理论。对铁电相变，其基本物理思想：在离子晶体中，离子的振动受到短程排斥力和长程库仑力的作用，在某一温度下，短程力和长程力可能抵消，此振动模式的频率 W_T 趋向于零，晶格失稳，发生相变，那么测定晶体拉曼光谱的横光学声子频率随温度的变化，便可得到结构相变的宝贵信息。

三、研究固体中缺陷、杂质态

拉曼光谱是研究固体缺陷、杂质态的一个有效工具，对于研究低密度（$\leqslant 10^3 cm^{-2}$）的晶体缺陷，它比中子散射灵敏得多。

当晶体中存在杂质和缺陷时，晶体中的平移对称性将受到破坏，因而波矢守恒被消除，原来由于对称性选择定则被禁止的一阶拉曼过程，现在可能变成可允许的了，而观察到一阶拉曼谱。假如其缺陷跟其所替换的基质原子很不相同，那么振动模式将会受到严重的干扰。当晶体中掺入大量的取代式杂质，晶体的对称性也不会改变，但可大大增大散射截面，使拉曼谱线的强度大为增加，同时因晶体的平移不变性被破坏，谱线加宽，给出声子态密度信息。拉曼光谱还可用来研究缺陷本身的固有振动性质。

四、物质鉴定

通过对拉曼光谱的分析可以知道物质的振动转动能级情况，从而可以鉴别物质，比如毒品的鉴别。

常见毒品均有相当丰富的拉曼特征位移峰，且每个峰的信噪比较高，表明用拉曼光谱法对毒品进行成分分析方法可行，得到的谱图质量较高。由于激光拉曼光谱具有微区分析功能，即使毒品和其他白色粉末状物质混合在一起，也可以通过显微分析技术对其进行识别，得到毒品和其他白色粉末分别的拉曼光谱图，如图 2.3-14 所示。

另外拉曼光谱还可用于检测水果表面农药残留。将处理好的水果表面撕取一小片果皮，在水果表面分别滴上一滴不同的农药，农药就会浸润到果皮上。用吸水纸擦拭果皮上的农药液体，然后把残留有农药的果皮压入铝片的小槽中，保证使残留农药的果皮表面呈现在铝片小槽的外面，然后把压出来的汁液用吸水纸擦拭干净。经检测即可得到相关的拉曼散射谱。定量分析农药残留可以从农药特征谱线和水果特征谱线的相对强度比获得。

拉曼光谱分析技术是以拉曼效应为基础建立起来的分子结构表征技术，其信号来源于分子的振动和转动。拉曼光谱的分析方向如下。

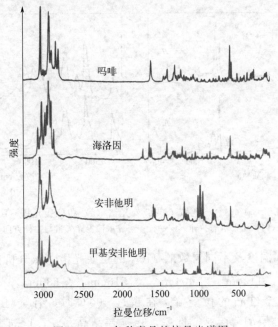

图 2.3-14　各种毒品的拉曼光谱图

定性分析：不同的物质具有不同的特征光谱，因此可以通过光谱进行定性分析。

结构分析：对光谱谱带的分析，又是进行物质结构分析的基础。

定量分析：根据物质对光谱吸光度的特点，可以对物质的量有很好的分析能力。

拉曼光谱用于分析的不足主要来自：①拉曼散射面积。②不同振动峰重叠和拉曼散射强度容易受光学系统参数等因素的影响。③荧光现象对傅里叶变换拉曼光谱分析的干扰。④在进行傅里叶变换光谱分析时，常出现曲线的非线性的问题。⑤任何一物质的引入都会给被测体系带来某种程度的污染，这等于引入了一些误差的可能性，会对分析的结果产生一定的影响。

例题习题

一、例题

拉曼光谱的分析常结合其他分析手段，比如红外光谱，测试获得的峰如果变宽，应进行分峰拟合。

1. 图 2.3-15 是聚酰亚胺-6 薄膜被拉伸后的光谱，图（a）是被拉伸 250％的红外偏振光谱，图（b）是被拉伸 400％后的激光拉曼光谱。试分析典型的峰位含义。

解答：图（a）中 $1260cm^{-1}$ 和 $1201cm^{-1}$ 对应于 C—N 键伸缩振动，平行于拉伸方向取向；$3000 \sim 2800cm^{-1}$ 对应于 CH_2 伸缩振动，垂直于拉伸方向；$3300cm^{-1}$ 对应于 N—H 伸缩振动，垂直于拉伸方向。图（b）中，$1081cm^{-1}$ 对应于 C—N 伸缩振动，平行于拉伸方向取向；$1126cm^{-1}$ 对应于 C—C 伸缩振动，也平行于拉伸方向取向。

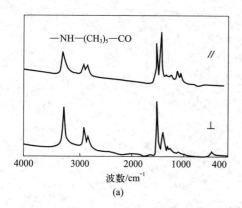
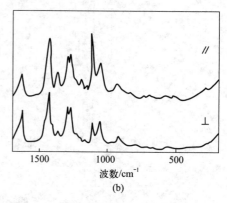

图 2.3-15　聚酰亚胺-6 的红外光谱（a）和拉曼光谱（b）

∥表示偏振光矢量与拉伸方向平行；⊥表示偏振光矢量与拉伸方向垂直

2. 图 2.3-16 为不同温度及不同层数的 TiO_2 的拉曼光谱。试分析拉曼峰变化的含义。

解答：图（a）中，$145cm^{-1}$、$404cm^{-1}$、$516cm^{-1}$、$635cm^{-1}$ 是锐钛矿的拉曼峰，$228cm^{-1}$、$294cm^{-1}$ 是金红石的拉曼峰，在超过 400℃时，有金红石的相析出。结合图（b），在 400℃下，1～2 层的薄膜结晶性差，3～4 层结晶完好，1～4 层的 TiO_2 薄膜均显示出锐钛矿的拉曼峰。由于拉曼峰的位移受颗粒或孔径大小影响会发生变化，肩峰（不对称性）会出现，峰强变弱。图 2.3-16 中薄膜拉曼峰 $145cm^{-1}$ 相对于体相锐钛矿拉曼峰红移 $3cm^{-1}$，显示出粒径约为 10nm。

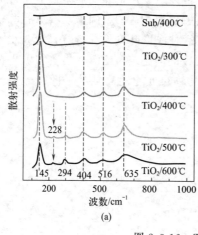
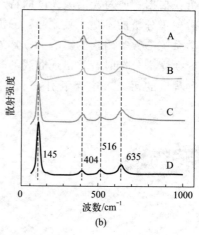

图 2.3-16　TiO_2 的拉曼光谱

（a）是不同温度下 TiO_2 的拉曼光谱；（b）是 400℃时不同层数的 TiO_2 拉曼光谱，A 到 D 分别表示 1～4 层

3. 采用改进的流动催化法制备出直径可调的高质量单壁碳纳米管，根据生长条件的差异把所制备的五种单壁碳纳米管样品分别称为 S_I、S_{II}、S_{III}、S_{IV} 和 S_V。图 2.3-17 给出了 S_I～S_V 样品的典型单壁碳纳米管的拉曼光谱图。试分析拉曼峰的含义。

解答：从图中可以看出：①在单壁碳纳米管的 RBM 模（径向呼吸模）的低频区，每个样品都仅有一个不同频率的拉曼峰，这说明所有样品中单壁碳纳米管的直径分布很窄且可调；②样品的 G 模很窄且强度高，而 D 模很小且强度低，特别是对于 S_I～S_{IV} 样品，D 模基本上消失，这说明样品中单壁碳纳米管质量很高，其缺陷和杂质含量都很少。

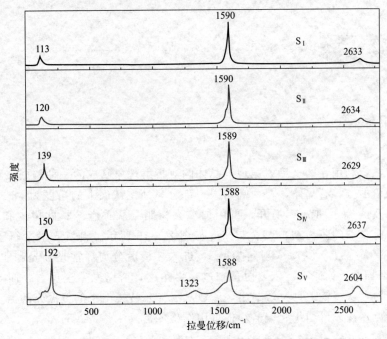

图 2.3-17　$S_I \sim S_V$ 样品的拉曼光谱图

二、习题

1. 试用经典理论推导拉曼位移。

2. 简述拉曼光谱法和红外光谱法的区别。

3. 画出 SO_2 的简正振动,并说明它是否具有拉曼活性。

4. 拉曼光谱仪的仪器结构由哪几部分组成?每一个部分的作用是什么?

5. 拉曼光谱法是怎么进行定性、定量分析的?

6. 比较红外光谱、拉曼光谱的异同。

7. 试简述碳纳米管拉曼光谱(图 2.3-18)中三个不同拉曼位移的物理含义。

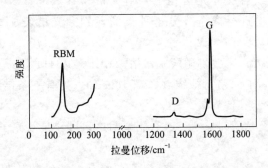

图 2.3-18　碳纳米管拉曼光谱

8. 试简述表面增强拉曼散射技术。

一、尼克尔棱镜

尼克尔棱镜：利用光的全反射原理与晶体的双折射现象制成的一种偏振仪器。取一块长度约为宽度三倍的方解石晶体，将两端切去一部分，使主截面上的角度为68°。将晶体沿着垂直于主截面及两端面的 AN 切开，再用加拿大树脂（从香脂冷杉的树皮和枝皮中提取，是制切片和精密仪器的胶接剂）黏合起来，如图 2.3-19 所示。自然光沿平行于棱边方向入射到第一块棱镜端面上，这时入射角为 22°，进入棱镜后分为寻常光 o 光和非常光 e 光，o 光以 76°入射到加拿大树脂上，因入射角超过临界角度，所以发生全反射，而 e 光射到树脂上不发生全反射，从棱镜的另一端射出。所以从尼克尔棱镜出来的偏振光的振动面在棱镜的主截面内。尼克尔棱镜可用作起偏器，也可用作检偏器。

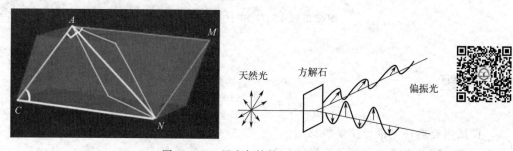

图 2.3-19　尼克尔棱镜

二、拉曼光谱的最新进展

拉曼光谱可单独地或与红外光谱相配合对无机物系统进行研究，其主要用途为：在一种或一些特定的环境中进行离子或分子种类的鉴别和光谱表征，测定这类物质的空间构型。

早在 1934 年用拉曼光谱来鉴别硝酸汞水溶液中汞是以 Hg^+ 还是以 Hg^{2+} 存在，在拉曼谱中除了已知的硝酸根离子的诸特征线外，在 $169cm^{-1}$ 处有一条谱线，但此谱线在红外光谱中却未出现，这是什么原因？

结合红外光谱和拉曼光谱的异同，这只能说明这条谱线是双原子汞离子 $[Hg\text{-}Hg]^{2+}$ 的对称伸缩振动。

又如，用振动光谱法来确定 XeS_2 的空间构型有着特殊的价值。XeS_2 的拉曼光谱在 $515cm^{-1}$ 处有一条谱线，而这个频率位置处的峰在红外光谱中，却没有出现。红外光谱在 $213cm^{-1}$、$575cm^{-1}$ 处出现基频吸收。这就证实 XeS_2 分子为线性结构。

材料分析技术

此外，在络合物中金属-配位体键的振动频率一般都在 $100 \sim 700 cm^{-1}$ 范围，用红外光谱研究较为困难，而这些键的振动常是拉曼活性，而且其拉曼谱带易于观测。因此，拉曼光谱适于对络合物的组成、结构和稳定性等方面进行研究。

另外，由于水的拉曼散射效应很弱，所以少量的水并不能观察到如海水般明显的拉曼散射效应。

（一）表面增强拉曼光谱

Fleischmann 等人于 1974 年发现吸附在粗糙化的 Ag 电极表面的单分子层吡啶分子具有高质量的拉曼散射现象（增加六个数量级），同时活性载体表面选择吸附分子对荧光发射具有抑制作用，使激光拉曼光谱分析的信噪比大大提高，这种表面增强效应被称为表面增强拉曼散射（surface-enhanced Raman scattering，SERS）。SERS 技术是一种新的表面测试技术，可以在分子水平上研究材料分子的结构信息，后来又发现其他的表面增强光学效应（如表面增强红外、表面增强二次谐波和表面增强合频），人们发现表面增强光学效应实际上是一个家族，它们既有各自的特征，又有相似之处，这些技术之间的联合研究和系统分析将大大地促进表面增强光学效应的理论和应用的发展。

（二）高温激光拉曼光谱

高温激光拉曼光谱可用于冶金、玻璃、晶体生长等领域，用它来研究固体的高温相变过程、熔体的键合结构等非常方便。通过对谱峰频率、位移、峰高、峰宽、峰面积及其包络线的量化解析，可以获取极为丰富的微结构信息，从而为材料结构和相变研究以及热力学性质的计算提供可靠的实验依据。

（三）共振拉曼光谱

以分析物的某个电子吸收峰的邻近波长作为激发波长，样品分子吸光后跃迁至高电子能级并立即回到基态的某一振动能级，产生共振拉曼散射，分子的某个或几个特征拉曼谱带强度可达到正常拉曼谱带的约 10^6 倍，并观察到正常拉曼效应中难以出现的、其强度可与基频相比拟的组合频振动光谱，结合表面增强技术，灵敏度已达到单分子检测水平，主要不足是荧光干扰。

（四）共焦显微拉曼光谱

将拉曼光谱分析技术与显微分析技术结合起来的一种应用技术。辅以高倍光学显微镜，具有微观、原位、多相态、稳定性好、空间分辨率高等特点，可实现逐点扫描，获得高分辨率的三维 Raman 图像。

（五）傅里叶变换拉曼光谱

傅里叶变换拉曼光谱是 20 世纪 90 年代发展起来的新技术，1987 年，Perkin Elmer 公司推出第一台近红外激发傅里叶变换拉曼光谱（NIR FT-IR）仪，采用傅里叶变换技术对信号进行收集，并多次累加来提高信噪比，大大减弱了荧光背景，广泛地应用在化学、生物和生物医学、络合生物体系与荧光化合物等非破坏结构分析中。

另外，拉曼光谱还可以与其他仪器联合进行原位测试，包括与扫描电镜、原子力显微镜/近场光学显微镜以及激光扫描共聚焦显微镜等联用，提高测试的可靠性和完整性，获得材料各种表面信息。

随着激光技术的不断发展，拉曼光谱仪性能越来越完善。例如：三级光栅拉曼系统，具有极高的光谱分辨率；随着光纤耦合拉曼光谱仪的研发成功，拉曼光谱仪可以进行工业在线和远距离原位在线分析。总之，拉曼光谱仪的发展可以提供更多的信息，为各学科的发展提供了强有力的研究手段。

参考文献

[1] 黎兵，曾广根. 现代材料分析方法[M]. 成都：四川大学出版社，2017：68，82，108.

[2] 李昌厚. 紫外可见分光光度计及其应用[M]. 北京：化学工业出版社，2010：5，155.

[3] 魏福祥. 现代分子光谱技术及应用[M]. 北京：中国石化出版社，2015：1，76，151，221，258.

[4] 武汉大学. 分析化学：下册[M]. 6 版. 北京：高等教育出版社，2018：211，225，239，265.

[5] 褚小立. 化学计量学方法与分子光谱分析技术[M]. 北京：化学工业出版社，2011：12.

[6] Hemingway D J，Lissberger P H. Properties of weakly absorbing multilayer systems in terms of the concept of potential transmittance[J]. Optica Acta：International Journal of Optics，2010，20（2）：85-96.

[7] Hishikawa Y，Nakamura N，Tsuda S，et al. Interference-free determination of the optical absorption coefficient and the optical gap of amorphous silicon thin films[J]. Japanese Journal of Applied Physics Part 1-Regular Papers Short Notes & Review Papers，1991，30(5)：1008-1014.

[8] Zhang J L，Wang Y F，Zhou B，et al. Research on FTO/CBD-CdS：Cl thin film photodetector with a vertical structure[J]. Applied Physics A-Materials Science & Processing，2021，127：1-9.

[9] 王建民. 卤钨灯的特性及应用中应注意的问题[J]. 电工技术，1990(12)：6.

[10] 刘约权. 现代仪器分析[M]. 3 版. 北京：高等教育出版社，2015：73，76，77，88，99，104，111.

[11] 张正行. 有机光谱分析[M]. 北京：人民卫生出版社，2009：2，5，55，59，69，74，110.

[12] 张锐，范冰冰. 材料现代研究方法[M]. 北京：化学工业出版社，2022：35，48，54，59，68，75.

[13] 周玉. 材料分析方法[M]. 3 版. 北京：机械工业出版社，2011：257，264，268.

[14] 祁景玉. 现代分析测试技术[M]. 上海：同济大学出版社，2006：241，244，274，287，300，326.

[15] 孔令义，陈海生，冯卫生，等. 波谱解析[M]. 北京：人民卫生出版社，2016：9，21，31，41，53.

[16] 陶少华，刘国根. 现代谱学[M]. 北京：科学出版社，2015：99，128，189.

[17] 科学指南针团队. 材料测试宝典：23 项常见测试全解析[M]. 杭州：浙江大学出版社，2022：157，167，182.

[18] 王永行，张照录. 现代材料分析方法教程[M]. 北京：化学工业出版社，2023：67，77，89，99，106.

[19] Williams D H，Fleming I. 有机化学中的光谱方法[M]. 张艳，邱頔，施卫峰，等译. 6 版. 北京：北京大学出版社，2015：2，23，27，33，37.

[20] 朱和国，曾海波，兰司. 材料现代分析技术[M]. 北京：化学工业出版社，2022：364，368，374.

[21] 褚小立，刘慧颖，燕泽程. 近红外光谱分析技术实用手册[M]. 北京：机械工业出版社，2016：4，163.

[22] 晋卫军. 分子发射光谱分析[M]. 北京：化学工业出版社，2018：4，13，410.

[23] Liu Q F，Ren W C，Chen Z G，et al. Diameter-selective growth of single-walled carbon nanotubes with high quality by floating catalyst method[J]. ACS Nano. 2008；2(8)：1722-1728.

[24] 董文龙，刘璐琪. 拉曼光谱在二维材料微观结构表征中的研究进展[J]. 光散射学报，2021，33(1)：15.

第三篇

显微表征技术

在本篇中，主要介绍与材料的微观形貌有关的三种显微表征技术，分别是：透射电子显微镜（TEM）、扫描电子显微镜（SEM）、原子力显微镜（AFM）。

第 一 章

透射电子显微镜

第一节　透射电子显微镜历史背景

　　人的眼睛不能直接观察到比 0.1mm 更小的物体或物质结构细节，借助于光学显微镜，可以看到像细菌、细胞那样小的物体。但是，由于光波的衍射效应，光学显微镜的分辨极限大约是光波的半波长，可见光的短波长约为 0.4μm，所以光学显微镜的极限分辨本领是 0.2μm。为了观察更微小的物体，必须利用波长更短的波作为光源。

　　1924 年德布洛依提出了微观粒子具有二象性的假设。后来这种假设得到了实验证实。从此，人们认识到高速运动的粒子与短波辐射相联系，例如在 100kV 电压下加速的电子，相应的德布洛依波的波长为 0.037Å，比可见光的波长小几十万倍。此后，物理学家们利用电子在磁场中的运动与光线在介质中的传播相似的性质，研究成功了电子透镜。1932—1933 年间，德国的 Knoll 和 Ruska 等在柏林制成了第一台电子显微镜。虽然这台电子显微镜的放大率只有 12 倍，但它表明，电子波可以用于显微镜，从而为显微镜的发展开辟了一个新的方向。我国从 1958 年开始制造电子显微镜，现在已经能生产性能较好的透射电镜和扫描电镜。现代高性能的透射电子显微镜，点分辨本领优于 3Å，晶格分辨本领达到 1~2Å，自动化程度相当高，而且具备多方面的综合分析功能。

　　在自然科学的一些领域中，电子显微镜作为观察世界的"科学之眼"，已经成为一种不可缺少的仪器。在生物学、医学中，在金属、高分子、陶瓷、半导体等材料科学中，在矿物、地质等部门中，以及在物理、化学等学科中，电子显微分析都发挥着重要的作用。电子显微镜使人们进入了以"埃"为单位的世界。现代电子显微镜的分辨本领已经达到原子大小的水平，人们渴望直接看到原子的理想已经开始实现了。科学工作者已经用电镜直接看到某些特殊的大分子的结构，还看到了某些物质的原子像。随着电子显微术的进一步发展，今后有可能使我们对物质结构的认识有新的重大进展。

第二节　透射电子显微镜基础原理

　　电子光学是电子显微镜的理论基础，它主要研究电子在电磁场中的运动规律。本节只讲述与电子显微有关的电子透镜的基本知识。

一、电子的波动性及电子波的波长

根据德布洛依假设，运动微粒和一个平面单色波联系。以速度 v、质量 m 的微粒相联系的德布洛依波的波长为

$$\lambda = \frac{h}{mv} \tag{3.1-1}$$

式中，h 为普朗克常数。

初速度为 0 的电子，受到电位差为 V 的电场的加速，根据能量守恒原理，电子获得的动能为

$$\frac{1}{2}mv^2 = q_e V \tag{3.1-2}$$

式中，q_e 为电子的荷电量。从式（3.1-2）得到

$$v = \sqrt{\frac{2q_e V}{m}} \tag{3.1-3}$$

将式（3.1-3）代入式（3.1-1），得到

$$\lambda = \frac{h}{\sqrt{2mq_e V}} \tag{3.1-4}$$

电子显微镜中所用的电压在几十千伏以上，必须考虑相对论效应。经相对论修正后，电子波长与加速电压之间的关系为

$$\lambda = \frac{h}{\sqrt{2m_0 q_e V(1 + \frac{q_e V}{2m_0 c^2})}} \tag{3.1-5}$$

式中，m_0 为电子的静止质量；c 为光速。

表 3.1-1 列出了一些加速电压和电子波长的关系。透射电镜的加速电压一般在 $50 \sim 100 kV$，电子波长在 $0.0536 \sim 0.0370 \text{Å}$，比可见光的波长小十几万倍，比结构分析常用的 X 射线的波长也小 $1 \sim 2$ 个数量级。

运动电子具有波粒二象性。在电子显微镜中，讨论电子在电、磁场中的运动轨迹，讨论试样对电子的散射等问题是从电子的粒子性来考虑，而讨论电子的衍射以及衍射成像问题时，是从电子的波动性出发的。

表 3.1-1　加速电压与电子波长的关系

加速电压/kV	电子波长/Å	相对论修正后的电子波长/Å
1	0.3878	0.3876
10	0.1226	0.1220

加速电压/kV	电子波长/Å	相对论修正后的电子波长/Å
50	0.0548	0.0536
100	0.0388	0.0370
1000	0.0123	0.0087

二、静电透镜

（一）电子学折射定律

根据电磁学原理，电子在静电场中受到的洛伦兹力 $\vec{F}$ 为

$$\vec{F} = -q_e \vec{E} \qquad (3.1\text{-}6)$$

式中，$\vec{E}$ 为电场强度矢量。

如果电子不是沿着电场的方向运动，电场将使运动的电子发生折射。对于理想的情况，电子从电位为 V_1 的区域 I 进入电位为 V_2 的区域 II（见图 3.1-1），这两个区域的界面是 AB。在界面处，电子运动的速度将由 $\vec{v_1}$ 变为 $\vec{v_2}$。v_1' 与 v_2' 是它们相应的切向分量，由于在平行于界面的方向没有电场力作用，因此

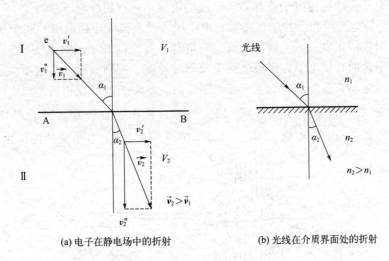

(a) 电子在静电场中的折射　　　　　　(b) 光线在介质界面处的折射

图 3.1-1　电子光学中的折射

$$v_1' = v_2'$$

即
$$v_1 \sin\alpha_1 = v_2 \sin\alpha_2 \qquad (3.1\text{-}7)$$

这里 α_1 及 α_2 为电子运动方向与电场等位面法线间的夹角。将式（3.1-3）代入式（3.1-7），得到

$$\frac{\sin\alpha_1}{\sin\alpha_2} = \sqrt{\frac{V_2}{V_1}} \tag{3.1-8}$$

与几何光学中的折射定律 $\dfrac{\sin\alpha_1}{\sin\alpha_2} = \dfrac{n_2}{n_1}$（$n$ 为介质的折射率）相比较，我们将式（3.1-8）写成

$$\frac{\sin\alpha_1}{\sin\alpha_2} = \sqrt{\frac{V_2}{V_1}} = \frac{n_{e2}}{n_{e1}} \tag{3.1-9}$$

式中，n_e 为电子光学折射率；n_{e1} 为在电位是 V_1 的电场中的电子光学折射率；n_{e2} 为在电位是 V_2 的电场中的电子光学折射率。由式（3.1-9）可见，$\sqrt{V}$ 起着电子光学折射率作用。式（3.1-9）就是静电场中电子光学折射定律的数学表达式。当 $V_2 > V_1$ 时，$\alpha_2 < \alpha_1$，这时电子向等位面法线折射；当 $V_2 < V_1$ 时，$\alpha_2 > \alpha_1$，电子远离法线折射。静电场中的电子光学折射定律反映了电子在电场中的运动规律，与光线在光学介质中的传播规律相似，但是在电子光学中，电子运动的介质是电场，折射面是电场的等位面。

（二）静电浸没物镜

利用电子在电场中运动的特性，制成了各种电子光学透镜。带电的旋转对称的电极在空间形成旋转对称的静电场，轴对称的弯曲对电子束有会聚成像的性质，这种旋转对称的电场空间系统被称为静电电子透镜（简称静电透镜）。阴极处于透镜电场中的静电透镜称为静电浸没物镜。只有静电场才可能使自由电子增加动能，从而得到由调整运动电子构成的电子束，所以各种电子显微镜的电子枪都必须用静电透镜，一般用静电浸没物镜。

图 3.1-2 是静电浸没物镜的原理图。它由阴极、控制极（亦称栅极）和阳极组成，阴极处于零电位，阳极接正电位，控制极一般接负电位。在空间所形成的电场分布示意图 3.1-2 中。阴极尖端附近的自由电子在阳极作用下获得加速度。控制极附近的电场对电子起会聚作用，阳极附近的电场有发散作用，电子接近阳极时，运动速度已经相当大，阳极孔的直径又比较大，因此发散作用较小。先看在图 3.1-2 中靠近控制极附近的 A 点。电场强度矢量 $\vec{E}$ 垂直于电场等位面，指向电位低的方向。由式（3.1-6）可知，电子受到的作用力 $\vec{F}$ 与 $\vec{E}$ 的

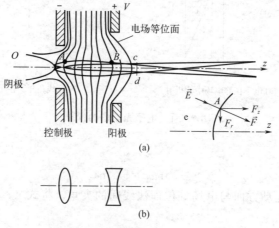

图 3.1-2　静电浸没物镜的原理

方向相反，将 $\vec{F}$ 分解为平行于对称轴的分量 F_z 及垂直于对称轴的分量 F_r，F_z 使电子得到沿轴的加速度，而 F_r 的方向指向对称轴，它使电子向轴靠近。因为电场是旋转对称的，各个方向的电子都向轴靠近，形成向轴汇聚的电子束。在阳极附近，例如在 B 点，电场的径向分量 F_r 背离对称轴的方向，电子束受到发散作用，但是电子的速度已经增大，故发散作用小于前一部分电场的会聚作用，其作用的结果是使会聚角较大的电子束变成会聚角稍小的电子束。图 3.1-2 表示了与该系统类似的光学透镜系统。静电浸没物镜系统用在电镜中称作电子枪。从电子枪出来的电子束具有的能量取决于阴极与阳极之间的电位差，在图 3.1-2 中，电子束中电子的能量为 q_eV。控制极对电子束除有会聚作用外，还能控制电子束的强度。当控制极的负电压数值增大时，阴极发射电子的区域减小，形成的电子束强度变小；从电子枪出来的电子束形成一个最小交叉斑 cd，这就是电镜中的电子光源斑点。

（三）磁透镜

运动的电子在磁场中受到的洛伦兹力 $\vec{F}_m$ 为

$$\vec{F}_m = -\frac{q_e}{c}[\vec{v} \times \vec{H}] \tag{3.1-10}$$

式中，$\vec{v}$ 是电子运动的速度矢量；$\vec{H}$ 是磁场强度矢量。该作用力的大小为 $F_m = \frac{q_e}{c}vH$ $\sin(\vec{v}\vec{H})$，其方向始终垂直于电子的速度矢量与磁场强度矢量所组成的平面。因为作用力与速度方向垂直，这种力不改变速度大小，电子在磁场中运动时，动能保持不变。磁透镜并不改变电子束的能量，但是却不断改变着电子束的方向。

1. 磁透镜的光学性质

通电流的圆柱形线圈产生旋转对称（即轴对称）的磁场空间。这种旋转对称磁场对电子束有会聚成像的性质，在电子光学中称之为磁电子透镜（简称磁透镜）。图 3.1-3 是磁透镜示意图，图中表示了在磁透镜中磁力线的分布，并表示了磁透镜的会聚作用。

电子以速度 v 平行于对称轴 z 进入透镜磁场。在磁场左半部（比如 A 点），磁场强度分解为轴向分量 H_z 及径向分量 H_r。根据式（3.1-10），用右手定则可知，v 与 H_r 作用的结果是使电子受指向读者的作用力 F_θ ［见图中（Ⅰ）］，在 F_θ 的作用下，产生了电子绕轴旋转的速度 v_θ。由于 v_θ 与 H_z 作用，电子受到指向轴的聚焦力 F_r ［见图中（Ⅱ）］，其结果是产生了指向轴的运动分量 v_r。因此，电子在磁场中运动时将产生三个运动分量：轴向运动（速度 v_z）、绕轴旋转（速度为 v_θ）和指向轴的运动（速度为 v_r）。总的结果是，电子以螺旋方式不断地靠近轴向前运动着。当电子运动到磁场的右半部时，由于磁力线的方向改变，使得 H_r 的方向在与左半部时相反，因此 F_θ 的方向也相反。在 F_θ 的作用下，使 v_θ 减小，但是并不改变 v_θ 的方向，结果 F_r 的方向也不改变，电子的运动仍然是向轴会聚。在这部分磁场中，电子绕轴旋转的速度逐渐减慢，但是电子的运动仍然存在着三个运动分量。在这类轴对称弯曲磁场中，电子运动轨迹是一条空间曲线，离开磁场区域时，电子的旋转速度减为零，电子做偏向轴的运动，并近面与轴相交。图 3.1-3（b）是电子运动轨迹的示意图。平行于轴入射的电子经过电子透镜后，其运动轨迹与轴相交于 O 点，该点即为透镜的焦点。

电子透镜中焦距的含意与几何光学中相同。

从以上分析可以看到，轴对称的磁场中运动电子总是起会聚作用，磁透镜都是会聚透镜，与图 3.1-3（c）所示的光学会聚透镜类似。

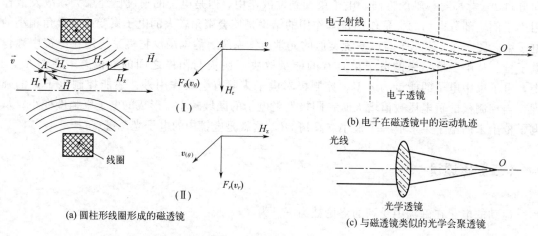

图 3.1-3　磁透镜及其会聚作用

根据式（3.1-10），可以知道电子在磁场中的运动方程为

$$m \frac{\mathrm{d}\vec{v}}{\mathrm{d}t} = -\frac{q_e}{c}\left[\vec{v} \times \vec{E}\right] \tag{3.1-11}$$

在旋转对称磁场中，整个磁场空间的磁场强度可以用对称轴上的磁场强度 $H(z)$ 来表示，利用式（3.1-3），在旁轴条件下，从式（3.1-11）可以得到电子运动轨迹的微分方程式是

$$r''(z) + \left[\frac{q_e}{8mc^2V}H^2(z)\right]r(z) = 0 \tag{3.1-12}$$

$$\theta'(z) - \sqrt{\frac{q_e}{8mc^2V}}H(z) = 0 \tag{3.1-13}$$

式中，V 是电子的加速电压，对于磁透镜 V 是常数。所讨论的是轴对称场中的运动，采用了柱坐标系统。所谓旁轴条件的意义是：①电子束在紧靠光轴的很小范围内；②电子束与光轴的倾斜角很小。

式（3.1-13）为二阶线性齐次常微分方程，它的一般解为任意两个无关特解的线性组合。选满足下列初始条件的两个特解（见图 3.1-4）。

① 特解 $r_1(z)$，满足

$$r_1(z_a) = 0 \qquad r_1'(z_a) = 1 \tag{3.1-14}$$

② 特解 $r_2(z)$，满足

$$r_2(z_a) = 1 \qquad r_2'(z_a) = 0 \tag{3.1-15}$$

于是方程式（3.1-13）的一般解为

$$r(z) = Ar_1(z) + Br_2(z) \tag{3.1-16}$$

式中，A、B 为取决于边界条件的常数。

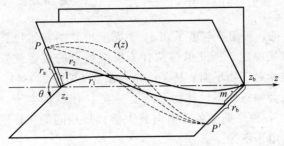

图 3.1-4 磁透镜的光学性质

现在考虑在 $z = z_a$ 的平面上某一点 P 的成像问题。图 3.1-4 中，$r = r(z_a)$ 是从 P 点出发的满足旁轴条件的某一任意轨迹。在 $z = z_a$ 处，由式（3.1-16）得到

$$r(z_a) = r_a = Ar_1(z_a) + Br_2(z_a) \tag{3.1-17}$$

$$r'(z_a) = r'_a = Ar'(z_a) + Br_2'(z_a) \tag{3.1-18}$$

考虑到特解的初始条件，将式（3.1-14）、式（3.1-15）代入式（3.1-17）及式（3.1-18），得到 $A = r'_a$，$B = r_a$。将 A、B 代入式（3.1-16），得到

$$r(z) = r'_a r_1(z) + r_a r_2(z) \tag{3.1-19}$$

这就是电子运动的旁轴轨迹方程。

根据式（3.1-19）可以证明磁透镜的成像性质。因为磁透镜有会聚作用，从物平面的轴上点 $z = z_a$ 处出发的电子轨迹 $r_1(z)$ 一定再与轴相交，假设交点在 $z = z_b$ 处，即

$$r_1(z_a) = r_1(z_b) = 0$$

对于任意旁轴轨迹，在 $z = z_b$ 处，式（3.1-19）变为

$$rz_b(z_b) = r_b = r'_a r_1(z_b) + r_a r_2(z_b)$$

因为 $$r_1(z_b) = 0$$
所以

$$r_b = r_a r_2(z_b) \tag{3.1-20}$$

在确定的透镜下，并且给定了初始条件，这时 $r_2(z_b)$ 是常数。对于一定的 P 点，因为 r_a 是定值，所以 r_b 也是固定值。式（3.1-20）表明，从物平面上 $z = z_a$ 处与轴的距离为 r_a 的 P 点出发的电子，在旁轴范围内，无论其运动轨迹的初始斜率 r'_a 如何（即无论电子运动的初始方向如何），都在 $z = z_b$ 处，会聚于和轴相距为 r_b 的 P' 点上，称 P' 点为 P 点的像。从式（3.1-20）可以得到

$$\frac{r_b}{r_a} = r_2(z_b) = M \text{（常数）} \tag{3.1-21}$$

式中，M 称为像的横向放大倍数（通称放大倍数）。式（3.1-21）表明，同一物平面上各不同点成像的横向放大倍数恒为一常数，因此像与物是几何相似的。

在磁场中，运动电子将绕轴旋转。对式（3.1-13）积分，得到

$$\theta = \theta(z_b) - \theta(z_a) = \sqrt{\frac{q_e}{8mc_2V}} \int_{z_a}^{z_b} H(z) dz \qquad (3.1\text{-}22)$$

从式（3.1-22）可见，转角 θ 与电子在 z_a 平面上出发的初始位置及初始方向都没有关系，只由透镜本身的磁场决定。因此像转角并不影响各点的成像性质和像与物的几何相似性，只是像平面整个地相对于物平面旋转了一个角度 θ（见图 3.1-4）。

以上结果表明，在旁轴条件下，从物平面上一点 P 出发的电子，通过磁场后，都会聚于像平面上的同一点 P'，像平面上各点横向放大倍数是相同的。证明了磁透镜能够将物转换成清晰的几何相似的电子图像。

无论磁透镜还是静电透镜，都有成像性质，但磁透镜成像时图像有旋转问题。电子透镜与光学透镜有相似性，可以将电子的运动看成电子射线，在电子光学中也要应用与几何光学类似的作图法。但是注意，玻璃不能制成电子透镜，电子透镜是一些特殊的电磁场空间系统。

2. 磁透镜

在电子显微镜中，用磁透镜来作会聚透镜和各种成像透镜。下面简单介绍几种磁透镜。

（1）短磁透镜

磁场沿轴延伸的范围远小于焦距的透镜称短磁透镜。通电流的短线圈及带有壳的线圈都可以形成短磁透镜。图 3.1-5 表示了带铁壳的短磁透镜及透镜中磁力线的分布。

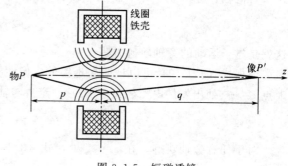

图 3.1-5　短磁透镜

对于短磁透镜，有以下两个基本关系式

$$\frac{1}{f} = \frac{q_e}{\sqrt{8mV}} \int_{-\infty}^{+\infty} H^2(z) dz \qquad (3.1\text{-}23)$$

$$\frac{1}{p} + \frac{1}{q} = \frac{1}{f} \qquad (3.1\text{-}24)$$

式中，f 为透镜的焦距；p 为物距；q 为像距。将短磁透镜有关的结构参量代入式（3.1-23），得到

$$f = A \frac{V}{(NI)^2} R \qquad (3.1\text{-}25)$$

式中，V 是加速电压；NI 为透镜线包的安匝数；R 是线包的半径；A 是与透镜结构条件有关的常数（$A>0$）。

从式（3.1-23）和式（3.1-25）可以看出：①$f>0$，表明磁透镜总是会聚透镜。②$f \propto \frac{1}{I^2}$，表明当励磁电流稍有变化时，就会引起透镜焦距大幅度的改变。因此，可以用调节电

流的办法来改变磁透镜的焦距。在电子显微镜中，通过改变励磁电流，来改变放大倍数及调节图像的聚焦和亮度。③焦距 f 与加速电压 V 有关，加速电压不稳定将使得图像不清晰。

（2）带极靴的磁透镜

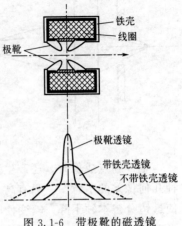

图 3.1-6 带极靴的磁透镜

在磁透镜的铁壳上加特殊形状的极靴，如图 3.1-6 所示，可以使透镜的焦距变得更短。磁透镜的铁壳用软铁等软磁性材料制成，极靴用饱和磁通密度高的铁磁性材料制造，一般采用铁钴合金或铁钴镍合金。图 3.1-6 还表示了这种透镜在透镜轴上磁场的分布，以及有铁壳的和无铁壳的透镜在透镜轴上的磁场分布。将这三种情况进行比较，可知，加极靴后，使得磁场更强而且更集中，其磁场强度可达到 $10^3 \sim 10^4$ Oe（1Oe＝79.5775A/m），透镜焦距可减小到几毫米。这种强磁透镜在定量计算上与短磁透镜不同，需要在计算公式中加一些与极靴有关的修正项。

（3）特殊磁透镜

为了适应各种不同需要，尤其是为了提高透镜的分辨本领，发展了多种形式的磁透镜。下面介绍两种在电镜中经常采用的特殊透镜。

① 不对称磁透镜。上、下极靴的孔径不相同的磁透镜称不对称磁透镜。例如：用于透射电镜，上极靴孔要大一些，使试样能放在透镜的焦点位置附近，并便于试样的倾斜和移动；扫描电镜中物镜的下极靴孔比上极靴孔大，以便于在其附近安装某些附件。

② 单场透镜。有的电镜是将试样放在透镜的上、下极靴中间的位置，上极靴附近的磁场起会聚电子束的作用，下极靴附近的磁场起物镜作用，这种透镜称单场磁透镜。单场透镜的焦距很短，约等于透镜磁场的半宽度，而且它的球差可以比普通磁透镜小一个数量级，有利于提高透镜的分辨本领。

（四）电子透镜的像差

上面所讨论的电子透镜的聚集成像问题是有条件的，即假定：①电子运动的轨迹满足旁轴条件；②电子运动的速度（决定了电子的波长）是完全相同的；③形成透镜的电磁场具有理想的轴对称性；等等。但是，实际的电子透镜在成像时，并不能完全满足这些条件，这种实际情况与理想条件的偏离，造成了电子透镜的各种像差。像差的存在，影响图像的清晰度和真实性，决定了透镜只具有一定的分辨本领，从而限制了电子显微镜的分辨本领。下面介绍电子透镜主要的几种像差。

在旁轴条件下电子运动的轨迹称高斯轨迹，所形成的像称高斯像。电子运动的实际轨迹与高斯轨迹的偏离，造成几何像差。几何像差包括球面像差、场曲、像散、畸变和各种旋转像差等。在电子显微镜中，球面像差（简称球差）是影响透镜分辨本领最主要的几何像差。

图 3.1-7 表示了球差圆斑的形成。轴上有一物点 P，旁轴电子形成的高斯像是 P' 点。通过高斯像点垂直于光轴的平面称高斯平面。由于透镜光阑有一定大小，电子束就有一定的孔径角 α（见图中所示），使得有非旁轴的电子参与成像。在电子透镜中，离轴远的场区对

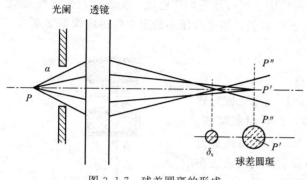

图 3.1-7　球差圆斑的形成

电子束的会聚作用比离轴近的区域大，所以同是从 P 点发出的电子，当张角不同时，落在高斯平面的不同点上。假设张角最大的电子落在 P'' 点，在高斯平面上，所得到的像是以 $P'P''$ 为半径的圆斑。轴上一物点的像成了有一定大小的圆斑，这种像差称球差。电镜中的物镜，实际上只利用光轴附近很小区域的物成像，这时轴外物点成像的其他像差可以不考虑，但球差是不可避免的。

轴外物点成像时，还产生慧形像差（慧差）、场曲、像散和畸变等像差。图 3.1-8 为各种几何像差的示意图。只有高斯像是最逼真和清晰的图像。各种像差都会使图像不够清晰，使透镜分辨本领下降。畸变使图像失真，图 3.1-8（e）中的实线表示枕形畸变，虚线表示桶形畸变。对磁透镜，像差还使图像扭曲。

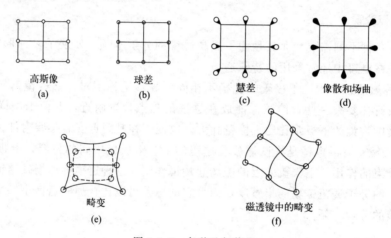

图 3.1-8　各种几何像差

在光学中，由于光的颜色（具有不同波长）差异产生的像差称色差。在电子光学中，电子透镜成像也有色差。加速电压的波动以及阴极逸出电子能量的起伏，使得成像电子的波长不完全相同，而电子透镜的集中和像转角都与电子的波长有关，磁透镜电流不稳定会使透镜的焦距发生变化。这些情况造成的像差都称色差。色差使得一个物点变为某种散射图形，于是影响了图像的清晰度，如图 3.1-9（a）所示。

由于透镜场的某些缺陷，例如极靴圆孔加工不够精确、极靴材料不均匀、透镜场中各圆孔上的污染以及静电透镜电极的极化等等，使得实际的透镜磁场或电场不是理想的旋转对称场，于是透镜不能形成理想的高斯像。这时，即使是轴上物，也有像散。这种像差称作轴上像散。

图 3.1-9（b）表示透镜轴上像散的形成。种种非轴对称微扰使得透镜在不同方向上的焦距不相同。物点 P 在 xz 平面上成像于 P_x 点，在 yz 平面上成像于 P_y 点，使得一个物点所成的像是圆斑或椭圆斑，因而图像变得不够清晰。

轴上像散是不能完全避免的，特别是透镜系统中的污染问题，它是一个不可避免而且经常变化的因素。因此，轴上像散是影响电镜分辨本领的主要像差之一。为了尽量减小轴上像散，各种电镜都配置有消除像散的设备。

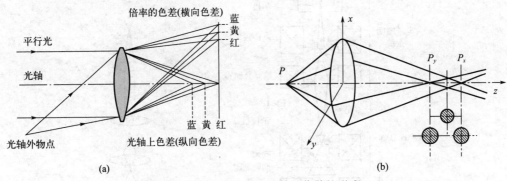

图 3.1-9　色差的产生及轴上像散的形成

第三节　透射电子显微镜技术原理

电子显微镜包括透射电子显微镜、扫描电子显微镜、发射电子显微镜及反射电子显微镜等等。透射电子显微镜（简称透射电镜）是最早发展起来的一种电子显微镜。由于它的分辨本领高，并且具备能够作电子衍射等特点，至今仍然是应用得最广泛的一种电镜。现代高性能透射电镜可兼有扫描电镜、扫描透射电镜和微区成分分析等功能，更扩大了它的适用范围。图 3.1-10 为常见的透射电子显微镜。

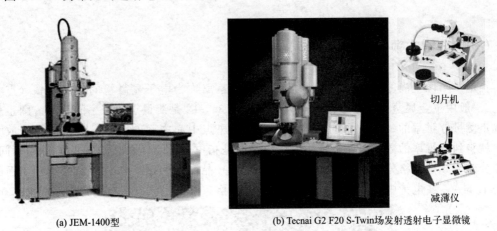

(a) JEM-1400型　　　　　　(b) Tecnai G2 F20 S-Twin场发射透射电子显微镜

图 3.1-10　透射电子显微镜

一、电子显微镜的结构

电子显微镜是一种大型电子光学仪器。它主要包括电子光学系统、真空系统和电器三部分，见图 3.1-11。

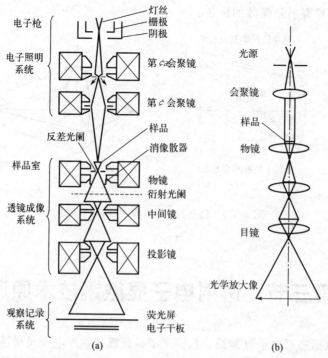

图 3.1-11　电子显微镜镜筒的电子光学结构（a）及与之相应的光学显微镜的结构（b）

二、性能指标

（一）分辨本领（亦称分辨率）

在电子图像上尚能分辨开的两点在试样上的距离称为电子显微镜的分辨本领（点分辨率）。一般用重金属蒸发粒子法测定点分辨率，图 3.1-12 是测量点分辨率的照片。图上标出了选定测量分辨率的一组粒子的图像，量出两个斑点中心之间的距离，除以图像的放大倍数，就得到分辨率的数值。在电镜中的线分辨率是指电子图像上能分辨出的最小晶面间距，这种分辨率亦称晶格分辨率。例如，已知金（200）晶面的间距是 2.04Å，（220）晶面的间距是 1.44Å，在电镜中如能拍摄出金（200）的晶格条纹像，该电镜的线分辨率就是 2.04Å，

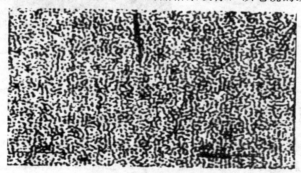

图 3.1-12　测量点分辨率的照片

若能拍摄出金（220）的晶格条纹像，线分辨率就是 1.44Å。图 3.1-13 是测量线分辨率的照片，该照片表明拍这张照片的电镜的分辨率达到 1.4Å。近代电镜同时给出点分辨率和线分辨率两个指标。

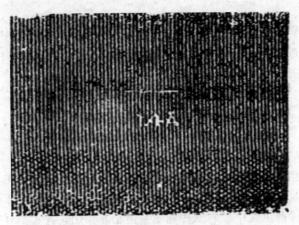

图 3.1-13　测量线分辨率的照片

电镜分辨本领表征电镜观察物质微观细节的能力，这是标志电镜水平的首要指标，也是电镜性能的主要综合性指标。近代高分辨电镜的点分辨率可达 3Å，线分辨率可达 1.44Å。

（二）放大率

电镜的放大率是指电子图像相对于试样的线性放大倍数。将最小可分辨距离放大到人眼可以分辨的大小所需要的放大率称有效放大率，有效放大率是与仪器的分辨率相匹配的。当人眼的分辨距离是 D，电镜的点分辨率为 r 时，有效放大率 $M = \dfrac{D}{r}$。仪器的最高放大率要大于有效放大率，才能反映出仪器可能的分辨本领，但放大率过高是没有意义的，再高的放大率也不可能在电子图像上得到比分辨本领更小的结构细节。例如，$D = 0.1\text{mm}$，$r = 3\text{Å}$，这时的有效放大率 $M = \dfrac{0.1\text{mm}}{3 \times 10^{-7}\text{mm}} \approx 330000$（倍）。一台点分辨率是 3Å 的电镜应具有的最高放大率必须是 330000 倍（记作 330000×）以上，一般最高放大率在 600000～800000× 是适宜的。电镜的低倍放大率需要与光学显微镜相衔接（1000～2000×）。另外需要有 50～100× 的更低倍率，用以普查试样，选择视场。电镜的放大率是可调的，以便在不同倍率下观察不同尺度的微观结构。

（三）加速电压

电镜的加速电压是指电子枪中的阳极相对于灯丝的电压，它决定电子束的能量。加速电压高时，电子束对试样的穿透能力强，能直接观察较厚的试样。为了观察金属薄膜样品，加速电压至少要在 100kV，最好用超高压电镜。电压高时有利于获得高分辨本领，对试样造成的电子辐照损伤也比较重，观察复型试样常用 100kV 左右的加速电压。一般电镜的加速电压在 50～200kV，加速电压在 1000kV 以上的电镜称超高压电镜。电镜的加速电压在一定范围内可调，通常所说电镜的加速电压（或高压）是指可达到的最高加速电压。

（四）相机长度

相机长度是指电镜作电子衍射时的一个仪器常数（其含义以后要谈到）。用电镜作电子衍射时，衍射谱图经过透镜系统放大了，因此电镜的相机长度比电子衍射仪大得多，而且它是在一定范围内可调的。相机长度范围大有利于做更多的电子衍射工作。

三、衬度原理

运动电子与物质作用的过程很复杂，在透射电镜中，电子的加速电压很高，采用的试样很薄，而且所接受的是透过的电子信号，因此这里主要考虑电子的散射、干涉和衍射等作用。电子束在穿越试样的过程中，与试样物质发生相互作用，穿过试样后带有试样特征的信息。但是人的眼睛不能直接感受电子信息，需要将其转变成眼睛敏感的图像。图像上明、暗（或黑、白）的差异称为图像的衬度，或者称为图像的反差。在不同情况下，电子图像上衬度形成的原理不同，它所能说明的问题也就不同。透射电镜的图像衬度主要有散射（质量-厚度）衬度、衍射衬度和相位差衬度，衬度原理是分析电子显微图像的基础。

（一）电子的散射

入射电子进入试样后，与试样原子的原子核及核外电子发生相互作用，使入射电子发生散射。如果入射电子经散射后仅仅运动方向发生变化而能量不变，这种散射称为非弹性散射。入射电子与原子核的作用主要发生弹性散射，入射电子与核外电子的作用主要发生非弹性散射。入射电子被试样中原子散射后偏离入射方向的角度称为散射度，一个电子被试样中一个原子散射，散射角大于或等于某一定角 α 的概率称为该试样物质对电子的"散射截面"，用 σ_α 表示。其中包含了弹性散射截面（σ_e）和非弹性散射截面（σ_i），即

$$\sigma_\alpha = \sigma_e + \sigma_i \tag{3.1-26}$$

对于弹性散射，有

$$\sigma_e \propto \frac{Z^{4/3}}{V} \tag{3.1-27}$$

对于非弹性散射，有

$$\sigma_i \propto \frac{Z^{1/3}}{V} \tag{3.1-28}$$

式中，V 是电子的加速电压；Z 为试样物质的原子序数。可见：随着原子序数 Z 的增加，散射截面增加，即重元素比轻元素对电子的散射能力强；随着加速电压 V 的增加，散射截面下降，即在加速电压高的电镜中试样对电子的散射能力小。

由于非弹性散射的电子有能量损失，因而在成像时造成色差，使图像的清晰度下降。从

式（3.1-27）及式（3.1-28）可知 $\dfrac{\sigma_i}{\sigma_\alpha} \propto \dfrac{1}{Z}$，原子序数越小，非弹性散射所占比例越大。因此，利用散射电子成像时，轻元素试样成像的色差比较大。

（二）散射（质量-厚度）衬度

电子显微镜可以使电子束被试样散射后带有的散射信息变成人眼能观察到的电子图像。由于试样上各部位散射能力不同所形成的衬度称为散射衬度，亦称质量-厚度衬度。图 3.1-14 说明了散射衬度形成的原理。物镜光阑放在物镜的后焦面上，光阑孔与透镜同轴，因此光阑挡住了散射角度大的电子，只有与光轴平等及散射角很小的那一部分电子可以通过光阑孔，光阑孔与透镜同轴保证了它对试样上所观察范围内各点的作用是等同的。如果入射电子束的强度（单位面积通过的电子数）为 I_0，照射在试样的 A 点及 B 点，由于试样各处对电子的散射能力不同，电子穿过试样上不同点后的散射亦不同。设穿过 A 点及 B 点后能通过物镜光阑孔的电子束强度为 I_A 及 I_B，物镜的作用使得电子束以 I_A 的强度成像于 A' 点，以 I_B 的强度成像于 B' 点。在成像平面处放一个荧光屏，由于 I_A 与 I_B 的差异，形成的 A' 与 B' 两像点的亮度不同。假设 A 点物质比 B 点物质对电子的散射能力强，则 $I_A < I_B$，在荧光屏上可以看到 A' 点比 B' 点暗，这样，试样上各处散射能力的差异变成了有明暗反差的电子图像。在图像上反差形成的过程中，物镜光阑起了重要作用，故又被称之为反差光阑。

用上述挡掉散射电子的方法所得到的图像称明场像，电镜中通常观察的是明场像。另外还可以用物镜光阑挡住直接透过的电子，使散射电子从光阑孔穿过成像，这样得到的电子图像称暗场像。对于一般非晶态试样，暗场像与明场像的亮暗是相反的，即在明场像中暗的部位在暗场像中是亮的，反之亦然。实现暗场像常用的方法有两种，如图 3.1-15 所示，其中图（a）

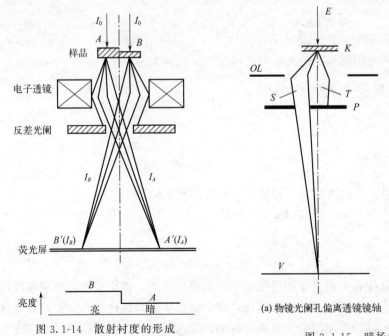

图 3.1-14　散射衬度的形成

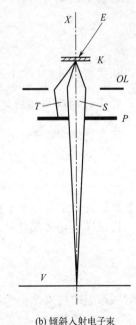

(a) 物镜光阑孔偏离透镜镜轴　　(b) 倾斜入射电子束

图 3.1-15　暗场成像的两种方法

是使光阑孔偏离透镜轴，图（b）是使入射电子束倾斜。无论哪种方法，都是使散射电子从光阑孔中穿过，由散射电子在荧光屏上形成图像，但后者保持了近轴电子成像的特点，成像分辨率比较高。

（三）散射（质量-厚度）衬度图像分析基础

散射衬度图像反映试样上各部位散射能力的差异，那么散射能力与试样的哪些特征有关，如何将电子图像与试样的微观结构联系起来呢？下面讨论这个问题。

以强度为 I_0 的电子束照射在试样上，试样的厚度为 t，原子量为 A（原子序数为 Z），密度为 ρ，对电子的散射截面为 σ_α（α 为物镜光阑所限制的孔径角），则参与成像的电子束强度 I 为

$$I = I_0 \mathrm{e}^{-\frac{k\sigma_\alpha}{A}\rho t} \tag{3.1-29}$$

式中，k 为阿伏伽德罗常数。

图像上相邻点的反差取决于成像电子束的强度差，定义电子反差 G 为

$$G = \frac{I_1 - I_2}{I_1} \tag{3.1-30}$$

式中，I_1 与 I_2 为相邻两点的成像电子束强度。将式（3.1-29）代入式（3.1-30），得到

$$G = 1 - \mathrm{e}^{-k\left(\frac{\sigma_{\alpha_1}}{A_1}\rho_1 t_1 - \frac{\sigma_{\alpha_2}}{A_2}\rho_2 t_2\right)} \tag{3.1-31}$$

由于透射电镜中所用试样的厚度很薄，上式可以简化为

$$G = k\left(\frac{\sigma_{\alpha_1}}{A_1}\rho_1 t_1 - \frac{\sigma_{\alpha_2}}{A_2}\rho_2 t_2\right) \tag{3.1-32}$$

可以从关系式（3.1-32）来分析图像上的衬度与试样微观结构的关系。

1. 图像衬度与试样物质原子序数的关系

定义物质对电子的透明系数 μ 为

$$\mu = \frac{A}{k\sigma_\alpha \rho} \tag{3.1-33}$$

μ 主要取决于元素的原子量，重元素物质比轻元素物质的透明系数小。

设试样上相邻部位的厚度相同，将式（3.1-33）代入式（3.1-32），得到

$$G = t\left(\frac{1}{\mu_1} - \frac{1}{\mu_2}\right) \tag{3.1-34}$$

这时图像上的衬度是由于试样各处对电子的透明系数不同而形成的，透明系数由原子序数所决定，物质的原子序数越大，散射电子的能力越强，在明场像中参与成像电子越少，荧光屏上相应位置就越暗。反之，试样物质原子序数相差越小，荧光屏上相应位置就越亮。试样上相邻部位的原子序数相差越大，电子图像上的反差便越大。

2. 图像衬度与试样厚度的关系

设试样上相邻两点的物质种类和结构完全相同，仅仅是电子穿越的试样厚度不同，这时，式（3.1-32）可简化为

$$G = k\frac{\sigma_\alpha}{A}\rho\Delta t \tag{3.1-35}$$

其中
$$\Delta t = t_1 - t_2$$

在这种情况下，图像的衬度反映了试样上各部位的厚度差异，荧光屏上暗的部位对应的试样厚，亮的部位对应的试样薄，试样上相邻部位的厚度相差大时，得到的电子图像反差大。

3. 图像衬度与物质密度的关系

由式（3.1-32）可知，图像的衬度还与密度有关。试样中不同的物质或者是不同的聚集状态，其密度一般不同，也可以形成图像的反差，但这种反差一般比较弱。

为便于理解，对以上各种因素分别进行了讨论，但实际上往往是几种因素同时存在，应当根据所用试样的性质综合考虑各因素的影响。

四、电子衍射

电子衍射可以分为高能电子衍射和低能电子衍射两大类，电子显微镜中的电子衍射属于高能电子衍射。运动电子具有波粒二象性，在一定的加速电压作用下，电子束具有一定的波长，电子束与晶体物质作用，可以产生衍射现象。与 X 射线的衍射类似，电子衍射也遵循布拉格定律，即：波长为 λ 的电子束照射到晶体上，当电子束的入射方向与晶面距离为 d 的一组晶面之间的夹角 θ 满足关系式

$$2d\sin\theta = n\lambda \tag{3.1-36}$$

就在与入射束成 2θ 的方向上产生衍射束（见图 3.1-16 所示）。式（3.1-36）中 n 为整数。在电子衍射中，一般只考虑一级衍射（或者作为 d/n 间距的一级衍射），可以将式（3.1-36）改写成

$$2d\sin\theta = \lambda \tag{3.1-37}$$

在电镜中，电子透镜使衍射束会聚成为衍射斑点，晶体试样的各衍射点构成了电子衍射花样。

与 X 射线衍射相比，电子衍射主要有以下几个特点：①在电镜中作电子衍射时，电子的波长比 X 射线的波长短得多，因此电子衍射的衍射角很小，一般为 1°~2°，而 X 射线衍射角可以大到几十度。②由于物质对电子的散射作用比 X 射线强，因此电子衍射比 X 射线衍射多，摄取电子衍射花样的时间只需几秒钟，而 X 射线衍射则需数小时，

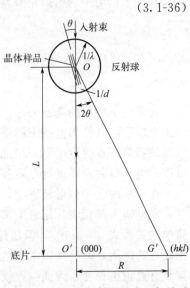

图 3.1-16　电子衍射的基本几何关系

所以电子衍射有可能研究晶粒很小或者衍射作用相当弱的样品。正因为电子的散射作用强，电子束的穿透能力很小，所以电子衍射只适于研究薄的晶体。③在透射电镜中作电子衍射时，可以将晶体样品的显微像与电子衍射花样结合起来研究，而且可以在很小的区域作选区电子衍射。然而，在结果的精确性和实验方法及成熟程度方面，电子衍射不如 X 射线衍射分析。

用电子显微镜可以得到各种晶体试样的电子衍射花样。单晶体试样产生规则排列的衍射斑点，图 3.1-17 是有机大分子物质单晶体的电子衍射花样；多晶试样产生同心环状衍射花样，图 3.1-18 是金属多晶样品的衍射环；织构样品产生弧状衍射花样；而从无定形试样得到的是弥散环。

 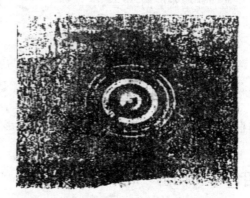

图 3.1-17　有机大分子单晶电子衍射花样　　　　　图 3.1-18　金属多晶样品电子衍射花样

电子衍射的基本几何关系如图 3.1-16 所示。图中表示面间距为 d 的晶面簇（hkl）处满足布拉格条件的取向，在距离晶体样品为 L 的底片上照下了透射斑点 O' 和衍射斑点 G'，G' 和 O' 之间的距离为 R。从图可知

$$R/L = \tan 2\theta \tag{3.1-38}$$

因为在电子衍射中的衍射角非常小，一般只有 1°～2°，所以

$$\tan 2\theta \approx 2\sin\theta \tag{3.1-39}$$

将式（3.1-38）、式（3.1-39）代入式（3.1-37），得到

$$L\lambda = Rd \tag{3.1-40}$$

这是电子衍射的基本公式。式中，L 称为相机长度，是做电子衍射时仪器的常数；根据加速电压可以计算出电子束的波长 λ；R 是衍射底片上衍射斑点到透射斑点之间的距离；d 就是该衍射斑点对应的那一组晶面的晶面间距。从底片上测出 R 值，利用一些确定的关系可以对电子衍射花样进行标定和分析。

在简单的电子衍射装置中，相机长度就是晶体试样到照相底片之间的距离。前面已经讲过，在电镜中照相底片记录下来的是物镜后焦面上的衍射花样的放大像。我们仍然可以应用简单的关系式（3.1-40），但是此时的 L 称为有效相机长度。有效相机长度不再是试样到照相底片的距离，而是与做电子衍射时的仪器条件有关的仪器常数。由于在电镜中实际应用的都是有效相机长度，因此一般就把有效相机长度称作相机长度。现代电镜中，仪器可自动显示出相机长度的数值，假若没有给出，或者为了数值更精确，可以用已知 d 值的晶体样品

测量相机长度。

五、衍射衬度简介

前面所介绍的散射（质量-厚度）衬度原理适用于非晶态或者是晶粒非常小的试样。金属薄膜样品的厚度可视为均匀的，样品上各部分的平均原子序数也相差不多，不能产生足够的质量-厚度衬度。薄晶试样电镜图像的衬度，是由与样品内结晶学性质有关的电子衍射特征所决定的，这种衬度称衍射衬度（简称衍衬），其图像称衍衬图像。

现在以单相多晶样品为例，说明衍射衬度成像原理的特点。图 3.1-19 说明两个不同位向的晶粒产生的衍射衬度。假设试样中的两颗晶粒 A 与 B，它们的结晶位向不同，用电镜中的测角台倾斜试样，使得 B 晶粒的某个（hkl）晶面恰好与入射电子束交成布拉格角 θ_B，而其他的晶面簇都不满足布拉格条件，这时，B 晶粒在物镜的后焦面上产生一个强衍射斑点 [图中 $W_{(hkl)}$]。如果衍射电子束的强度为 I_0，样品足够薄，电子的吸收等效应可以不考虑，在满足所谓的"双束条件"（即除透射束以外，只有一个强衍射束）下，可以近似地认为

$$I_{T(B)} + I_{(hkl)} = I_0 \tag{3.1-41}$$

式中，$I_{T(B)}$ 为 B 晶粒的透射束强度；$I_{(hkl)}$ 为指数（hkl）的衍射束的强度。假若取向不同的 A 晶粒的所有晶面都不满足布拉格条件，则 A 晶粒在物镜后焦面上不产生衍射斑点，这时

$$I_{T(A)} = I_0 \tag{3.1-42}$$

式中，$I_{T(A)}$ 为 A 晶粒的透射束强度。在物镜的后焦面处置有物镜光阑，其孔只能使透射斑点 $V_{(000)}$ 通过，而挡住了衍射斑点 $W_{(hkl)}$ [见图 3.1-19（a）]。若在像平面处旋转荧光屏，其上对应于 B 晶粒的像 B′处的电子束强度 I_B 为

$$I_B = I_0 - I_{(hkl)} \tag{3.1-43}$$

对应于 A 晶粒的像 A′处的电子束强度 I_A 为

$$I_A = I_0 \tag{3.1-44}$$

因此，A 晶粒的像 A′比较亮，而 B 晶粒的像 B′比较暗，于是出现了有明暗反差的图像。这样得到的衍衬图像称衍衬明场像。图 3.1-20 是合金钢的衍衬明场像的电镜照片。图中晶粒 B 中某晶面满足布拉格条件，其像比较暗；晶粒 A（两颗）的各晶面与布拉格条件的偏离都较大，其像比较亮。

另外，可以用倾斜电子束（或者移动物镜光阑）的方法，使得衍射斑点 W 正好通过反差光阑，而透射斑点 V 被光阑挡住 [见图 3.1-19（b）]，这时的荧光屏上各晶粒相应的电子束强度为 $I_B = I_{(hkl)}$，而 $I_A = 0$，因此 B 晶粒的像是亮的，A 晶粒的像是暗的。这种用衍射斑形成的像称衍衬暗场像。

图 3.1-21 是孪晶马氏体的电子衍衬明场像和对应的暗场像，可以看到两张照片中图像的亮暗是互补的。

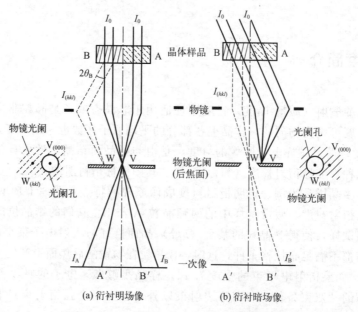

图 3.1-19　晶粒位向不同产生的衍衬效应

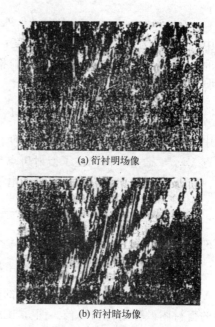

(a) 衍衬明场像

(b) 衍衬暗场像

图 3.1-21　孪晶马氏体的衍衬明
场像与对应的衍衬暗场像

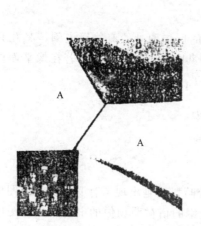

图 3.1-20　合金钢的电子衍衬明场像

　　由于晶体试样上各部位满足布拉格条件的程度的差异所形成的电子显微图像是衍衬图像。衍衬像反映试样内部的结晶学特性，不能将衍衬像与实物简单地等同起来，更不能用一般金相显微像的概念来理解薄晶样品的衍衬图像。衍衬图像中包含着一些衍射效应造成的特殊现象。例如，试样基体中存在球形的第二相粒子，在电镜中有时看到的是两个花瓣状的图像，不能简单地认为第二相粒子是两个花瓣状的。这是由于第二相和基体共格，粒子中心晶面不发生畸变，形成了零衬度线，使得一颗完整的粒子在衍衬图像上变成了两个半个。因此，薄晶样品的电子显微分析必须与电子衍射分析结合起来，才能正确理解图像的衬度。为了解释衍衬图像，发展了电子衍衬的运动学理论和动力学理论，由于篇幅有限，这里不作介绍，读者可查阅有关专著。

六、相位衬度

随着电子显微镜分辨率的不断提高，人们对物质微观世界的观察更加深入，现在已经能拍下原子的点阵结构像和原子像。进行这种观察的试样厚度必须小于100Å，甚至薄到30～50Å。这样，由以上所介绍的衬度机制产生的图像反差就很小了，单个原子成像的质量-厚度衬度数值约为1％，而人的眼睛一般只能分辨反差大于10％的图像。因此用前述的衬度概念不能解释高分辨像的形成机理。高分辨电子显微图像的形成原理是相位衬度原理。

入射电子波穿过极薄的试样后，形成的散射波和直接透射波之间产生相位差，同时有透镜的失焦和球差对相位差的影响，经物镜的会聚作用，在像平面上会发生干涉。由于穿过试样各点后电子波的相位差情况不同，在像平面上电子波发生干涉形成的合成波也不同，由此形成了图像上的衬度。图3.1-22表明了相位衬度与质量-厚度衬度的区别，在图3.1-22（b）中，电子束照在试样上的 P 点，由于物镜光阑挡住了散射角大的那部分（图中斜线所示）电子波，穿过光阑孔的电子波的强度决定了像点 P' 的亮度，这样形成的是质量-厚度衬度。在图3.1-22（a）中，电子束穿过试样原子后，散射角大的电子波很弱，散射角小的散射电子波也能穿过物镜光阑孔。在穿过光阑孔的电子波中，散射波与直接穿透电子波之间有相位差，到达像平面处发生干涉，决定了像平面处合成波的强度，使像点 P' 具有与试样特征相关的亮度。

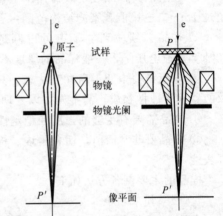

(a) 相位衬度的形成   (b) 质量-厚度衬度的形成

图 3.1-22　相位衬度与质量-厚度衬度的区别

为了获得更多信息，进行高分辨观察时可以选用大孔径物镜光阑，甚至可以不用物镜光阑。由于图像上形成的相位衬度值与透镜的失焦量和球差值有关，因此必须选择最佳失焦量等实验条件，才能得到好的高分辨像。

第四节　透射电子显微镜分析测试

透射电镜研究的样品尺度很小，而且必须对电子束是"透明"的，因此样品制备方法在透射电子显微分析中起着非常重要的作用。人们最初用电镜只能观察粉末样品和苍蝇翅膀之类的东西，超薄切片技术的发展使得生物医学领域广泛应用了电镜，表面复型方法的建立使得透射电镜可用于观察大块金属及其他材料的显微组织。这时，电子显微镜比普通光学显微镜提供了更多的结构细节，但是它并没增加新的信息。20 世纪 60 年代以来，出现了金属薄膜样品制备技术，发展了薄晶的衍射电子显微术，它不仅能发挥电镜高分辨率特长，而且可以显示出材料结晶学方面的结构信息，还可以配合能谱做微区成分分析以及直接对材料进行动态研究等。总之，可以说透射电镜应用的深度和广度在一定程度上有赖于样品制备技术的发展。

图像的理解与样品的制备方法有直接关系，因此在这里也谈到图像的分析问题。

一、制样

（一）对样品的一般要求

对于在透射电镜中研究的样品有以下要求：

① 透射电镜样品置于载样铜网上，铜网的直径为 2～3mm，所观察的试样最大尺度不超过 1mm。电镜能观察的结构范围由若干微米到几埃，如图 3.1-23 所示。

② 样品必须薄到电子束可以穿透。具体厚度视加速电压大小和样品材料而异，在 100kV 加速电压下，一般样品的厚度不能超过一两千埃。

③ 电镜镜筒中处于高真空状态，只能研究固体样品。样品中若含有水分、易挥发物质及酸碱等腐蚀性物质，需事先加以处理。

④ 样品需要有足够的强度和稳定性，在电子轰击下不致损坏或变化，样品不荷电。

⑤ 样品要非常清洁，切忌尘埃、棉花毛、金属屑等物沾污样品，以保证图像的质量和真实性。

样品的主要制备方法如下：

$$\text{直接法} \begin{cases} \text{粉末颗粒} \\ \text{直接薄膜} \\ \text{超薄切片} \end{cases} \quad \text{间接法} \begin{cases} \text{一级复型} \\ \text{二级复型} \end{cases} \quad \text{半间接法——萃取复型}$$

（二）粉末颗粒样品的制备及重金属投影

1. 支持膜的制备

粉末颗粒样品可以直接放在载样铜网的网格上，但为避免样品从网孔中落下，可以在铜网上制备一层支持膜。支持膜要有一定的强度，对电子的透明性能好，并且不显示自身的结构。支持膜的种类很多，常用的有火棉胶膜、碳膜、碳补强的火棉胶膜等。

火棉胶支持膜的制备方法是将一滴火棉胶的醋酸异戊酯溶液（1%～2%）滴在蒸馏水表面上，在水面上形成厚度为 200～300Å 的薄膜，将膜捞在载样铜网上即可。这种支持膜透明性好，但在电子束轰击下易损坏。

碳支持膜是在真空镀膜机中蒸发碳，形成约 100Å 厚的膜，最后设法捞在铜网上。碳膜的使用性能较好，但捞膜比较困难。

碳补强的火棉胶支持膜是先将很薄的火棉胶支持膜捞在铜网上，然后在火棉胶膜上蒸发一层 50～100Å 厚的碳层。这种支持膜制作较方便，性能也比较好，目前使用得最多。

以上几种膜在高分辨下观察时仍能显示自身的结构，为了进行高分辨工作，需要制备其他性能更好的支持膜。

2. 样品的分散

粉末样品在支持膜上必须有良好的分散性，同时又不过分稀疏，这是制备粉末样品的关键。具体的方法有悬浮液法、喷雾法、超声波振荡分散法等，可依需要选用。

图 3.1-23 是碳酸盐的透射电镜照片。制样方法是将样品粉末放在水中分散，选择浓度合适的分散液滴在碳补强的火棉胶支持膜上，在电镜中观察并拍照。

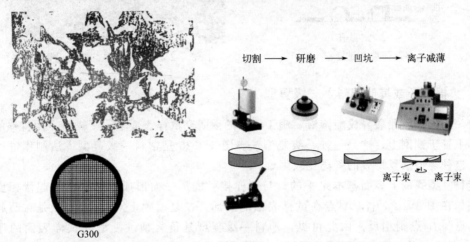

图 3.1-23　碳酸盐粉末的透射电镜照片（左下为常见的样品用铜网，右为样品制作步骤）

3. 重金属投影

有些样品，尤其是由轻元素组成的有机物、高分子聚合物等样品对电子的散射能力差，在电子图像上形成的衬度很小，不易分辨，可以采用重金属投影来提高衬度。投影工作在真空镀膜机中进行。选用某种重金属材料（如 Ag、Cr、Ge、Au 或 Pt 等）作为蒸发源，金属受热后呈原子状态蒸发，以一定倾斜角投到样品表面（见图 3.1-24），由于样品表面凹凸不平，形成了与表面起伏状况有关的重金属投影层。由于重金属的散射能力强，投影层与未蒸金属部分形成明显的衬度，增加了立体感。

图 3.1-25 是经重金属投影的氯化钠微晶颗粒。在颗粒的一侧，存在一个没有蒸上重金属的"影子"，增加了颗粒的立体感。在观察这种图像时，不要把颗粒的影子误认为是颗粒本身的一个"尾巴"。

（三）表面复型方法和图像分析

大块物体不能直接放到电镜中观察，制备薄膜的方法又有许多局限性，为此常常选用适当的材料，制成欲研究物体表面的复制品。用复制品在电镜中进行观察研究，这就是表面复型方法。这种方法一般（除萃取复型外）只能研究物体表面的形貌特征，不能研究样品内部的结构及成分分布。

复型的制作方法很多，目前常用的有以下几种。

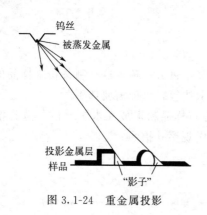

图 3.1-24 重金属投影

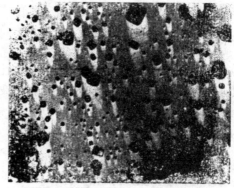

图 3.1-25 NaCl 微晶的透射电镜照片

1. 火棉胶（或其他塑料）一级复型

取一滴火棉胶醋酸异戊酯溶液，滴于清洁的欲研究试样表面上，干燥后，用特殊的方法将之剥下置于铜网上，这是一种一级复型法。图 3.1-26 是塑料一级复型方法制作过程的示意图。这种复型法复型膜的剥离比较困难。

塑料复型膜的上表面基本是平的，与试样接触的那一面形成与试样表面起伏相反的浮雕。例如在图 3.1-26 中，A 点在试样表面的凹部，在复型膜上对应的 A' 点是在凸起的部位，B 点与 B' 点则相反。由此可见，塑料一级复型是负复型（复型与试样表面的浮雕相反）。在电镜中观察的是复型膜，塑料一级复型样品的电镜图像直接反映复型膜中的厚度差，A' 点的图像较暗，B' 点的图像较亮。即在图像上看到暗的地方在试样上是凹的部位，而亮的地方是凸的部位。图 3.1-27 是碳钢回火马氏体试样塑料一级复型的电镜照片，图中亮的斑点是突出于试样表面的颗粒。这种金相试样的基体比碳化物容易被浸蚀，经过浸蚀以后，碳化物凸起于试样表面，电镜图像上的颗粒就是回火马氏体中的碳化物颗粒。

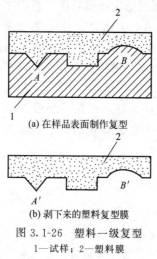

(a) 在样品表面制作复型

(b) 剥下来的塑料复型膜

图 3.1-26 塑料一级复型
1—试样；2—塑料膜

图 3.1-27 碳钢回火马氏体试样塑料
一级复型的电镜照片

2. 碳膜一级复型

用真空镀膜机在试样表面蒸上厚度为 300Å 左右的碳膜，将碳膜剥离下来即为碳膜一级复型，图 3.1-28 表示了碳膜一级复型的制作过程。

碳膜复型的分辨率较高，但为了剥离复型膜，一般需要损坏原试样。

由于碳粒子有"迁移"特性，所得到的碳膜基本上是等厚度薄膜［如图 3.1-28（a）］，试样表面有凹、有凸，但反映在复型膜的厚度上二者是没有区别的，所以这种复型在电镜中得到的图像只反映形貌特征的轮廓，而无法辨别凹凸的差异。图 3.1-29 是镍基高温合金碳膜一级复型的电镜照片，图中有试样中组织的清晰轮廓线，但不能分辨其凹凸关系。为了弥补这一不足，可在碳膜上进行重金属投影［图 3.1-28（b）］。图 3.1-28（c）是有重金属投影的碳膜一级复型，这种复型可以反映出试样表面的凹凸关系。上述的碳膜一次复型是正型，因为复型膜的浮雕特征与试样是相同的。在电镜中观察时，为了正确理解图像，需要首先判断投影的方向，然后观察"影子"的特征，沿着投影方向看过去，如果影子在外形轮廓线的前部，表示试样上该部位是凸起的，如果"影子"在轮廓线后部，表明该部位是凹的。当然，运用有关试样的专业知识并参考其他分析手段获得的结果，更有利于准确理解图像。

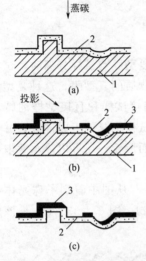

图 3.1-28　碳膜一级复型
1—试样；2—碳膜；3—投影层

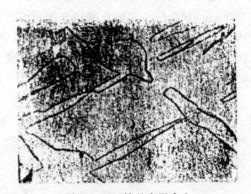

图 3.1-29　镍基高温合金
碳膜一级复型的电镜照片

3. 塑料薄膜-碳膜二级复型

用醋酸纤维素膜（简称 AC 纸）或火棉胶等塑料制成第一次复型，然后在其与试样接触的表面再制作碳膜复型（蒸发碳层并用重金属投影），制作过程如图 3.1-30 所示，在电镜中观察的是第二次复制物的碳膜［图 3.1-30（d）］，这种复型方法称二级复型法。一级复型物不直接用于电镜观察，因此可以做得比较厚，减少了剥离的困难，但其分辨率受塑料复型所限制，不如碳膜一级复型的分辨率高。这种复型方法制作比较简便，碳膜在电子轰击下不易破坏，因此目前被广泛采用。

应用各种复型方法所得到的电镜图像都是质量-厚度衬底。分析二级复型图像时，应该注意到二级复型的碳膜是在塑料负复型的基础上做成的。如图 3.1-30 所示的过程制作出来的二级复型的图像，具有负复型的特征，即图像的浮雕特征与试样相反。

图 3.1-31 是聚四氟乙烯块材，在 327℃恒温经 5h，冷冻断裂，断面二次复型的电镜照片。从图中看到了聚四氟乙烯伸直链的结晶形态，可以分析这种材料在不同处理条件下形态结构与性能的关系。

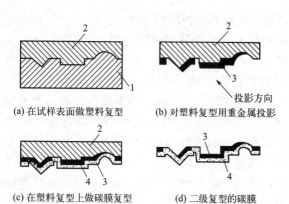

(a) 在试样表面做塑料复型

(b) 对塑料复型用重金属投影

投影方向

(c) 在塑料复型上做碳膜复型

(d) 二级复型的碳膜

图 3.1-30　塑料薄膜-碳膜二级复型

1—试样；2—塑料膜；3—重金属投影层；4—碳膜

图 3.1-31　聚四氟乙烯断面
二次复型的电镜照片

4. 萃取复型

当试样浸蚀得比较深，或者复型膜的黏着力比较大，在复型膜与试样分离时，试样表层的某些物质随同复型膜一起离开试样基体，得到黏附着试样物质的复型膜，这种复型叫萃取复型。图 3.1-32 是萃取复型方法的示意图。萃取复型兼有间接试样和直接试样的特点，试样的表面起伏性被复印在复型膜上，而萃取下来的物质又是试样本身的组成部分，并且保留了在原试样中的相对位置，在电镜中不仅可以看到试样的表面形貌，还可以显示萃取物质的形态，并且可以对萃取物做电子衍射和成分分析。

图 3.1-33（a）是碳钢中珠光体组织萃取复型的电镜照片。从图中看到了珠光体组织的表面浮雕特征，图中黑的条状物是从试样上萃取下来的碳化物。图 3.1-33（b）是该碳化物的选区电子衍射花样。

(a) 碳钢中珠光体组织萃取复型的电镜照片

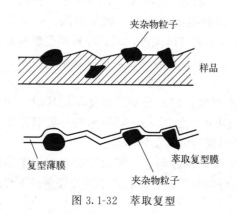

夹杂物粒子

样品

复型薄膜

萃取复型膜

夹杂物粒子

图 3.1-32　萃取复型

(b) 碳化物的选区电子衍射花样

图 3.1-33　碳钢 TEM

（四）直接薄膜样品

可以将欲研究的试样制成电子束能穿透的薄膜样品，直接在电镜中进行观察。薄膜的厚度与试样的材料及电镜的加速电压有关，对于 100kV 的加速电压，电子束可以穿透的铝膜样品的厚度一般为几千埃，而铀膜样品只有数百埃，一般金属薄膜的厚度是 $1000 \sim 2000\text{Å}$，有机物或高分子材料的厚度在 $1\mu m$ 以内。直接薄膜样品的优点在于能直接观察样品内部的结构，能对形貌、结晶学性质及微区成分进行综合分析；还可以对这类样品进行动态研究（如在加热、冷却、拉伸等作用过程中观察其变化）。制备薄膜样品的方法很多，使用中应根据样品的性质和研究的要求，选用不同方法。下面列举几种常用的制膜方法。

1. 真空蒸发法

在真空蒸发设备中，使被研究材料蒸发后再凝结成薄膜，金属材料及有机物均可采用此法。拍摄氯代酞菁铜的原子像所用的样品就是用这种方法制备的。

2. 溶液凝固（或结晶）法

选用适当浓度的溶液滴在某种平滑表面上，待溶液蒸发后，溶质凝固成膜。图 3.1-34 是用这种办法得到的聚乙烯球晶的电镜照片，从图中可以看到聚乙烯球晶中晶片的放射状结构。

3. 离子轰击减薄法

用离子束将试样逐层剥离，最后得到适于透射电镜观察的薄膜。这种方法对金属及非金属材料都适用，尤其是对高聚物、陶瓷、矿物等不能运用电

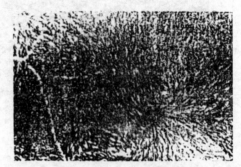

图 3.1-34　聚乙烯/二甲苯浓溶液滴在碳膜上得到的聚乙烯球晶的电镜照片

解抛光减薄法的试样，离子减薄法更显示了它的优越性。但是这种方法需要的设备比较复杂，制作一个样品所用的时间也相当长。

4. 超薄切片法

欲研究试样经过预处理后，用环氧树脂（或有机玻璃等）包埋，然后将包埋块固定在超薄切片机上，用硬质玻璃刀（或金刚石刀）切成电子束可以穿透的薄片。一般情况下，切片的厚度需小于 $500 \sim 600\text{Å}$，将切片覆在载样铜网上，即可供在电镜中观察使用。

超薄切片是等厚度样品，其在电镜中形成的衬度一般很小，因此需要采用"染色"的办法来增加衬度，即将某种重金属原子选择性地引入试样的不同部位，利用重金属散射能力大的特点，提高了超薄切片样品图像的衬度。

在生物、医学领域中，超薄切片技术在电子显微术中占有重要地位，研究高分子材料及催化剂等样品时，也经常采用超薄切片方法。图 3.1-35 是聚乙烯超薄切片的电镜照片，聚乙烯材料在 127℃ 恒温结晶，电镜样品用氯碘酸和醋酸铀进行染色。从图中可以清晰地看到聚乙烯的片晶结构，可以从图上分别测出晶区及非晶区的宽度。

5. 金属薄膜样品的制备方法

工程上所用的金属材料一般都是大块状的，为了用透射电镜研究这种材料，需要采用适当的方法，制成电子束能穿透的薄膜样品。在制作过程中必须保持材料本身的结构特征，尤其在制膜的最后阶段，应该尽量减少对材料结构的机械损伤及热损伤。制备金属薄膜的一般过程如下：

① 从大块试样上切割厚度为 0.5mm 左右的薄块。

② 用机械研磨或化学抛光等方法，将薄块减薄成为 0.1mm 左右的薄片。

③ 用电解抛光减薄法或者离子减薄法，制成厚度小于 5000Å 的薄膜，这时薄膜的厚度不可能是均匀的。在电镜中可从样品上选择对电子束透明的区域进行观察。电解抛光方法的设备简单，操作方便，目前应用比较广泛。

金属薄膜样品的电子显微图像是衍衬图像，应该用衍衬理论来解释图像。图 3.1-36 是 18-8 不锈钢薄膜样品的电子显微衍射像，从图中看到了该试样中的位错和堆垛层错的特征。

图 3.1-35　聚乙烯超薄切片
样品的电镜照片

图 3.1-36　18-8 不锈钢中的
位错和堆垛层错

以上介绍的是透射电子显微术各种常用的制样方法。应该指出，电镜的图像与制样方法有密切关系，因此，分析电镜图像时，必须考虑样品的制作过程。

二、分析

下面观察一实例，图 3.1-37 中的四张图都是不锈钢中珠光体组织的电镜照片，采用四种不同的方法制样，图（a）是用塑料一级复型法；图（b）是用二级复型法；图（c）是用萃取复型法；图（d）是用金属薄膜法。可以看出，四种方法得到的显微图像虽有共同点，但又各不相同。用复型方法得到的图像是通过试样表面的浮雕反映了材料的组织结构特征，萃取复型上有一部分是原试样本身的组成部分，而薄膜样品是直接观察分析试样材料。各种图像的成像原理也不相同，图（a）及图（b）是质量-厚度衬度，图（c）基本上也是质量-厚度衬度，而图（d）是衍射衬度。各图都表现出珠光体组织是大致平行排列的层片状渗碳体和铁素体两相间的结构，但在分析图像时，应考虑到各种制样方法的特点，比如珠光体组织中的渗碳体层片在图（a）中是亮的条带，在图（b）中是凹的条带，在图（c）中既有层片的复型，又有一部分渗碳体层片，而在图（d）中渗碳体层片是暗的条带。图（d）是衍射图像，因此图中还可以看到铁素体中的位错条纹，这一点是各种复型图像所不及的。

(a) 用塑料一级复型样品的电镜照片 (b) 用二级复型样品的电镜照片　(c) 用萃取复型样品的电镜照片　(d) 金属薄膜样品的电镜照片

图 3.1-37　不锈钢中珠光体组织的各种电子显微图像

第五节　透射电子显微镜技术应用

透射电镜的分辨率已由当初的 50nm 提高到今天的 0.1nm 水平，相应的应用扩展到几乎所有的科学领域。在材料科学领域（包括金属材料、高分子材料、陶瓷、半导体材料、建筑材料等等）中，透射电子显微镜更是不可缺少的分析工具之一，尤其是在近二十年来，这些方面已经获得了大量卓越的研究成果。在地质、矿物、冶金、环境保护领域，以及在物理、化学等基础学科的研究中，电子显微镜也得到了广泛的应用，主要包括表面形貌、纳米尺度材料分析、晶体缺陷分析。随着仪器水平的进一步提高和样品制备方法的不断改进，透射电镜的应用领域将会不断扩大，研究的问题将更加深入。

一、发展方向

（一）高分辨电子显微学及原子像的观察

材料的宏观性能往往与其本身的成分、结构以及晶体缺陷中原子的位置等密切相关。观察试样中单个原子像是科学界长期追求的目标。一个原子的直径约为一千万分之二至三毫米。因此，要分辨出每个原子的位置需要 0.1nm 左右的分辨本领，并把它放大约 1000 万倍。20 世纪 70 年代初形成的高分辨电子显微学（HRTEM）是在原子尺度上直接观察分析物质微观结构的学科。计算机图像处理的引入使其进一步向超高分辨率和定量化方向发展，同时也开辟了一些崭新的应用领域。例如，英国医学研究委员会分子生物实验室的 A. Klug 博士等发展了一套重构物体三维结构的高分辨图像处理技术，为分子生物学开拓了一个崭新的领域。因而获得了 1982 年的诺贝尔化学奖，以表彰他在发展晶体电子显微学及核酸-蛋白质复合体的晶体学结构方面的卓越贡献。

用 HRTEM 使单个原子成像的一个严重困难是信号与噪声比太小。电子经过试样后，对成像有贡献的弹性散射电子（不损失能量、只改变运动方向）所占的百分比太低，而非弹性散射电子（既损失能量又改变运动方向）不相干，对成像无贡献且形成亮的背底（亮场），因而非周期结构试样中的单个原子像的反差极小。在挡去了未散射的直透电子的暗场像中，由于提高了反差，才能观察到其中的重原子。对于晶体试样，原子阵列会加强成像信息。采

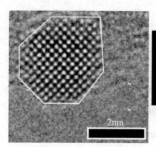

[001]轴上颗粒

图 3.1-38　金催化剂的 HRTEM 图

用超高压电子显微镜和中等加速电压的高亮度、高相干度的场发射电子枪透射电镜在特定的离焦条件（Scherzer 欠焦）下拍摄的薄晶体高分辨像可以获得直接与晶体原子结构相对应的结构像。再用图像处理技术，例如电子晶体学处理方法，已能从一张 200kV 的 JEM-2010F 场发射电镜（点分辨本领 0.194nm）拍摄的分辨率约 0.2nm 的照片上获取超高分辨率结构信息，成功地测定出分辨率约 0.1nm 的晶体结构。图 3.1-38 给出了金催化剂的 HRTEM 图。

（二）像差校正电子显微镜

电子显微镜的分辨本领由于受到电子透镜球差的限制，人们力图像光学透镜那样来减少或消除球差。但是，早在 1936 年 Scherzer 就指出，对于常用的无空间电荷且不随时间变化的旋转对称电子透镜，球差恒为正值。在 20 世纪 40 年代由于兼顾电子物镜的衍射和球差，电子显微镜的理论分辨本领约为 0.5nm。校正电子透镜的主要像差是人们长期追求的目标。经过 50 多年的努力，1990 年 Rose 提出用六极校正器校正透镜像差得到无像差电子光学系统的方法。最近在 CM200ST 场发射枪 200kV 透射电镜上增加了这种六极校正器，研制成世界上第一台像差校正电子显微镜。电镜的高度仅提高了 24cm，而并不影响其他性能。分辨本领由 0.24nm 提高到 0.14nm。在这台像差校正电子显微镜上球差系数减少至 0.05mm（50μm）时拍摄到了 GaAs〈110〉取向的哑铃状结构像，点间距为 0.14nm。

（三）原子尺度电子全息学

Gabor 在 1948 年当时难以校正电子透镜球差的情况下提出了电子全息的基本原理和方法，论证了如果用电子束制作全息图，记录电子波的振幅和相位，然后用光波进行重现，只要光线光学的像差精确地与电子光学的像差相匹配，就能得到无像差的、分辨率更高的像。由于那时没有相干性很好的电子源，电子全息术的发展相当缓慢。后来，这种光波全息思想应用到激光领域，获得了极大的成功。Gabor 也因此而获得了诺贝尔物理学奖。随着 Mollenstedt 静电双棱镜的发明以及点状灯丝，特别是场发射电子枪的发展，电子全息的理论和实验研究也有了很大的进展，在电磁场测量和高分辨电子显微镜的重构等方面取得了丰硕的成果。Lichte 等用电子全息术在 CM30FEG/ST 型电子显微镜（球差系数 $C_s = 1.2$mm）上以 1k×1k 的慢扫描 CCD 相机，获得了 0.13nm 的分辨本领。目前，使用刚刚安装好的 CM30FEG/UT 型电子显微镜（球差系数 $C_s = 0.65$mm）和 2k×2k 的 CCD 相机，已达到 0.1nm 的信息极限分辨本领。

（四）表面的高分辨电子显微正面成像

如何区分表面和体点阵周期从而得到试样的表面信息是电子显微学界一个长期关心的问题。目前表面的高分辨电子显微正面成像及其图像处理已得到了长足的进展，成功地揭示了

Si［111］表面（7×7）重构的细节，不仅看到了扫描隧道显微镜 STM 能够看到的处于表面第一层的吸附原子，而且看到了顶部三层的所有原子，包括 STM 目前还难以看到的处于第三层的二聚物，说明正面成像法与目前认为最强有力的，在原子水平上直接观察表面结构的STM 相比，也有其独到之处。李日升等以 Cu［110］晶膜表面上观察到了由 Cu-O 原子链的吸附产生的（2×1）重构为例，采用表面的高分辨电子显微正面成像法，表明对于所有的强周期体系，均存在衬度随厚度呈周期性变化的现象，对一般厚膜也可进行高分辨表面正面像的观测。

（五）超高压电子显微镜

近年来，超高压透射电镜的分辨本领有了进一步的提高。JEOL 公司制成 1250kV 的JEM-ARM1250/1000 型超高压原子分辨率电镜，点分辨本领已达 0.1nm，可以在原子水平上直接观察厚试样的三维结构。日立公司于 1995 年制成一台新的 3MV 超高压透射电镜，分辨本领为 0.14nm。超高压电镜分辨本领高、对试样的穿透能力强（1MV 时约为 100kV 的 3 倍），但价格昂贵，需要专门建造高大的实验室，很难推广。

（六）中等电压电子显微镜

中等电压 200kV、300kV 电镜的穿透能力分别为 100kV 的 1.6 倍和 2.2 倍，成本较低、效益/投入比高，因而得到了很大的发展。场发射透射电镜已日益成熟。TEM 上常配有锂漂移硅 Si(Li) X 射线能谱仪（EDS），有的还配有电子能量选择成像谱仪，可以分析试样的化学成分和结构。原来的高分辨和分析型两类电镜也有合并的趋势：用计算机控制甚至完全通过计算机软件操作，采用球差系数更小的物镜和场发射电子枪，既可以获得高分辨像又可进行纳米尺度的微区化学成分和结构分析，发展成多功能高分辨分析电镜。JEOL 的 200kVJEM-2010F 和 300kV JEM-3000F，日立公司的 200kV HF-2000 以及荷兰飞利浦公司的200kV CM200 FEG 和 300kV CM300 FEG 型都属于这种产品。目前，国际上常规 200kVTEM 的点分辨本领为 0.2nm 左右，放大倍数为 50 倍～150 万倍。

（七） 120kV/100kV 分析电子显微镜

生物、医学以及农业、药物和食品工业等领域往往要求把电镜和光学显微镜得到的信息联系起来。因此，一种在获得高分辨像的同时还可以得到大视场高反差的低倍显微像、操作方便、结构紧凑、装有 EDS 的计算机控制分析电镜也就应运而生。例如，飞利浦公司的CM120 Biotwin 电镜配有冷冻试样台和 EDS，可以观察分析反差低以及对电子束敏感的生物试样。日本的 JEM-1200 电镜在中、低放大倍数时都具有良好的反差，适用于材料科学和生命科学研究。目前，这种多用途 120kV 透射电镜的点分辨本领达 0.35nm 左右。

（八）场发射扫描透射电子显微镜

场发射扫描透射电镜 STEM 是由美国芝加哥大学的 A. V. Crewe 教授在 20 世纪 70 年

代初期发展起来的。试样后方的两个探测器分别逐点接收未散射的透射电子和全部散射电子。弹性和非弹性散射电子信息都随原子序数而变。环状探测器接收散射角大的弹性散射电子。重原子的弹性散射电子多，如果入射电子束直径小于 0.5nm，且试样足够薄，便可得到单个原子像。实际上 STEM 也已看到了 γ-alumina 支持膜上的单个 Pt 和 Rh 原子。透射电子通过环状探测器中心的小孔，由中心探测器接收，再用能量分析器测出其损失的特征能量，便可进行成分分析。为此，Crewe 发展了亮度比一般电子枪高约 5 个量级的场发射电子枪 FEG：曲率半径仅为 100nm 左右的钨单晶针尖在电场强度高达 100MV/cm 的作用下，在室温时即可产生场发射电子，把电子束聚焦到 0.2～1.0nm 而仍有足够大的亮度。英国 VG 公司在 20 世纪 80 年代开始生产这种 STEM。最近在 VGHB5 FEGSTEM 上增加了一个电磁四极-八极球差校正器，球差系数由原来的 3.5mm 减小到 0.1mm 以下。进一步排除各种不稳定因素后，有望把 100kV STEM 的暗场像的分辨本领提高到 0.1nm。利用加速电压为 300kV 的 VG-HB603U 型获得了 Cu〈112〉的电子显微像：0.208nm 的基本间距和 0.127nm 的晶格像。

（九）能量选择电子显微镜

能量选择电镜 EF-TEM 是一个新的发展方向。在一般透射电镜中，弹性散射电子形成显微像或衍射花样，非弹性散射电子则往往被忽略，而近来已被用于电子能量损失谱分析。德国 Zeiss-Opton 公司在 20 世纪 80 年代末生产的 EM902A 型生物电镜，在成像系统中配有电子能量谱仪，选取损失了一定特征能量的电子来成像。其主要优点是：可观察 $0.5\mu m$ 的厚试样，对未经染色的生物试样也能看到高反差的显微像，还能获得元素分布像等。目前 Leica 与 Zeiss 合并后的 LEO 公司的 EM912 Omega 电镜装有 Ω-电子能量过滤器，可以滤去形成背底的非弹性散射电子和不需要的其他电子，得到具有一定能量的电子信息，进行能量过滤会聚束衍射和成像，清晰地显示出原来被掩盖的微弱显微和衍射电子花样。该公司在此基础上又发展了 200kV 的全自动能量选择 TEM。JEOL 公司也发展了带 Ω-电子能量过滤器的 JEM2010FEF 型电子显微镜，点分辨本领为 0.19nm，能量分辨率在 100kV 和 200kV 时分别为 $2.1\mu m/eV$ 和 $1.1\mu m/eV$。日立公司也报道了用 EF-1000 型 γ 形电子能量谱成像系统，在 TEM 中观察到了半导体动态随机存取存储器 DRAM 中厚 $0.5\mu m$ 切片的清晰剖面显微像。

美国 GATAN 公司的电子能量选择成像系统装在投影镜后方，可对电子能量损失谱 EELS 选择成像；可在几秒钟内实现在线的数据读出、处理、输出，及时了解图像的质量，据此自动调节有关参数，完成自动合轴、自动校正像散和自动聚焦等工作。例如，在 400kV 的 JEM-4000EX 电镜上用平行电子能量损失谱（PEELS）得到能量选择原子像，并同时完成 EELS 化学分析。

透射电镜经过了几十年的发展已接近或达到了由透镜球差和衍射差所决定的 0.1～0.2nm 的理论分辨本领。人们正在探索进一步消除透镜的各种像差，在电子枪后方再增加一个电子单色器，研究新的像差校正法，进一步提高电磁透镜和整个仪器的稳定性；采用并进一步发展高亮度电子源场发射电子枪、X 射线谱仪、电子能量选择成像谱仪、慢扫描电荷耦合器件 CCD、冷冻低温和环境试样室、纳米量级的会聚束微衍射、原位实时分析、锥状扫描晶体学成像（conical scan crystallography）、全数字控制、图像处理与现代信息传送技术，实现远距离操作观察，以及克服试样本身带来的各种限制。透射电镜正面临着一个新的重大突破。

二、应用综述

透射电子显微术所研究的问题大致归纳为以下几个方面。

（一）分析固体颗粒的形状、大小、粒度分布等问题

凡是粒度在透射电镜观察范围（几埃到几微米）内的粉末颗粒样品，均可用透射电镜对其颗粒形状、大小、粒度分布等进行观察。例如从图 3.1-25 上我们看到氯化钠的晶粒是正方形的。电镜照片有确定的放大倍数，可以计算出所观察样品中晶粒的大小，测量大量的颗粒，可以算出颗粒大小的分布。又如图 3.1-39 是聚合物乳胶粒子的电镜照片，可以在聚合的不同阶段取样，观察颗粒的大小及均匀度，配合聚合工艺条件及聚合机理的研究工作。

（二）研究由表面起伏现象表现的微观结构问题

材料的某些微观结构特征能由表面的起伏现象表现出，或者通过某种腐蚀的办法（化学腐蚀、离子蚀刻等），将材料内部的结构特点转化为表面起伏的差异，然后用复型的制样方法，在透射电镜中显示试样表面的浮雕特征。将组织结构与加工工艺联系起来，可以研究材料性质、工艺条件与性能的关系。如图 3.1-31、图 3.1-33 及图 3.1-34 都是这种实例。这类观察类似于在金相显微镜下观察试样，在金属学中用于金相分析和断口分析，但由于电镜的分辨本领比光学显微镜高得多，故可以显示出更多的结构细节。例如图 3.1-40 是合金钢塑性断口二次复型的透射电镜照片，从图中可看到典型的韧窝结构，通过断裂表面特征的分析，可以提示断裂过程的机制，研究影响断裂的各种因素，为失效分析提供依据。

 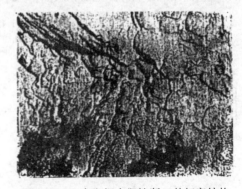

图 3.1-39　聚合物乳胶粒子的电镜照片（重金属投影）　　　图 3.1-40　合金钢中塑性断口的韧窝结构

（三）研究样品中各个部分对电子的散射能力有差异的微观结构问题

由于样品本身各部分的厚度、原子序数等因素不同，可形成散射能力的差异，有些样品可以通过重金属染色的办法来增加这种差异。对这类材料可制成电子束能穿透的薄膜试样，

在透射电镜中进行观察分析。例如各种生物和非生物的超薄切片样品、聚合物薄膜样品等等。图 3.1-37、图 3.1-38 即发现这类问题。

（四）研究金属薄膜及其他晶态结构薄膜中各种对电子衍射敏感的结构问题

这类薄膜样品可以在透射电镜中进行电子衍射及电子衍射图像分析，研究晶体缺陷（位错、层错、空位等）、分析第二相杂质、研究相变问题等等。在金属、矿物、陶瓷材料的研究中经常遇到这类问题，现在也开始将这种方法应用于高分子及其他材料的研究中。图 3.1-41 是 Ni 基合金中晶粒的交界及晶粒中的位错条纹，这些结构特征都与材料的性质有关。

图 3.1-41　Ni 基合金中晶粒的
交界及晶粒中的位错条纹

（五）电子衍射分析

应用电子衍射方法可以确定晶体的点阵结构，测定点阵常数，分析晶体取向及研究与结晶缺陷有关的各种问题。图 3.1-42 给出不同晶体结构的电子衍射花样。对非晶而言，则是一个漫散的中心斑点。

(a) 高岭石单晶电子衍射谱　　　　　(b) 金的多晶电子衍射谱

图 3.1-42　典型的电子衍射谱
（a）单晶：一定几何图形分布且排列规则的衍射斑点，反映结构对称性；（b）多晶：一系列不同半径的同心环

例题习题

一、例题

本部分将通过一些透镜电子显微镜的图片进行讲解。

1. 图 3.1-43（a）是采用透射电镜观察 $Al_2O_3 + WC + ZrO_2$ 复合增韧陶瓷材料显微组织的 TEM 图像，能够观察到白色区域 Al_2O_3 相与暗色区域 WC 相结构穿插交织，相与相之间结合致密，各取向随机分布，晶界位置未发生玻璃相、过渡区和共溶区，只观察到一条平滑的线，在暗色区能够看见黑色球状物质 ［图 3.1-43（b）］为 ZrO_2 相，ZrO_2 颗粒细小，能够很好地改善陶瓷的烧结性能和力学性能（注：成分是由 XPS 能谱获得。）。图 3.1-43 (c) 可以清楚看见 ZrO₂ 粒子分散在 Al₂O₃ 中，尺度为纳米级别，通过图（c）得知，纳米 ZrO₂ 粒子能够在基体中产生局部应力，诱导裂纹向基体粒子内扩展，产生晶粒内破坏，使主裂纹末端发生偏转，提高基材断裂能，从而提高复合陶瓷的抗弯强度和断裂韧性。对图 (b)、(c) 中 ZrO₂ 颗粒进行选区电子衍射，如图（d）、(e) 所示。经衍射斑点指数标定和晶格常数计算，可以得到图（d）中 ZrO₂ 为 m-ZrO₂ 结构，图（e）中 ZrO₂ 为 t-ZrO₂ 结构。说明 ZrO₂ 发生相变与其所在位置及尺寸有关，相变的发生有利于提高陶瓷基材的断裂韧性。

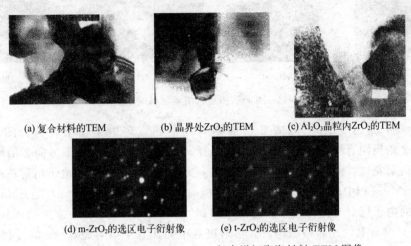

(a) 复合材料的TEM　　　(b) 晶界处ZrO₂的TEM　　　(c) Al₂O₃晶粒内ZrO₂的TEM

(d) m-ZrO₂的选区电子衍射像　　　(e) t-ZrO₂的选区电子衍射像

图 3.1-43　Al₂O₃＋WC＋ZrO₂ 复合增韧陶瓷材料 TEM 图像

TEM 能够非常直观地表征纳米材料的结构与形貌，为更有效地进行纳米材料的研究与制备提供更方便的表征方法。

2. 图 3.1-44 为不同结构粉状纳米材料的 TEM 图，图（a）和图（b）是碱法制作的纳米氧化锌在 450℃ 煅烧后的 TEM，其中图（a）是纳米氧化锌经过超声波清洗仪分散后的 TEM 图，图（b）是纳米氧化锌经超声波细胞粉碎仪分散后的 TEM 图，从图（a）、(b) 看出，碱法制备的纳米氧化锌为无规则颗粒。由于图（b）分散时，换能器作纵向机械振动，振动波通过浸入在分散介质中的变幅杆产生空化效应，激发粉状纳米材料在垂直方向剧烈振动，可以更好地分散开软团聚体，因此图（b）中氧化锌的团聚程度较图（a）轻。图（c）为纳米氧化锌在 650℃ 煅烧后的 TEM，颗粒尺寸增加。图（d）为酸法制备的纳米氧化锌 TEM 图，形貌变为棒状，直径由几十纳米到几百纳米不等。上述 TEM 图表明选择不同的制备工艺，获得的产品形貌差别大，相应的性能也不一样，可以满足不同的使用。

图 3.1-44 (e) 和（f）分别是改性前后纳米氢氧化镁的 TEM 图，可以看出改性后，团聚程度得到改善，平均粒径减小，分散性更好。

图 3.1-44 (g) 和（h）是介孔分子筛 SBA-15 的侧面和剖面 TEM 图，能够看到规则有序的孔道，孔径大小和孔壁厚度能够获得。

在确定样品点阵类型、晶格常数及位向时，往往要用到选区电子衍射花样，其分析过程很复杂，感兴趣的同学可以参考透射电镜类专业书籍。

3. 图 3.1-45 给出了一些常见的电子衍射花样及其对应的晶格参数。图（a）～(d) 是超点阵花样的一些实例，这些花样是从一种沿 [111] 方向具有六倍周期的复杂有序钙钛矿相中

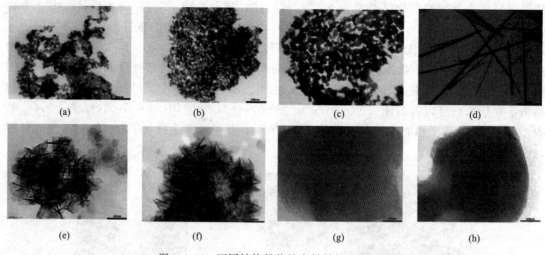

图 3.1-44 不同结构粉状纳米材料的 TEM 图

得到的。图（a）是沿 [010] 方向 2 倍周期有序的超点阵电子衍射花样。图（b）是沿 [101] 方向 2 倍周期有序的超点阵电子衍射花样。图（c）是沿 [111] 方向 2 倍周期有序的超点阵电子衍射花样；而图（d）则是沿 [111] 方向 6 倍周期有序的电子衍射花样。图（e）和（f）是 CaMgSi 相中的（102）孪晶在不同位向下的孪晶花样；图（g）是 CaMgSi 相中另外一种孪晶的电子衍射花样，其孪晶面是（011）面。图（h）是镁中常见的（10-12）孪晶花样。图（i）是有名的超晶格结构，大衍射斑点中间又有小衍射斑点 Ag 的 [111] 面。图

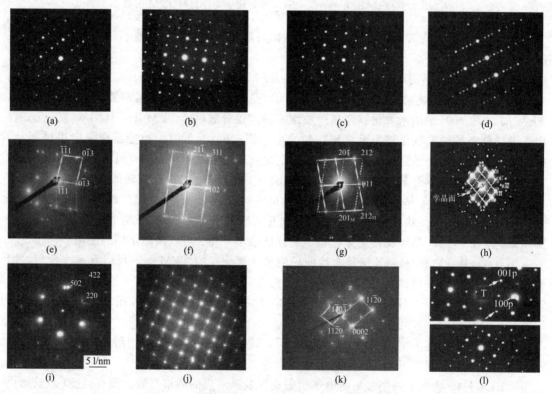

图 3.1-45 各种选区电子衍射花样及其对应的晶格参数

（j）是孪位错的衍射花样，表现为有序金属间化合物经常会有弱点出现。图（k）和（l）是不同物质二次衍射中出现多余衍射斑点的情况，其中图（k）是在镁钙合金中得到的电子衍射花样，图中本来只存在两套花样，分别是镁的 $[\bar{1}100]$ 晶带轴电子衍射花样和 Mg_2Ca 相的 $[\bar{3}\bar{3}02]$ 晶带轴花样。二次衍射花样中出现了很多卫星斑，这是由 Mg_2Ca 相的 $(1\bar{1}03)$ 斑点与 Mg 的 $(000\bar{2})$ 斑点之间存在的差矢平移所致。图（l）是一种有序钙钛矿相中沿 $[010]p$ 方向得到的电子衍射花样，其中图（l）上图是在较厚的地方得到，而下图则是在很薄的地方得到。在较厚的地方，由于动力学效应，出现二次衍射的矢量平移，使得本来应该消光的斑点变得看起来不消光了，而在较薄的地方，由于不存在动力学效应，可以清楚地看到花样中存在相当多消光的斑点。

二、习题

1. 电子透镜的分辨本领是由什么决定的？提高透镜的放大率能提高透镜的分辨本领吗？
2. 电子衍射和 X 射线衍射有什么异同？他们各自的衍射花样有什么异同？
3. 电子透镜的像差有哪几类？产生的原因是什么？对图像产生什么样的影响？
4. 样品有哪些制备方法？这些方法各有哪些特点和适用范围？
5. 简述电子显微图样的几种衬度原理及其信息分析范围。
6. 论述相位衬度包含的信息。相位衬度在光学领域的应用是什么？
7. 简要说明单晶、多晶以及非晶衍射花样的特征及形成原理。
8. 电子显微镜为何必须在真空环境中工作？

知识链接

请同学们思考，为什么在电镜测试时需要高真空？

真空绝不是"完全空"，而是一种"指定空间内，低于一个大气压的气体状态"，对于一个密闭的容器，内部飞来飞去的气体分子一直在频繁地撞击容器壁，其趋势是向外推挤容器壁。单个分子碰在器壁上产生的力自然是微不足道的，然而同时碰在器壁上的分子数目非常巨大，合起来就是很大的力，这种推力就是气压。气压的性质是，当温度和体积不变时，容器中的空气越稀薄，也就是说容器中气体分子的数越少，气压越低。在自然环境中，海拔越高的地方，气压越低。也就是说，越往高空（外太空）去，便越接近"完全空"的真空。由此可见，真空相对于标准大气压而言是负的气压，具有不同的气压范围分布，如表 3.1-2 所列。

表 3.1-2 真空等级划分

区域物理特性	粗真空	低真空	高真空	超高真空	极高真空
压力范围/Pa	$10^5 \sim 10^2$	$< 10^2 \sim 10^{-1}$	$< 10^{-1} \sim 10^{-6}$	$< 10^{-6} \sim 10^{-9}$	$< 10^{-9}$
气体分子密度/（个/cm^3）	$10^{19} \sim 10^{16}$	$< 10^{16} \sim 10^{13}$	$< 10^{13} \sim 10^8$	$< 10^8 \sim 10^5$	$< 10^5$

区域物理特性	粗真空	低真空	高真空	超高真空	极高真空
平均自由程/cm	$10^{-5}\sim10^{-2}$	$>10^{-2}\sim10$	$>10\sim10^{6}$	$>10^{6}\sim10^{9}$	$>10^{9}$
气流特点	①以气体分子间的碰撞为主 ②黏滞流	过渡区域	①以气体分子与器壁的碰撞为主 ②分子流 ③已不能按连续流体对待	分子间的碰撞极少	气体分子与器壁表面的碰撞频率较低
平均吸附时间	气体分子以空间飞行为主			气体分子以吸附停留为主	

气压的标准单位是帕斯卡 Pa，目前还有其他单位在不同地区使用，比如 Torr、mmHg、atm、bar、mbar 等。Torr（托）代替 mmHg，二者等价（1958 年）。国际计量会议确定 Pa（帕斯卡）为国际单位（1971 年）。$1Pa=1N/m^2=7.5\times10^{-3}$ Torr，$1Torr=133.32Pa$，$1atm=760Torr$，$1bar=10^{5}Pa$。

一、真空基本术语

（一）平均自由程

真空中分子或粒子平均自由程（每个分子在连续两次碰撞之间的路程称为"自由程"）。计算 25℃时分子自由程 $\lambda=0.667/P$（cm）。

$$\lambda=\frac{1}{\sqrt{2}\pi\sigma^{2}n}=\frac{\kappa T}{\sqrt{2}\pi\sigma^{2}P}$$

（二）碰撞次数

碰撞次数/入射频率（单位时间，在单位面积的器壁上发生碰撞的气体分子数称为"入射频率"。）Hertz-Knudsen 公式

$$\nu=\frac{1}{4}n\nu_{a}=\frac{P}{\sqrt{2\pi m\kappa T}}$$

（三）饱和蒸气压

对于每种气体，都有一个特定温度，即高于此温度时，气体无论怎样都不会液化，称为该气体的临界温度。室温高于临界温度的气态物质称为气体，反之称为蒸气。把各种固/液体放入密闭的容器中，在任何温度下都会蒸发，蒸发出来的气压称为蒸气压。在一定温度下，单位时间内蒸发出来的分子数与凝结在器壁和回到蒸发物质的分子数相等时的蒸气压称为饱和蒸气压。这说明环境气压只有低于物质的饱和蒸气压，物质才会蒸发。因此，选择真空室所用的材

料时,应选择饱和蒸气压低的材料,一般比要求达到的真空低两个数量级。饱和蒸气压与温度关系密切,随温度的升高,饱和蒸气压迅速增加。物质的蒸发温度规定为饱和蒸气压 = 1.33Pa 时的温度。

二、真空的获得

首先需要明确,没有 $P=0$Pa 的绝对真空。密闭腔室真空的获取,是通过各种泵完成的,每种泵都有其工作气压范围,如表 3.1-3 所示。没有一种泵能直接从大气直接抽到超高真空,因此经常需要几种泵组合使用,也特别需要注意各种泵的工作范围。

表 3.1-3 各种真空泵工作气压范围

泵种类		工作气压范围/Pa	原理
机械泵	油封机械泵(两级)	$10^5 \sim 10^{-3}$	用机械力压缩并排出气体
	机械式干式泵	$10^5 \sim 10^{-1}$	
	机械增压	$10^3 \sim 10^{-2}$	
	涡轮分子泵	$10^{-2} \sim 10^{-8}$	
蒸气喷射泵	油扩散泵	$10^{-1} \sim 10^{-7}$	用喷射气流的动量将气体带走
	油喷射泵	$10^2 \sim 10^{-1}$	
	蒸气喷射泵	$10^5 \sim 10^0$	
干式泵	溅射离子泵	$10^{-1} \sim 10^{-9}$	利用升华或溅射形成吸气膜,吸附并排出气体
	钛升华泵	$10^0 \sim 10^{-10}$	
	低温冷凝吸附泵	$10^{-2} \sim 10^{-9}$	利用气体物理吸附并排放到冷壁上
	吸附泵	$10^5 \sim 10^{-2}$	
真空泵抽速比较			

MD—机械式干式泵;   TMh—涡轮分子泵(混合式);TM—涡轮分子泵;
RP—两级式油封机械泵;DP—油扩散泵;   IP—溅射离子泵;
CP—低温冷凝吸附泵

三、真空的测量

真空高低难以直接测量,一般测量在低气压下与压强有关的某些物理量,变换后得到容器的压强。当压强改变时，这些相关的物理量也随着变化。由于任何物理特性都是在一定的压强范围才显著，所以，任何方法都有一定的测量范围，即真空计的量程。目前没有一种真空计能从大气直接测量到 $10^{-10}\,\text{Pa}$。下面简单介绍一下常用的几种真空测量仪器：热传导真空计、电离真空计、薄膜真空计。

（一）热传导真空计

真空测量仪器称作真空计，其中测量真空的元件被称为真空规。热传导真空计通过热偶真空规或热阻真空规来实现对真空的测量。

热偶真空规：热偶真空规和热阻真空规的测量原理类似，气体的热导率随气体压力的变化而变化。热偶规测量热丝的温度变化，热阻测量热丝的电阻变化。在 $0.1\sim100\,\text{Pa}$ 范围内，气体热导率随气体压力的增加而上升，这时热偶规才能测出真空度。气压过高时，气体热导率不随压力变化而变化。气压过低时，气体热导率引起的变化不灵敏，也不能测量。

热阻真空规：又称皮拉尼真空规，测量热丝的电阻随温度的变化来实现对真空的测量。

（二）电离真空计

电离真空计中的电离真空规由阴极、阳极和离子收集极三个电极组成。阴极发出的电子向阳极飞行过程中，与气体分子碰撞使其电离。离子收集级接受电离的离子，并根据离子电流大小测量真空度。离子电流与阴极发射电流、气体种类和气体分子密度有关。测量范围 $10^{-1}\sim10^{-6}\,\text{Pa}$，压强大于 $10^{-1}\,\text{Pa}$ 时，虽然气体分子很多，但是电离作用达到饱和，使曲线偏离线性。压强小于 $10^{-6}\,\text{Pa}$ 时，阴极发射的高能电子打到阳极上，产生软 X 射线，当其辐射到离子收集极时，将自己的能量传给金属中的自由电子，使电子逸出金属，形成光电流，使离子电流增加。此时的离子流是离子电流与光电流之和，使曲线偏离线性。

（三）薄膜真空计

依靠薄膜在气体压力差下产生微小机械位移，测量电容的变化，变换成压强差，可用于气体绝对压力测量，测量结果与气体种类无关，适用于发生化学反应的真空测量。探测下限为 $10^{-3}\,\text{Pa}$，相当于薄膜位移仅一个原子大小，上限取决于薄膜的位移极限。

四、超高真空的应用

在普通高真空，例如 $10^{-6}\,\text{Torr}$ 时，对于室温下的氮气，$\nu=4.4\times10^{14}$ 个/$(\text{cm}^2\cdot\text{s})$，如果每次碰撞均被表面吸附，按每平方厘米单分子层可吸附 5×10^{14} 个分子计算，一个"干净"的表面只要一秒多钟就被覆盖满了一个单分子层的气体分子。而在超高真空 $10^{-8}\,\text{Pa}$ 或 $10^{-9}\,\text{Pa}$ 时，由同样的估计可知"干净"表面吸附单分子层的时间将达几小时到几十小时之久。目前获得的极限真空大约为 $10^{-12}\,\text{Pa}$。因此，超高真空可以提供一个"原子清洁"的固体表面，可有足够的时间对表面进行实验研究（包括测试分析）。这是一项重大的技术突破，它推动了近二十年来新兴表面科学研究的蓬勃发展。无论在表面结构、表面组分及表面能态等基本研究方面，还是在催化腐蚀等应用研究方面都取得长足的发展。超高真空可以得到超纯的或精确掺杂的镀膜或用分子束外延生长晶体，促进了半导体器件、大规模集成电路和超导材料等的发展，也为在实验室中制备各种纯净样品（如电子轰击镀膜、等离子镀膜、真空剖裂等）提供了良好的基本技术。

第二章

扫描电子显微镜

第一节 扫描电子显微镜历史背景

扫描电子显微镜（以下简称扫描电镜，SEM）是一种大型分析仪器。从 1965 年第一台商品扫描电镜问世以来，日本、荷兰、德国、美国和中国等相继制造出各种类型的扫描电镜。经过几十年的不断改进，扫描电镜得到了迅速的发展，种类不断增多，性能日益提高，分辨率从第一台的 25nm 提高到现在的 0.01nm，并且已在材料科学、地质学、生物学、医学、物理学、化学等学科领域获得越来越广泛的应用。为适应不同分析的要求，在扫描电镜上相继安装了许多专用附件，实现了一机多用，从而使扫描电镜成为同时具有透射电子显微镜（TEM）、电子探针 X 射线显微分析仪（EPMA）和电子衍射仪（ED）等功能的一种快速、直观、综合的分析仪器。

一、扫描电镜发展历程

1924 年，法国科学家 de Broglie 证明任何粒子在高速运动的时候都会发射一定波长的电磁辐射，这为电镜的研制打下了基础，但仅有电子流辐射波还不行，因为并没有解决电子流聚焦放大的问题。

1926 年，德国科学家 Garbor 和 Busch 发现用铁壳封闭的铜线圈对电子流能折射聚焦，即可以作为电子束的透镜。

上述两个重大发现为电镜的研制提供了重要的理论基础。德国科学家 Rushka 和 Knoll 在前面两个发现的基础上，经过了几年的努力，终于在 1932 年制造出第一台电子显微镜。尽管它十分粗糙，分辨率也很低，但它却证实了上述两个理论的实用价值。经过改造，在 1933 年研制的电镜分辨率为 50nm，放大倍率为 1.2 万倍，到 1938 年分辨率为 10nm，放大倍率为 20 万倍。1939 年这一成果被正式交付德国西门子公司批量生产，当时生产了 40 台投入国际市场。

1932 年 Knoll 提出了扫描电镜可成像放大的概念，并在 1935 年制成了极其原始的模型。1938 年德国的阿登纳制成了第一台采用缩小透镜用于透射样品的扫描电镜。由于不能获得高分辨率的样品表面电子像，扫描电镜一直得不到发展，只能在电子探针 X 射线微分析仪中作为一种辅助的成像装置。此后，在许多科学家的努力下，解决了扫描电镜从理论到仪器结构等方面的一系列问题。最早期作为商品出现的是 1965 年英国剑桥仪器公司生产的第一台扫描电镜，它用二次电子成像，分辨率达 25nm，使扫描电镜进入了实用阶段。

1968 年在美国芝加哥大学，Knoll 成功研制了场发射电子枪，并将它应用于扫描电镜，可获得较高分辨率的透射电子像。1970 年他发表了用扫描透射电镜拍摄的铀和钍中的铀原子和钍原子像，这使扫描电镜又进展到一个新的领域。

1982 年德国物理学家 Gerd Binnig 与瑞士物理学家 Heinrich Rohrer 在瑞士苏黎世研究所工作时发明了扫描隧道显微镜（STM），并因此共同获得了当年的诺贝尔物理学奖。

1986 年 Binnig 等发明了原子力显微镜，可以在任何环境（如液体、空气）中成像，在纳米级、分子级水平上作研究。商用产品出现在 1989 年。

扫描电镜在我国也获得了迅速发展，成为各个科学研究领域和工农业生产部门广泛使用的有力工具。为了适应四个现代化的要求，赶超世界大型精密分析仪器的先进水平，我国从 1975 年开始，已经自行设计制造了性能良好的扫描电镜。现在，中国科学院科学仪器厂、上海新跃仪表厂等单位都在批量生产配有 X 射线光谱仪的扫描电镜，从而填补了我国分析仪器方面的一个空白。目前我国的扫描电镜研制虽然和国际领先水平仍有一定差距，但已经有了长足进步。

二、扫描电镜的特点

扫描电镜之所以得到迅速发展和广泛应用，与扫描电镜本身具有的一些特点分不开，归纳起来，主要如下。

① 仪器分辨本领较高，通过二次电子像能够观察试样表面 60Å 左右的细节。

② 仪器放大倍数变化范围大（一般为 $10\sim150000$ 倍），且能连续可调。因而，可根据需要任意选择不同大小的视场进行观察，同时在高放大倍数下，也可获得一般透射电镜较难达到的高亮度的清晰图像。

③ 观察试样的景深大，图像富有立体感。可直接观察起伏较大的粗糙表面，如金属断口、催化剂等。

④ 样品制备简单。只要将块状或粉末的、导电或不导电的样品稍加处理或不加处理，就可直接放到扫描电镜中进行观察，由于不采用一般透射电镜常用的复杂的复型技术，因而使图像更接近于样品的真实状态。

⑤ 可以通过电子学方法方便有效地控制和提高图像的质量（反差和亮度），如通过 γ 调制，可提高图像反差的宽容度，以使图像各部分亮暗适中。采用双放大倍数装置或图像选择器，可在荧光屏上同时观察放大倍数不同的图像或不同形式的图像。

⑥ 可进行综合分析。扫描电镜装上波长色散 X 射线谱仪（WDX）或能量色散 X 射线谱仪（EDX），可在观察形貌图像的同时，对样品上任选的微区进行元素分析；装上半导体试样座附件，通过电动势像放大器可直接观察晶体管或集成电路中的 PN 结及其微观缺陷（由杂质和晶格缺陷造成的）；装上不同类型的样品台，可以直接观察处于不同环境（加热、冷却、拉伸等）中样品结构形态的变化（动态观察）。

第二节　扫描电子显微镜基础原理

扫描电镜的基本原理可以简单地归纳为"光栅扫描，逐点成像"。"光栅扫描"的含义是指，电子束受扫描系统的控制在样品表面上作逐行扫描，同时，控制电子束的扫描线圈上的电流与显示器相应偏转线圈上的电流同步，因此，试样上的扫描区域与显示器上的图像相对应，每一物点均对应于一个像点。"逐点成像"的含义为电子束所到之处，每一物点均会产生相应的信号（如二次电子等），产生的信号被接收放大后用来调制像点的亮度，信号越强，像点越亮。这样，就在显示器得到与样品上扫描区域相对应但经过高倍放大的图像，图像客观地反映着样品上的形貌（或成分）信息。

一、电子与物质相互作用

电子与物质的相互作用是一个很复杂的过程，是扫描电镜所能显示各种图像的依据，因此有必要先作一定的说明。

如图 3.2-1 所示，当高能入射电子束轰击样品表面时，由于入射电子束与样品间的相互作用，将有 99％以上的入射电子能量转变成样品热能，而余下的约 1％的入射电子能量，将从样品中激发出各种有用的信息，主要如下。

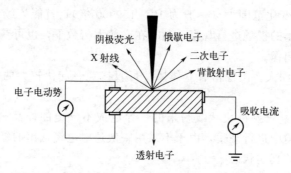

图 3.2-1　入射电子束轰击样品产生的信息

① 二次电子——二次电子是指被入射电子轰击出来的核外电子。由于原子核和外层价电子间的结合能很小，当原子的核外电子从入射电子获得了大于相应的结合能的能量后，可脱离原子成为自由电子。如果这种散射过程发生在比较接近样品表层处，那些能量大于材料逸出功的自由电子可从样品表面逸出，变成真空中的自由电子，即二次电子。在被激发出来之前，还可能受到其他原子的散射而损失能量，所以二次电子的能量很低，往往小于 30eV。习惯上把能量低于 50eV 的自由电子称为二次电子，以示与背散射电子的区别。由于二次电子能量很低，二次电子的发射并被感知的区域与入射电子束直径相差无几，深度也只有几纳米，故所成图像分辨率较高。从试样得到的二次电子产生率与表面形态有密切关系，而受试样成分的影响较小，所以它是研究表面形貌的最有用的工具。通常所说的扫描电镜图像就是这一种。由于二次电子的能量很低，检测到的信号强度很容易受到试样处电场和磁场的影

响，因此利用二次电子也可观察磁性材料和半导体材料。

② 背散射电子——从距样品表面0.1～1μm深度范围内被固体样品原子反射回来的入射电子，其能量近似入射电子能量。背散射电子所携带的信息具有块状材料特征，其产出率随原子序数增大而增多，所以背散射电子除可以显示表面形貌外，还可以用来显示元素分布状态以及不同相成分区域的轮廓。此外，利用背散射电子还可以研究晶体学特征。

③ 透射电子——如果样品足够薄（1μm以下），透过样品的入射电子为透射电子，其能量近似于入射电子能量，大小取决于样品的性质和厚度。所谓透射方式是指用透射电子成像和显示成分分布的一种工作方式。

④ 吸收电子——残存在样品中的入射电子。收集这部分电子在试样和地之间形成的电流称为吸收电流。由于吸收电流的值等于入射电子流和发射电子流的差额，故样品电子流像的衬度恰与背散射电子加二次电子像的衬度相反，呈互补关系。因此，吸收电子可以用来显示样品表面元素分布状态和试样表面形貌，尤其是试样裂缝内部的微观形貌。

⑤ 俄歇电子——从距样品表面几埃的深度范围内发射的较具有特征能量的二次电子。由于俄歇电子能量极低，目前在 SEM 中尚未利用。

⑥ X 射线（光子）——由于原子的激发和退激发过程，从样品的原子内部发射出来的具有一定能量的特征 X 射线，发射深度为0.5～5μm 范围。借助于波谱仪或能谱仪可以进行微区元素的定性和定量分析。

⑦ 阴极荧光——入射电子束轰击发光材料表面时，从样品中激发出来的可见光或红外光。阴极荧光的波长既与杂质的原子序数有关，也与基体物质的原子序数有关。因此，当入射电子束轰击样品时，用光学显微镜观察试样的发光颜色或用分光仪对所发射的光谱作波长分析，能够鉴别出基体物质和所含杂质元素。用聚光系统和光电倍增管接收并成像可显示杂质及晶体缺陷的分布情况。

⑧ 感应电动势——入射电子束照射半导体器件的 PN 结时，将产生由电子束照射而引起的电动势。

以上列举的各种信息，是在高能入射电子束轰击样品时，从样品中激发出来的。不同的信息，反映样品本身不同的物理、化学性质。扫描电镜的功能就是根据不同信息产生的机理，采用不同的信息检测器，以实现选择检测。任意一种信息，都要被转变成放大了的电信号，并在显像管荧光屏上以二维图像形式显示出来，或通过纸带记录仪记录下来。应特别指出扫描电镜的图像，不仅仅是样品的形貌像，还有反映元素分布的 X 射线像、反映 PN 结性能的感应电动势像等等，这一点与一般光学显微镜和透射电镜有很大不同。

⑨ 作用体积——由于入射电子束具有一定能量，在其射入样品表面后会深入样品，在样品中产生一个类似水滴状的作用体积（interaction volume），以上提及的各种信号均能在作用体积中被激发，但是各种信号由于能量的不同，其逸出范围有很大差别，如图3.2-2所示。作用体积的径向大小一般在2～3μm。作用体积的大小与材料的材质和入射电子束能量有关，更大的加速电压、更大的电流密度和材料更好的导电性能产生更大的作用体积，在实际表征中，要注意分辨其对信号产生的影响。

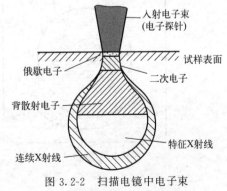

图 3.2-2 扫描电镜中电子束
作用体积及信号发射范围

二、扫描电镜成像原理

扫描电镜成像过程与电视显像过程有很多相似之处，而与透射电镜的成像原理完全不同。透射电镜是利用成像电磁透镜成像，并一次成像；而扫描电镜的成像则不需要成像透镜，其图像是按一定时间空间顺序逐点形成，并在镜体外显像管上显示。

二次电子像是用扫描电镜所获得的各种图像中应用最广泛、分辨本领最高的一种图像，下面将以二次电子像为例来讨论扫描电镜的成像原理及有关问题。

图 3.2-3 是扫描电镜图像成像过程示意图，图 3.2-4 是扫描电镜的结构原理图。由电子枪发射的能量最高可达 30keV 的电子束，经会聚透镜和物镜缩小、聚焦，在样品表面形成一个具有一定能量、强度、斑点直径的电子束。在扫描线圈的磁场作用下，入射电子束在样品表面上将按一定的时间、空间顺序作光栅式逐点扫描。由于入射电子与样品之间的相互作

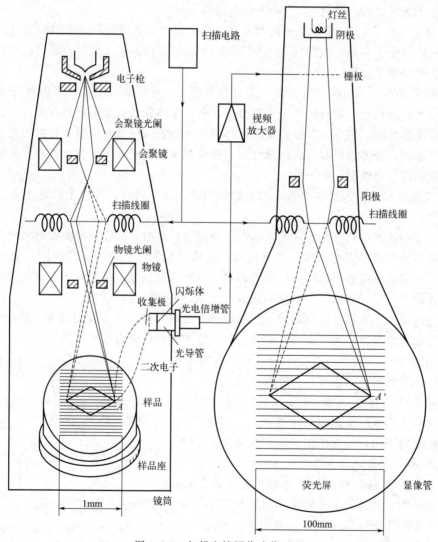

图 3.2-3　扫描电镜图像成像过程

用，将从样品中激发出二次电子。由于二次电子收集极的作用，可将向各方向发射的二次电子汇集起来，再经加速极加速射到闪烁体上转变成光信号，经过光导管到达光电倍增管，使光信号再转变成电信号。这个电信号又经视频放大器放大，并将其输出送至显像管的栅极，调制显像管的亮度。因而在荧光屏上便呈现一幅亮暗程度不同的、反映样品表面起伏程度（形貌）的二次电子像。

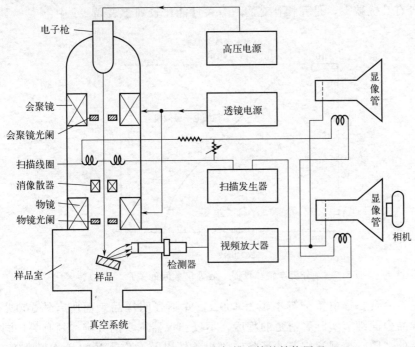

图 3.2-4　扫描电镜的结构原理

这里，应特别指出"同步扫描"这个概念。对于扫描电镜来讲，入射电子束在样品上的扫描和显像管中电子束在荧光屏上的扫描是用一个共同的扫描发生器控制的，这样就保证了入射电子束的扫描和显像管中电子束的扫描完全同步，即保证了样品上的"物点"与荧光屏上的"像点"在时间与空间上一一对应。如图 3.2-3 所示，当入射电子束在样品上的 A 点时，显像管中电子束在荧光屏上恰好在 A′ 点，即"物点" A 与"像点" A′ 在时间与空间上一一对应。通常称"像点" A′ 为一个"图像单元"，一幅扫描图像是由近 100 万个分别与物点一一对应的图像单元构成的。正因为如此，才使得扫描电镜除能显示一般的形貌外，还能将样品局部范围内的化学元素、光、电、磁等性质的差异以二维图像形式显示出来。

三、基本参数

（一）分辨本领与景深

显微镜能够清楚地分辨物体上最小细节的能力叫分辨本领，一般以能够清楚地分辨客观存在的两点或两个细节之间的最短距离（δ）来表示。分辨本领是显微镜最重要的性能指标。一般情况下，人眼的分辨本领为 $0.1 \sim 0.2\text{mm}$，光学显微镜的分辨本领为 $0.1 \sim 0.2\mu m$，透射电镜的分辨本领为 5～7Å（最佳可近于 2Å 或更小），而扫描电镜二次电子像的分辨本领一般为 60～100Å（最佳可达 30Å）。值得提出的是，当谈到分辨本领时，往往还要提到景深，即在样品深度方向可能观察的程度。扫描电镜观察样品的景深最大，光学显微镜景深最小，见图 3.2-5。透射电镜虽具有较大景深，但实际上无论如何也不会超过样品厚度（可供观察的有机样品厚度小于 $1\mu m$，无机样品厚度为 $0.1～0.3\mu m$）。然而，光学显微镜、透射电镜及扫描电镜各有其优缺点，是互相补充的，有关性能比较列于表 3.2-1 中。

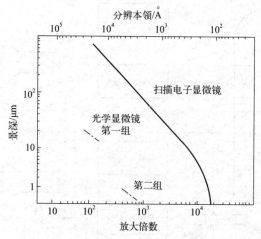

图 3.2-5　分辨本领、景深、放大倍数间的关系

还应指出的是，一台扫描电镜分辨本领为 100Å，并不表明样品表面所有约 100Å 的细节都能看清楚。样品表面细节实际看清楚的程度，不仅和仪器本身的分辨本领有关，同时还和操作条件、样品的性质、被观察细节的形状、照相条件以及操作人员的熟练程度等有关。仪器制造厂家给出的最佳分辨本领，是在仪器处于最好的状态下，用特殊制备的样品，由熟练的操作者（包括照相技术），即在最理想的条件下表现出来的。而在一般工作条件下观察样品时，可能达到的图像分辨本领要比仪器本身的分辨本领低（见表 3.2-1）。

表 3.2-1　光学显微镜、扫描电镜及透射电镜性能比较

项目		光学显微镜	扫描电镜	透射电镜
分辨本领	最高 一般产品 熟练操作 容易达到	0.1μm（紫外光显微镜） 0.2μm 5μm	5Å（超高真空场发射扫描电镜） 100Å 1000Å	1～2Å（特殊试样） 5～7Å 50～70Å
放大倍数		1～2000 倍	10～150000 倍	100～800000 倍
景深（与分辨本领及放大倍数有关）		短： 0.1mm（约 10 倍时） 1μm（约 100 倍时）	长： 10mm（10 倍时） 1mm（100 倍时） 10μm（1000 倍时） 1μm（10000 倍时）	接近扫描电镜，但实际上为样品厚度所限制，一般小于 1000Å
视场（与分辨本领及放大倍数有关）		100mm（1 倍时） 10mm（10 倍时） 1mm（100 倍时） 0.1mm（1000 倍时）	10mm（10 倍时） 1mm（100 倍时） 0.1mm（1000 倍时） 10μm（10000 倍时） 1μm（1000000 倍时）	2mm（100 倍时） 其他同扫描电镜

（二）放大倍数及有效放大倍数

显微镜的放大倍数（M）一般定义为像与物大小之比。而扫描电镜的放大倍数定义为显示荧光屏边长与入射电子束在样品上扫描宽度之比。如荧光屏边长为 100mm，入射电子束在样品上扫描宽度为 1mm，则此时扫描电镜放大倍数为

$$M = \frac{100\text{mm}}{1\text{mm}} = 100 \tag{3.2-1}$$

将样品细节放大到人眼刚能看清楚（一般为 0.2mm）的放大倍数叫有效放大倍数。如扫描电镜分辨本领为 100Å，则其有效放大倍数为

$$M_{有效} = \frac{人眼分辨本领}{仪器分辨本领} = \frac{0.2\text{mm}}{100\text{Å}} = 2 \times 10^4 \tag{3.2-2}$$

显然，欲观察 100Å 的细节，扫描电镜只要具备两万倍的放大能力就够了。可是目前一台分辨本领为 100Å 的扫描电镜，可达到的最大放大倍数都在 10 万倍以上，所以在实际工作中，不是把 100Å 的细节只放大到 0.2mm，而放大到 1mm 或更大，其目的完全是为了操作者观察图像舒适、方便。由于分辨本领的限制，本来不能分辨开的细节（如 100Å 以下的细节），无论怎样提高放大倍数，还是看不清的，就像一张模糊的底片，无论再放大多少倍，图像还是模糊不清的。

第三节　扫描电子显微镜技术原理

一、仪器结构

图 3.2-6 是 JSM-7500F 型场发射扫描电镜的外貌照片。仪器的实际结构因制造厂家不同而有一定的差别，但大体可分为以下三个主要部分：
①电子光学系统；②信号收集与显示系统；③真空系统和电源系统。

（一）电子光学系统

扫描电镜的电子光学系统由电子枪、电磁透镜、光阑、扫描线圈和样品室等部件组成，见图 3.2-7。其作用是获得扫描电子束，作为信号的激发源。为了获得较高的信号强度和图像（尤其是二次电子像）分辨率，扫描电子束应具有较高的强度和尽可能小的束斑直径。电子束的强度取决于电子枪的发射能力，而束斑尺寸除了受电子枪的影响之外，还取决于电磁透镜的汇聚能力。

图 3.2-6　扫描电子显微镜外形

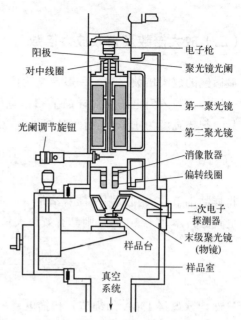

图 3.2-7　SEM 电子光学系统

1. 电子枪

人们一直在努力获得亮度高、直径小的电子源，在此过程中，电子枪的发展经历了发卡式钨灯丝热阴极电子枪、六硼化镧（LaB_6）热阴极电子枪和场发射电子枪三个阶段。

热阴极电子枪（图 3.2-8）是依靠电流加热灯丝，使灯丝发射热电子，并经过阳极和灯丝之间的强电场加速得到高能电子束。栅极的作用是利用负电场排斥电子，使电子束得以汇聚。

钨灯丝电子枪发射率较低，只能提供亮度 $10^4 \sim 10^5\,A/cm^2$、直径 $20 \sim 50\,\mu m$ 的电子源。经电子光学系统中二级或三级聚光镜缩小聚焦后，在样品表面束流强度为 $10^{11} \sim 10^{13}\,A/cm^2$ 时，扫描电子束最小直径才能达到 $60 \sim 70\,nm$。

六硼化镧阴极发射率比较高，有效发射截面可以做得小些（直径约为 $20\,\mu m$），无论是亮度还是电子源直径等性能都比钨阴极好。如果用 30% 六硼化钡和 70% 六硼化镧混合制成阴极，性能还要好些。

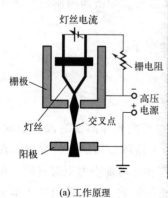

(a) 工作原理

(b) 钨灯丝

(c) 六硼化镧灯丝

图 3.2-8　热阴极电子枪

场发射电子枪如图 3.2-9 所示。它是利用靠近曲率半径很小的阴极尖端附近的强电场，使阴极尖端发射电子，所以叫作场致发射或简称场发射。就目前的技术水平来说，建立这样的强电场并不困难。如果阴极尖端半径为 1000～5000nm，若在尖端与第一阳极之间加 3～5kV 的电压，在阴极尖端附近建立的强电场足以使它发射电子。在第二阳极几十千伏甚至几百千伏正电势的作用下，阴极尖端发射的电子被加速到足够高的动量，以获得短波长的入射电子束，然后电子束被汇聚在第二阳极孔的下方（即场发射电子枪第一交叉点位置上），直径小至 100nm，经聚光镜缩小聚焦，在样品表面可以得到 3～5nm 的电子束斑。

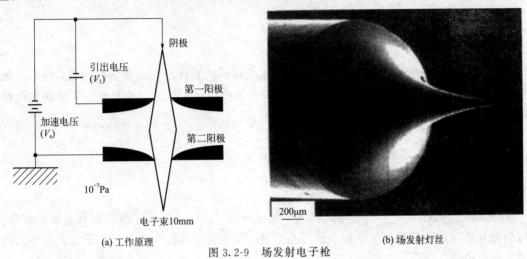

(a) 工作原理　　　　　　　　　　　　　　(b) 场发射灯丝

图 3.2-9　场发射电子枪

2. 电磁透镜

在扫描电镜中，电子枪发射出来的电子束，经三个电磁透镜聚焦后，作用于样品上。如果要求在样品表面扫描的电子束直径为 d_p，电子源（即电子枪第一交叉点）直径为 d_c，则电子光学系统必须提供的缩小倍数 $M = d_p/d_c$。

3. 扫描线圈

扫描线圈是扫描电镜的一个十分重要的部分，它使电子作光栅扫描，与显示系统的阴极射线管（CRT）扫描线圈由同一锯齿波发生器控制，以保证镜筒中的电子束与显示系统 CRT 中的电子束偏移严格同步。

4. 样品室

扫描电镜的样品室要比透射电镜复杂，它能容纳大的试样，并在三维空间进行移动、倾斜和旋转。目前的扫描电镜样品室在空间设计上都考虑了多种信号收集器安装的几何尺寸，以使用户根据自己的意愿选择不同的信息方式。

（二）信号收集与显示系统

1. 信号收集系统

信号收集系统的作用是检测样品在入射电子作用下产生的物理信号，然后经视频放大，作为显像系统的调制信号。不同的物理信号，要用不同类型的检测系统。二次电子、背散射电子等信号通常采用闪烁计数器来检测。

2. 图像显示系统

图像显示和记录系统的作用是将信号检测放大系统输出的调制信号转换为能显示在阴极射线管荧光屏上的图像或数字图像信号，供观察或记录，将数字图像信号以图形格式的数据文件存储在硬盘中，可随时编辑或用办公设备输出。

（三）真空系统和电源系统

真空系统的作用是为保证电子光学系统正常工作，防止样品污染提供高的真空度，一般情况下要求保持 $10^{-2} \sim 10^{-3} Pa$ 的真空度。电源系统由稳压、稳流以及相应的安全保护电路所组成，其作用是提供扫描电镜各部分所需的电源。

二、图谱概论

如图 3.2-10 所示，入射电子束从样品中除激发出二次电子外，还激发出其他各种信息。通过检测和处理这些信息，可获得表征样品形貌、元素分布等性质的扫描电子像。一台扫描电镜的应用范围，完全取决于仪器单独检测每一种信息的能力。下面分别进行叙述。

（一）二次电子检测与二次电子像

这里所说的二次电子是指入射电子束从样品表层（约 100Å）激发出来的低能电子（50eV 以下）。实际工作中，根据能量上的差别，将二次电子与高能背散射电子分离开来，以实现二次电子检测。

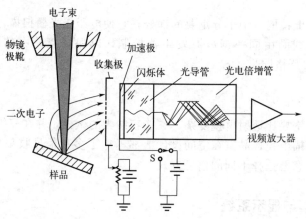

图 3.2-10　二次电子检测原理

二次电子检测器如图 3.2-10 所示，其收集极处于正电位（一般为 250V 或 500V 等），样品表面由于受到来自收集极的正电场的作用，向各个方向发射的低能二次电子，都被拉向收集极。背散射电子因其能量高，电子运动方向几乎不受收集极电场影响。检测器加速极（一般为 10kV）是用来加速被收集的二次电子，使闪烁体受激发光，从而使电信号转变成光信号。再经光导管和光电倍增管，又使光信号变为电信号输出，这样就实现了对二次电子的检测和部分放大。

二次电子发射量主要取决于样品表面的起伏状况，见图 3.2-11。如电子束垂直样品表面入射，则二次电子发射量最小。二次电子像主要反映样品表面的形貌特征。从图 3.2-12 可看出，二次电子像与医学上在无影灯下看到的物体情况相似，因此它可认为是一种无影像。在观察具有复杂表面形貌（如金属断口、催化剂等）的样品时这是很重要的。值得注意的是，与原子序数有关的背散射电子也能激发二次电子，因此，在二次电子图像反差中，必然含有一定的表面元素分布特征。二次电子像分辨本领较高，对于热阴极电子枪的扫描电镜，一般为 $60\sim100\text{Å}$，如果采用场发射电

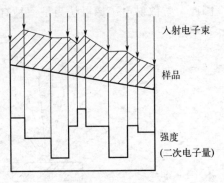

图 3.2-11　样品表面不同部位二次电子发射

子枪，分辨本领可达 30Å 或更好。如果样品是半导体器件，在加电情况下，由于表面电位分布不同也会引起二次电子量的变化，即二次电子像的反差与表面电位分布有关。这种由于表面电位分布不同而引起的反差，叫作二次电子像电压反差。利用电压反差效应研究半导体器件的工作状态（如导通、短路、开路等）是很有效的。图 3.2-13 为 CdTe 薄膜的二次电子像。

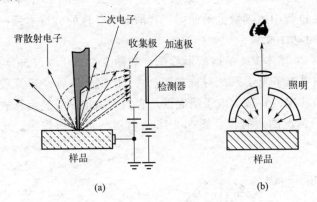

图 3.2-12　二次电子像照明效果

图 3.2-13　CdTe 薄膜二次电子像

（二）背散射电子检测与背散射电子像

背散射电子是被样品散射回来的入射电子，其能量接近入射电子能量。在扫描电镜中通常共用一个检测器检测二次电子或背散射电子。通过改变检测器加电情况，可实现背散射电子选择检测。

在图 3.2-14 中，检测器收集极处于零电位，此时从样品表面发射的二次电子、背散射电子将沿初始方向运动。能够进入检测器的电子，是在一定立体角内按初始方向运动的背散射电子和二次电子。进入检测器的背散射电子，因其能量高，不经加速极加速就可使闪烁体

发光，而二次电子不经加速是不足以使闪烁体发光的。因此，在检测器加速极处于零电位时，只有背散射电子被转变成光信号，因而背散射电子得到了检测。由于背散射的电子始终按直线方向运动，如在其前进方向存在障碍物（样品凸起部分等），即使在可检测立体角内的背散射电子也不能进入检测器。显然，背散射电子像与用点光源照明物体时的效果相似。因此，背散射电子像可认为是一种有影像，见图 3.2-14。

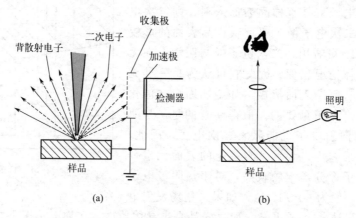

图 3.2-14　背散射电子像照明效果

另外，背散射电子发射量与样品原子序数有关。样品表面元素原子序数越大，对入射电子散射能力越强，即背散射电子发射量也越大。因此，背散射电子像兼具样品表面平均原子序数分布和形貌特征。由于观察背散射电子像时所用电子束流为 $10^{-9} \sim 10^{-7}$ A，即电子束斑较大，又由于入射电子束在侵入样品过程中遭到散乱等原因，背散射电子像的分辨本领一般为 $500 \sim 2000$Å，目前有的扫描电镜可达 100Å。

背散射电子也可采用两组（A、B）半导体 PN 结检测器检测。如图 3.2-15 所示，在物镜下极靴表面，半导体检测器 A、B 相对电子光学系统对称放置。A、B 输出信号经运算放大器相加，可获得只反映表面元素分布状况的背散射电子组成像，它们的输出信号经运算放大器相减，将获得只反映样品表面凸凹情况的形貌像。图 3.2-16 为背散射电子形貌像、组成像。

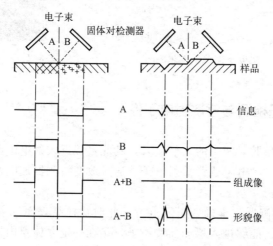

图 3.2-15　背散射电子成像原理

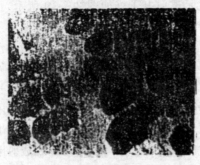

(a) 形貌像　　　　　　　　　　　(b) 组成像

图 3.2-16　背散射电子像

（三）吸收电流检测及吸收电流像

吸收电流是指入射电子束照射样品时，残存在样品中的电子通过导线流向大地的电流。以样品本身为检测器，用高增益的吸收电流放大器将吸收电流放大并调制显像管的亮度，便得到吸收电流像。吸收电流像的分辨本领主要受电子学线路信噪比的限制（入射电子束直径一定时），一般为 $0.1 \sim 1 \mu m$。

通常认为吸收电流像的反差与背散射电子像反差互补，但实际上是与背散射电子像以及二次电子像两种图像反差互补。如图 3.2-17 可知，如果样品是导电的，则有

$$I_O = I_S + I_B + I_A + I_T \tag{3.2-3}$$

式中，I_O 为入射电子束强度；I_S 为二次电子流强度；I_A 为吸收电流强度；I_B 为背散射电子流强度；I_T 为透射电子流强度。如果样品比较厚，$I_T = 0$，则有 $I_O = I_S + I_B + I_A$，在一定实验条件下，I_O 是一定的，即 $I_O = I_S + I_B + I_A = $ 常数。显然，吸收电流强度 I_A 大小取决于 I_S 和 I_B，即吸收电流像的反差与二次电子像以及背散射电子像反差互补。利用吸收电流像研究晶体管或集成电路的 PN 结性能与晶格缺陷和杂质的关系是很有效的。图 3.2-18 是 Al-Sn-Pb 合金的吸收电流像。

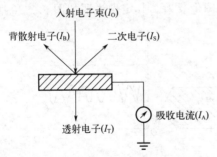

图 3.2-17　吸收电流与其他信息的关系

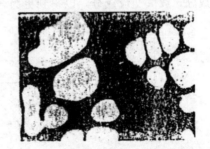

图 3.2-18　Al-Sn-Pb 合金吸收电流像

（四）扫描透射电子像

当入射电子束照射足够薄的样品（如厚度小于 $1 \mu m$）时，会有相当多的电子透过样品，

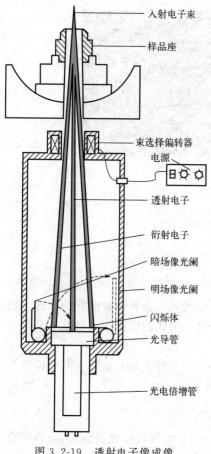

入射电子束
样品座
束选择偏转器
电源
透射电子
衍射电子
暗场像光阑
明场像光阑
闪烁体
光导管
光电倍增管

图 3.2-19　透射电子像成像

这些电子就是透射电子（如图 3.2-19 所示）。透射电子一般包括弹性散射的电子和非弹性散射的电子等。在扫描电镜中，透射电子像是利用透过样品的弹性散射电子和部分非弹性散射电子作为有用检测信号成像的。由于这些电子仅有少量的能量损失，所以它们可直接使检测器中的闪烁体发光，再由光电倍增管转换成电信号，经过放大，调制显像管的亮度便得到扫描透射电子像。

由光学的亥姆霍兹原理可知，普通透射电子像和扫描透射电子像的成像之间存在着倒易关系，只要普通电镜的照明孔径角与扫描电镜中透射电子接收孔径角相等，那么两者的电子光学系统则完全等价，光路互相倒易。即普通电镜中的电子源与扫描电镜透射电子检测器相对应，普通电镜中的成像平面与扫描电镜中扫描电子源相对应。根据这种倒易关系，扫描透射电子可与普通透射电子像进行对应，并且扫描透射电子像具有以下的特点。

① 在普通透射电镜中，非弹性散射电子经透镜聚焦成像后会导致色差，而参与形成扫描透射电子像的非弹性散射电子并不经过透镜聚焦放大，而是直接进入检测器，所以不会导致色差。这样，在同样的加速电压下，用扫描电镜可清晰地观察较厚样品的图像，或对同一厚度的样品可在较低的电压下进行观察，这对观察受电子轰击易破坏的样品，例如生物样品特别有利。

② 与普通透射电镜相比，扫描电镜可收集大角度的散射电子，所以电子的接收效率高，并且可采用高灵敏度的检测器，以便有效地收集透过样品的每一个电子，再通过光电倍增管及放大器，将透过样品的微弱透射电子信号放大，以提高图像亮度。

③ 可改善生物样品的图像反差。即通过电子学的方法，可方便地压低透射电子信号中的直流成分，放大交流成分，以得到更为合适的图像反差。其定性说明如图 3.2-20 所示。

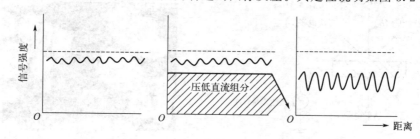

图 3.2-20　扫描透射电子像反差增强方法

在扫描电镜的透射电子像成像中，利用空心挡板或实心环形孔挡板，就可方便地得到普通透射电镜那样的明场像和暗场像。由于受电子束斑的限制，一般扫描电镜的透射电子像分辨本领为 30～50Å。透射电镜和扫描电镜现在一般都带有扫描透射电子成像附件，从而把透射电镜的高分辨本领与扫描电镜的多功能的优点有机地结合起来。超高分辨率的扫描透射电子像可达到$3\sim5\text{Å}$的点分辨本领，可直接显示单个重原子，同时也可进行选区电子衍射和元素分析。目前，已发展成独立的分析扫描透射电镜（STEM）。

（五） X射线及X射线显微分析

当具有一定能量的入射电子束激发样品时，样品中的不同元素将受激发射特征X射线。各种元素特征X射线波长与其原子序数Z之间存在着一定的关系，用莫塞莱定律表示

$$\sqrt{\nu} = \sqrt{\frac{c}{\lambda}} = K(Z - \sigma) \tag{3.2-4}$$

式中，ν为特征X射线频率；λ为特征X射线波长；Z为元素原子序数；c为光速；K与σ均为常数。因此，只要能测出元素特征X射线波长λ或测出特征X射线光子能量$h\nu$，便可确定原子序数Z，这样即可确定特征X射线发射区中所含的化学元素。通常把测出特征X射线波长的方法叫波长色散法（WDX），测定特征X射线能量的方法叫能量色散法（EDX）。目前，一般扫描电镜均可用上述两种方法进行元素分析。

第四节　扫描电子显微镜分析测试

一、制样

用于扫描电镜的样品大体分为两类：一是导电性良好的样品，二是不导电的样品。对于前者一般可以保持原始形状，不经或稍经清洗，就可放到电镜中观察。但对于导电性不好的样品，或在真空中有失水、放气、收缩变形现象的样品，需经适当处理，才能进行观察。扫描电镜观察的样品种类很多，样品的制备技术也不完全相同，因此在选择制样方法时，应结合具体样品的特点，尽可能综合利用已经熟悉的光学显微镜、透射电镜及X射线光谱仪的制样技术，以达到获得高质量图像的目的。下面简略谈谈制备样品中应考虑的几个问题。

① 观察的样品必须为固体（块状或粉末），同时在真空条件下能保持长时间的稳定。含有水分的样品，应事先干燥，或在预抽气室适当"预抽"。有些样品，因表面形成导电性不良的氧化膜，有时需剥掉氧化层后方可进行观察。沾有油污的样品，是造成样品荷电的重要原因，因此需要先用丙酮等溶剂仔细清洗。

② 观察样品应有良好的导电性，或样品表面至少要有良好的导电性。导电性不好或不导电的样品，如高分子材料、陶瓷、生物样品等，在入射电子束照射下，表面易积累电荷（荷电），这样会严重影响图像的质量，因此对于不导电的样品，一般均需进行真空镀膜，即在样品表面上蒸上一层厚约100Å的金属膜（金膜或银膜）以消除荷电现象。应当注意，镀膜太厚将掩盖样品表面细节，而镀膜太薄，部分区域可能未被金属覆盖而荷电。采用真空镀

膜技术，除了能防止不导电样品发生荷电外，还可增加所观察样品的二次电子发射率，提高图像衬度，并减少入射电子束对样品的照射损伤（尤其对生物样品）。图 3.2-21 给出了常见的小型离子溅射镀金属设备及 SEM 样品台。

图 3.2-21　小型离子溅射镀金属设备及 SEM 样品台

③ 金属断口以及质量事故中的一些样品，一般可保持原始形态放到扫描电镜中观察。但样品的大小不是任意的，一般扫描电镜最大允许尺寸为 $\varphi25mm$、高 20mm。因此在切取和选择这类样品时，样品的大小是个重要问题。尺寸再大，需备置专用样品台。

④ 用波长色散 X 射线光谱仪进行元素分析时，分析样品应事先进行研磨抛光，以免样品表面的凹凸部分影响 X 射线检测。不导电样品，表面应喷涂厚约 100Å 的碳膜，以使样品表面具有良好的导电性，又不致对 X 射线产生强烈的吸收。采用 X 射线能谱仪进行元素分析时，则允许样品表面有一定的起伏。

⑤ 生物样品，因其表面常附有黏液、组织液，体内含有水分等，用扫描电镜观察前，一般都需要进行脱水干燥（自然干燥或临界点干燥）、固定、染色、真空镀膜等处理。

二、测试分析

（一）扫描电镜的操作

扫描电镜的操作比较简单，识别键盘上的有关功能键后就能操作。但要熟练地运用扫描电镜，熟悉其性能界限，并能从研究样品中得到最高信息，仍然要掌握一定要领。

1. 电镜启动

接通电源→合上循环冷却水机开关→合上自动调压电源开关→打开显示器开关（接通机械泵、扩散泵电源），即开始抽真空。

2. 样品的安装

按放气阀，空气进入样品室 1min，样品室门即可打开。把固定在样品台上的样品移到样品座上，将样品座缓慢推入镜筒并用手扶着（即关闭样品室），同时按下抽真空阀，待样品室门被吸住再松手。重新抽真空，待显示"READY"，即可加高压（HT 红灯亮），加灯丝电流（缓慢转动 FIKAMENT 钮，一般控制在 $100\mu A$ 以下）。

3. 观察条件的选择

观察条件包括加速电压、聚光镜电流、工作距离、物镜光阑、扫描速度以及倾斜角度等。

（1）加速电压的选择

普通扫描电镜加速电压一般为 $0.5\sim30kV$（通常用 $10\sim20kV$ 左右）。应根据样品的性质、图像要求和观察倍率等来选择加速电压。加速电压愈大，电子探针愈容易聚焦得很细，入射电子探针的束流也愈大。二次电子波长短对提高图像的分辨率、信噪比和反差是有利的。在高倍观察时，因扫描区域小，二次电子的总发射量降低，因此采用较高的加速电压可提高二次电子发射率。但过高的加速电压使电子束对样品的穿透厚度增加，电子散射也相应增强，导致图像模糊，产生虚影、叠加等，反而降低分辨率，同时电子损伤相应增加，灯丝寿命缩短。一般来说，金相试样、断口试样、电子通道试样等尽可能用高的加速电压。如果观察的样品是凹凸的表面或深孔，为了减小入射电子探针的贯穿和散射体积，采用较低的加速电压可改善图像的清晰度。对于容易发生充电的非导体试样或容易烧伤的生物试样，也应该采用低的加速电压。

（2）聚光镜电流的选择

聚光镜电流大小与电子束的束斑直径、图像亮度、分辨率紧密相关。聚光镜电流大，束斑缩小，分辨率提高，焦深增大，但亮度不足。亮度不足时激发的信号弱，信噪比降低，图像清晰度下降，分辨率也受到影响。因此，选择聚光镜电流时应兼顾亮度、反差，考虑综合效果。可先取中等水平的聚光镜电流，如果对观察试样所采用的观察倍数不高，并且图像质量的主要矛盾是由于信噪比不够，则可以采用较小的聚光镜电流。如果要求观察倍数较高并且图像质量的主要矛盾是在分辨率，则应逐步增加聚光镜电流。此时，如果信噪比发生问题，只要仍能用肉眼看清图像，可通过其他途径（如延长扫描时间等）去解决信噪比问题。

一般来说，观察的放大倍数增加，相应图像清晰度所要求的分辨率也要增加，故观察倍数越高，聚光镜电流越大。

（3）工作距离的选择

工作距离是指样品与物镜下端的距离，通常其变动范围为 $5\sim48mm$。如果观察的试样是凹凸不平的表面，要获得较大的焦深，必须采用大的工作距离，但样品与物镜光阑的张角变小，使图像的分辨率降低。要获得高的图像分辨率，必须选择小的工作距离，通常选择 $5\sim10mm$，以期获得小的束斑直径和减小球差。如果观察铁磁性试样，选择小的工作距离可以防止试样磁场和聚光镜磁场的相互干扰。形貌观察常用的工作距离一般为 $25\sim35mm$，兼顾焦深和分辨率。

（4）物镜光阑的选择

扫描电镜最末级的聚光镜靠近样品，称为物镜。多数扫描电镜在末级聚光镜上设有可动光阑，也称为物镜可动光阑。通过选用不同孔径的光阑可调整孔径角、吸收杂散电子、减少球差等，从而达到调整焦深、分辨率和图像亮度的目的。但是，物镜光阑孔径缩小使信号减弱，信噪比下降，噪声增大，而且孔径容易被污染，产生像散，造成扫描电镜性能下降。因此，必须根据需要选择最佳的物镜光阑孔径。一般观察 5000 倍左右可用 $300\mu m$ 的光阑孔径，万倍以上用 $200\mu m$ 光阑孔径，要求高分辨率时用 $100\mu m$ 的光阑孔径。

（5）扫描速度的选择

为了提高图像质量，通常用慢的扫描速度。但在实际应用中，扫描速度却受着试样可能发生表面污染这个问题的限制，因任何试样表面的污染（即扫描电子束和扩散泵油与蒸气的相互作用，造成油污沉积在试样表面上，扫描时间越长则在试样表面的油污沉积越严重）均会降低图像的清晰度。对于未经前处理的非导体试样，扫描速度宜快，以防试样表面充电，影响观察；对于金属试样，扫描速度宜慢，可改善信噪比。一般低倍观察的扫描时间常用 50s，高倍观察用 100s，以免试样表面过分污染。

（二）图谱解析

1. 选择视野

一张高质量的扫描电镜图像首先应当是细节清晰，其次是图像富有立体感，层次丰富，反差与亮度适中。此外，还要求主题突出和构图美。因此，为了获得一幅优良的扫描电镜图像，除了正确地选择观察条件外，如何选择适当的被观察部位也是十分重要的。

① 研究者必须清楚研究的内容以寻找所需的视野。注意观察部位应具有科学意义，即所观察到的形貌能说明某项研究问题的实质。

② 所选择观察部位的画面和角度要符合美学的观点，具有良好的构图效果。

③ 如果满足上述条件的观察部位有多处视野可供选择，则应取白色区域的部位，以期图像具有较大的信噪比。

2. 选择放大倍数

随着放大倍数增加，观察视野相应缩小，因此应根据观察要求选择合理的放大倍数，确保图像的整个画面既具有研究的内容，又没有遗漏或杂散景物的干扰。每提高一档放大倍率之后，须相应调控聚焦、消像散、亮度和反差。

3. 调整聚焦和消像散

消像散和聚焦是需要熟练掌握的操作，稍有不慎图像质量就会明显下降。出现像散的原因，主要是电子束难以聚集，使像散方向发生变化。聚焦是通过粗、细聚焦按钮调节的。消像散是通过 X、Y 方向的消像散钮调整图像清晰度。聚焦与消像散相互交替进行，调整时，先从低倍开始，逐步提高倍率，直到图像最清晰为止。

4. 反差和亮度的调整

图像的反差是指在图像中最大亮度和最小亮度的比值。在扫描电镜中，图像的反差不但取决于试样本身的性质和成像信息的性质，而且可以通过信号处理系统和显示系统进行人为控制，故扫描电子像的反差可以在较宽的范围内变化。如果图像的反差与亮度调整不当，层次少，就会使图像中细节丢失。通常扫描电镜图像的反差调整是靠改变光电倍增管的电压（300～600V）来进行的，而亮度是靠改变电信号的直流成分来调节的。但是一般来说，增加反差也增加了直流成分，因而光亮度也会增高，所以操作时对比度和光亮度要交替进行。反差或亮度过大图像细节会丢失，过小图像模糊，只有当对比度、光亮度合适时，才能保证图像细节清晰，明暗对比适宜。此外，在拍摄时应根据底片的型号和特性来调整反差和亮度。由于扫描电镜图像的最终成品是照片，那么就有个愿意反差大或小的问题，可随个人爱好或研究的目的，调节合适的对比度和光亮度。

5. 调整倾斜角

倾斜角的大小因放大倍数和样品表面性质而异。一般放大倍数低，倾斜角度小；放大倍数高，倾斜角度大。样品凹凸明显，倾斜角度小；样品比较平坦，倾斜角度较大。倾斜角过大或过小拍摄效果都不好。样品倾斜后，会导致水平和垂直位移以及样品高度变化，可用 X 轴和 Y 轴调节钮回到原来的视野，用高度调节钮调回到原来的高度，再进行聚焦。

6. 调节扫描速度

应根据样品的性质或研究目的的要求来选择扫描速度，通常观察 1000 倍以上用慢速扫描，1000 倍以下用快速扫描。如果记录图像要求像质高，必须采用慢速扫描，拍摄一幅图像用 100s；快速扫描，拍摄一幅图像要用 50s。

7. 拍照

在比计划摄像高一档的倍率上调整聚焦、亮度和反差后，将倍率缩小一档，用选区扫描检查是否获得理想图像（要注意相片上缺少的部分，一般照相视野比观察视野稍微狭小），然后拍照并记录。拍照时，要避免振动及外界条件干扰。常用的底片为全色 120 胶卷。

8. 关机

将放大倍数按钮调至最高倍数，灯丝电流钮调至"0"位；关高压开关，关显示器开关；关调压器开关，真空系统停止工作；待扩散泵冷却后（20～30min）停止供水。工作中突然断水时，可采用强制方式（如用风扇吹扩散泵）冷却扩散泵，以防止泵油挥发，污染镜筒。

（三）限制和影响扫描电镜分辨本领的主要因素

如前所述，分辨本领是显微镜最重要的性能指标。一般情况下，为了观察更多的清晰细节，总是希望显微镜分辨本领越高越好。但是，由于像所用信号不同，以及各种像差（球差、衍射差、色差、像散、枕形及桶形畸变等）、电源稳定度、检测器的灵敏度及效率、放大器的噪声等原因，使得不同种类的显微图像可能达到的分辨本领很不相同。对于扫描电镜，限制和影响其分辨本领的因素较多，下面重点讨论三个主要因素。

1. 入射电子束斑直径

这里所说的电子束斑直径，是指经物镜聚焦后，刚好打到样品表面上的入射电子束斑的大小。如前所述，每幅扫描图像由近百万个图像单元组成，在样品上与每个图像单元对应的发射信息的最小范围，无论如何也不会比入射电子束斑直径为小。通过减小电磁透镜的像差（主要是球差和像散）和增大透镜缩小倍数，可缩小入射电子束斑直径，从而提高扫描电镜分辨本领。但随着束斑直径的减小，打到样品上的入射电子束流将急剧减小，因而从样品中激发的本来已很微弱的各种信息将更加减弱，以致不能检测，或即使能检测出来，由于信噪比等因素的影响，也不会提高扫描电镜分辨本领。因此，入射电子束斑直径不能任意减小。常用的热发射扫描电镜，为获得 100Å 细节的二次电子像，入射电子束流不得小于 $10^{-12} \sim 10^{-11}\text{Å}$，与此束流相应的入射电子束斑一般最小可达到 50Å 左右。这就是目前热阴极扫描电镜二次电子像分辨本领很难做到优于 $50 \sim 60\text{Å}$ 的主要原因。

2. 样品对电子的散射作用

高能电子束向样品内部侵入时，由于与样品原子间产生相互作用，将经历一个复杂的散射过程。其结果是有效入射电子束斑直径较处于样品内部一定深度的入射电子束斑直径大。其增大程度（散射程度）则与加速电压、样品性质有关。因此样品上发射信息的最小范围，实际上取决于有效入射电子束斑的大小。显然，由于样品对电子束的散射作用，将使扫描电镜分辨本领变坏。如上文所述，二次电子由样品表层发射，由于遭受散射较小，有效入射电子束斑直径近似等于入射电子束斑直径，即二次电子像分辨本领近似于入射电子束斑直径。而背散射电子、X 光子等是从样品较深处发射的，此时有效电子束斑直径远比入射电子束斑直径大，这就是背散射电子像、X 射线元素面分布像较二次电子像分辨本领差得多的一个重要原因。

3. 信噪比

扫描电镜的各种图像都是通过各种检测器和放大器，检测和放大各种量子信息（电子、X 光子等）而获得的，因此在有用的信息中不可避免地会夹杂一些有害的噪声。有用信息和有害噪声之比简称信噪比。噪声的来源可分为两类，一类是电噪声，另一类是信息本身的统计涨落噪声。因此，一般都采用质量很高的放大器、暗电流较小的光电倍增管，以使电噪声降到最小。为降低统计涨落噪声，常用的办法是：

① 尽可能采用较大的入射电子束流，以提高单位时间内激发的量子信息数量。

② 把样品相对检测器倾斜 $20° \sim 35°$，以提高对量子信息的检测效率。

③ 延长扫描时间，以提高构成每个图像单元的量子信号量。

第五节　扫描电子显微镜技术应用

随着扫描电镜技术的普及和发展，扫描电镜已经从高层次的研究发展成为应用广泛的测试手段。扫描电镜用于观察物质的表面形貌，研究物质微观三维结构和微区成分。扫描电镜不仅用于材料科学、化学、物理学、电子学等领域的研究，而且还广泛地应用于半导体工业、陶瓷工业、化学工业等生产部门。其应用范围极广，只能列举部分实例供大家参考。

一、在基础学科中的应用

（一）材料学

① 扫描电镜技术在高分子复合材料微观形态研究中发挥了重要作用。由于填充塑料中界面区的存在是导致复合材料具有特殊复合效应的重要原因之一，因此界面黏结性能的强弱直接影响复合材料的性能。2002 年，沈惠玲等分别将改性聚丙烯 1、改性聚丙烯 2 及铝酸脂偶联剂加入聚丙烯/CaSO₄ 晶须的复合体系中，并用扫描电镜对不同复合体系的微观形态结构进行了观察和研究，结果显示含有 MPP1 的复合体系能促进晶须的分散，使两相界面结合能力提高，拉伸强度此时有一最佳值，而且实验数据与结果分析一致。

② 为了分析磨料与金属表面的相互作用过程，就需要具体考察磨损表面及磨屑形成的各种过程，而通过扫描电镜对磨损表面的微观形态特征进行分析，就可以推测材料去除和磨屑形成的各种不同机制并进行分类，从而提出改进措施。

③ 应用扫描电镜及其动态拉伸台对高碳钢、中碳钢进行了动态拉伸试验，跟踪观察了高碳钢、中碳钢裂纹的萌生、扩展及断裂过程，发现高碳钢的强度、硬度主要取决于珠光体的片层间距以及渗碳体的大小、分布，珠光体片层间距减小，铁素体、渗碳体变薄，相界面增多，高碳钢的强度、硬度提高；中碳钢的强度、硬度主要取决于珠光体团的直径以及渗碳体的大小、分布，较小、较弥散分布的珠光体、铁素体利于碳钢强度的提高。

④ 应用扫描电镜研究了氢气浓度与裂解温度对乙炔裂解积碳量及其结构的作用。在乙炔裂解产物中发现了一种螺旋状的碳纤维，可利用这种碳纤维独特的螺旋结构吸引物理、化学、材料、电子等领域的研究，开辟纳米材料新领域，如图 3.2-22 所示。

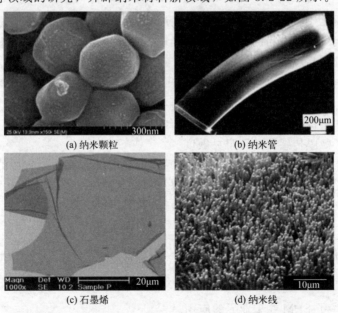

(a) 纳米颗粒　　　　　　　　(b) 纳米管

(c) 石墨烯　　　　　　　　(d) 纳米线

图 3.2-22　常见的纳米材料

⑤ 利用扫描电镜可以直接研究复合膜层界面、材料断裂面等及晶体缺陷与其生成过程。图 3.2-23 是一组复合材料的界面处 SEM 图，图 3.2-24 表示的是晶体常见的一种缺陷。由图上可以看出：晶体中的原子按照一定的顺序（比方说 ABC ABC ABC 面心立方）排列起来，在某一处［图 3.2-24（a）虚线处］变成 ABC AB AB CA……这种缺陷在显微镜下相当于晶体的内部发生了一定量的移位［图 3.2-24（b）］，如果结合计算机图像分析，还可以得到定量的结果。

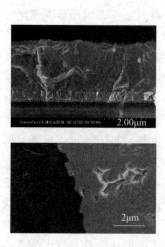

图 3.2-23　复合材料界面处 SEM 图

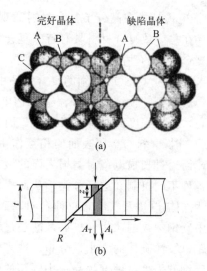

图 3.2-24　晶体中的排列顺序有缺陷

（二）物理和化学

① 液晶显示器使用导电粉的形状、尺寸及偏差对于液晶显示屏的质量控制是非常重要的。应用扫描电镜观测导电粉的粒径分布、导电粉在导电点中的浓度和分析导电点缺陷，可提高液晶显示器的产品质量。

② 应用扫描电镜观察研究镱薄膜传感器压阻灵敏度时，发现热处理有助于薄膜晶粒长大。经过热处理，在原始晶粒的基础上出现再次结晶，促使薄膜生长取向一致，有效地增大了薄膜晶粒尺寸和结构密度，减少了薄膜内部的缺陷，降低了薄膜电阻率，使压阻系数明显增大，从而提高了薄膜传感器的压阻灵敏度。

③ 应用环境扫描电镜观察纸浆纤维素在同步糖化发酵产酒精过程中的降解情况，结果显示，在同步糖化发酵过程中，纤维素的酶解产物由于被酵母及时转化为酒精，没有形成对纤维素的反馈抑制，纸浆纤维降解较快，有效地提高了纤维素的酶解效率。

二、在工业中的应用

图 3.2-25 列举了 SEM 在工业界的应用。

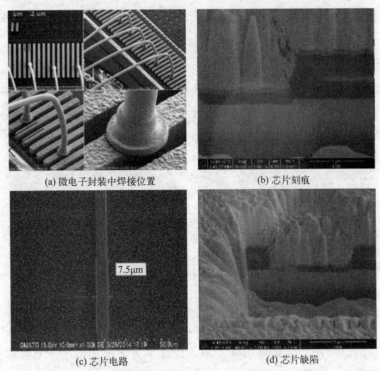

(a) 微电子封装中焊接位置　　　　　　(b) 芯片刻痕

7.5μm

(c) 芯片电路　　　　　　　(d) 芯片缺陷

图 3.2-25　SEM 在工业界中的应用

1. 半导体工业

由于半导体器件体积小、重量轻、寿命长、功率损耗小、力学性能好，因而适合的范围极广。然而半导体器件的性能和稳定性在很大程度上受它表面的微观状态的影响。一般在半导体器件试制和生产过程中包括了切割、研磨、抛光以及各种化学试剂处理等一系列工序，正是在这些过程中，会造成表面的结构发生惊人的变化，所以几乎每一个步骤都需要对扩散区的深度进行测量或者直接看到扩散区的实际分布情况，而生产大型集成电路更是如此。目前，扫描电镜在半导体中的应用已经深入到很多方面。

（1）质量监控与工艺诊断

硅片表面玷污常常是影响微电子器件生产质量的严重问题。扫描电镜可以检查和鉴定玷污的种类、来源，以清除玷污，如果配备 X 射线能谱仪，在观察形态的同时，可以分析这些玷污物的主要元素成分。用扫描电镜还可以检查硅片表面残留的涂层或均匀薄膜，也能显示其异质的结构。

在器件加工中，扫描电镜可以检查金属化的质量，如 SiO_2、磷酸盐玻璃（PSG）、硼磷硅酸盐玻璃（PBSG）等钝化层台阶的角度。台阶上金属化的形态关系到器件的成品率和可靠性，因此国内外早已制定了扫描电镜检查金属化的标准并作为例行抽验项目。

当集成电路（IC）的加工线条进入亚微米阶段，为了生产出亚微米电路所需的精密结构，利用扫描电镜进行工艺检查，控制精度在纳米数量级。

在机械加工过程中，会引起表面层的晶格发生损伤。损伤程度一方面取决于切割方法、振动与磨料选择的情况，同时也取决于晶体本身的抗损伤能力。利用扫描电镜中产生的特征衍射图样的变化，可以直观而灵敏地看到表面的结构状况以及晶格结构完整性在不同深度上的分布，从而确定表面损伤程度。

（2）器件分析

扫描电镜可以对器件的尺寸和一些重要的物理参数进行分析，如结深、耗尽层宽度、少子寿命、扩散长度等等，也就是对器件的设计、工艺进行修改和调整。扫描电镜二次电子像可以分析器件的表面形貌，结合纵向剖面解剖和腐蚀，可以确定 PN 结的位置、结的深度。

利用扫描电镜束感生电流工作模式，可以得到器件结深、耗尽层宽度、金属-氧化物-半导体（MOS）管沟道长度，还能测量扩散长度、少子寿命等物理参数。

（3）失效分析和可靠性研究

相当多器件的失效与金属化有关，对于超大规模电路来说，金属化的问题更多，如出现电迁移、金属化与硅的接触电阻、铝中硅粒子、铝因钝化层引起应力空洞等。扫描电镜是失效分析和可靠性研究中最重要的分析仪器，可观察研究金属化层的机械损伤、台阶上金属化裂缝和化学腐蚀等问题。

用扫描电镜的电压衬度和束感生电流可以观察 PN 结中存在的位错等缺陷，如漏电流大、软击穿、沟道、管道等电性能。正常 PN 结的束感生电流图是均匀的，而当 PN 结中存在位错或其他缺陷时，这些缺陷成为复合中心，电子束产生的电子、空穴在缺陷处迅速复合，因此，在 PN 结的束感生电流图中，缺陷位错处出现黑点、线条或网络。

（4）电子材料研制分析

随着电子技术的迅速发展，对电子材料的性能及环保标准的要求也越来越高。应用扫描电镜研究消磁用热敏电阻的显微形貌，结果显示，利用以柠檬酸盐凝胶包裹法制备的纳米粉体烧结而成的正温度系数热敏电阻，粒径在 $5\mu m$ 左右，而且分布较均匀，没有影响材料性能的粗大颗粒存在；此外，材料中的晶粒几乎全部发育成棒状（或针状）晶体，表明柠檬酸盐凝胶包裹法及适当的烧结工艺可以研制无铅的环保型高性能热敏电阻。

（5）半导体材料中的动力学现象如扩散和相变具有很重要的意义

用扫描电镜跟踪铝薄膜条在大电流密度下的电迁移行为，便可以得到有关空洞移动和熔化解洞失效的细节。此外，利用 X 射线显微分析技术也可以对半导体材料进行各种成分分析。

2. 陶瓷工业

① 大多数玻璃宏观上透明均匀，但微观上却不均匀，存在分相现象。通过扫描电镜观察可以了解玻璃组成、工艺条件对玻璃中的相变现象是有效的，所得到的图像信息可指导微晶玻璃的制造工艺。

② 工程陶瓷材料是高科技领域发展的新型材料。应用扫描电镜研究工程陶瓷材料的表面与断口形貌的显微结构，可分析断裂过程与机理，并了解试样的晶粒尺寸、内部组织形态分布、致密度及相互结合情况等评定材料质量的标准；还可分析陶瓷材料中各相物质相互间的应力作用，为复相陶瓷材料的相变机理和复合机理以及改善材料性能提供科学根据。

③ 精细陶瓷在当代材料技术发展中占有非常重要的地位。它具有热稳定性和化学稳定性的特点，可制造各种功能的陶瓷产品。在高温条件下具有高强度和耐腐蚀性，可作为高温

材料来使用。然而，从原材料到瓷体制备工艺中的每一环节都会影响到瓷体的性能，其中粉体的制备是获得优质陶瓷的关键。应用扫描电镜研究分析粉体性能与制备工艺条件之间的关系，对粉体的制备工艺有实际的指导意义。

④ 利用扫描电镜技术研究陶瓷的微观形貌与烧结温度的关系，有助于考察电畴与烧结温度的关系。如果结合电学参数的测量，可以更有效地选择新型功能陶瓷的烧结温度。将水热法制备的粉体材料在1173～1373K烧结2h，可以得到大晶粒的钛酸铅陶瓷，由于这种陶瓷具有良好的电畴，因此也具有铁电性、电压性和热释电性。

3. 化学工业

应用扫描电镜对化工产品的微观形态进行观察，可以根据其性质对工艺条件进行选择、控制、改进和优化，并可进行产品鉴定等。

① 为了在生产中能有效地控制低硅烧结矿冶金性能改善的矿物的生成，应用扫描电镜观察成品烧结矿，结果显示，低硅烧结矿还原度较高、软化温度较高、软熔区间较窄，有利于高炉内间接还原的发展和料柱透气性、透液性的改善。但低温还原粉化较为严重，成为低硅烧结技术发展的限制性环节，在生产中应在提高铁酸钙含量、降低 Fe_2O_3 含量的基础上改善低硅烧结矿的低温还原粉化。

② 应用扫描电镜观察不同催化剂、不同工艺条件下以纳米聚团床催化裂解法制得的碳纳米管样品的微观形态、团聚结构及分散性能的差异。通过催化剂种类与粒度的选择和工艺条件的控制，可获得纯度较高、尺度分布较均匀的碳纳米管产品。

③ 借助扫描电镜对工业氧化镁经表面活性剂水化、煅烧处理的产物的微观聚集状态进行观察，可见产物的结晶完整、分散性能良好。对工艺进行改进和优化，如增加表面活性剂和水的用量、提高水化温度、控制合适的燃烧温度，可以得到高度分散的纳米级氧化镁。

④ 应用扫描电镜观察纺织原料纤维的形态，然后依据观察的结果来改进加工工艺，提高质量。在纺织工业中，制成衣料的原料有天然纤维、人造纤维、合成纤维等，这些纤维的表面并不是光滑的，而是由尺寸为几纳米至几十纳米的微细结构在表面形成斜率十分小的起伏。通常，纤维的表面形态与纤维的加工工艺有关，它会直接影响到纤维的性质。例如，聚酰胺纤维是一种合成纤维，它强度大、耐热、耐磨而且弹性好，可以用在飞机或载重汽车的帘线以及缆绳、衣料等方面。利用扫描电镜观察它在不同工艺处理情况下表面微细结构的变化，并由此找出了最合适的工艺条件。另外，根据纤维表面上存在的形状不同的堆积物和一些不规则的孔洞，能够判断机械损伤的程度。

⑤ 在橡胶工业中，有些产品是用胶乳制备的，例如医用手套、暖水袋、胶管、探空气球等。应用扫描电镜对胶乳的粒子大小及形态进行观察研究，可以使生产工艺过程简化，不必用大型机械，用途很广。对于不同品种的橡胶应当使用合适的炭黑作填充剂才能提高橡胶的力学性能。在扫描电镜下，不仅能够观察到炭黑的形态，同时可以研究炭黑在橡胶中的融变、迁移现象以及它的分布规律和聚集的形态，从而可以进一步改进橡胶的性能。

三、SEM 集锦

图 3.2-26 是 SEM 典型的应用。

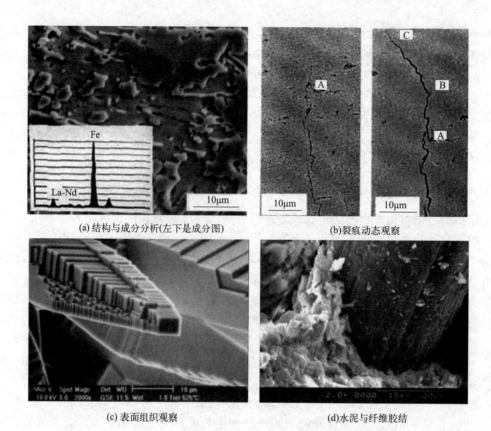

(a) 结构与成分分析(左下是成分图)　　(b)裂痕动态观察

(c) 表面组织观察　　(d)水泥与纤维胶结

图 3.2-26　　SEM 应用举例

　　扫描电镜经过几十年的探索和积累，研究的内容主要包括如下三个方面：扫描电镜的研制和改进（可以观察分子、原子像，还可以观察各种生物大分子和活体细胞）；研究样品的制备技术和相应的设备；研究图像记录的材料和方法以及图片的解释和处理技术（新型扫描电镜具有计算机系统，来行使图像记录和图片处理技术）。

　　在 1968 年以前，电子探针和扫描电镜是各自独自发展的，并同时配备有射线波谱分析仪和 X 射线能谱分析仪，只不过电子探针作为元素分析的专用仪器，主要向高精度和高灵敏度发展，并在控制操作和数据处理上实现自动化和电子计算机化，而扫描电镜作为表面形貌观察仪器，主要向高分辨率和进一步的表面观察发展。但由于这两种仪器的工作原理并无本质差异，故自 1968 年以后，这两种仪器已逐步相互融合。随着扫描电镜实现了自动化和计算机化，它已具有与电子探针相似的元素分析能力。近代发展的扫描电镜组合分析仪，已具备高性能的扫描电镜和电子探针分析工作的全部特性。

　　计算机在扫描电镜上的应用，早期主要作为成分分析附件，用于定量分析的数据处理及分析过程的自动控制，同时也用于扫描电镜图像分析，可在观察图像的同时快速绘出样品的粒度、面积、分布情况等各种数据。而随着信息技术的高速发展，新型扫描电镜已将计算机用于控制倍率、物镜调焦等自动补偿电路中，可以进行全面控制和全自动图像分析，并兼备有电子探针的 X 射线显微分析功能，使操作更为方便，性能更为完善。

　　从目前商品生产扫描电镜来看，竞争激烈，几乎每隔一两年便会出现一种新的改进型号，真可以说是日新月异。预计在今后几年中，扫描电镜作为观察表面微观世界的全能仪器，将会取得重大的进展。

一、例题

本部分将通过一些扫描电镜的图片给出举例。

1. 图 3.2-27（a）是普通的沿晶断裂断口处 SEM 图。沿晶断裂属于脆性断裂，断口处无塑性变形痕迹，因为样品表面起伏导致图片有明暗，使得断口处呈石块状。图（b）是铁素体＋马氏体双相钢拉伸断裂过程原位观察，可以看出铁素体首先发生塑性形变，并且裂纹先在铁素体中产生，随着断裂进行，裂纹受马氏体阻挡，继续拉伸后，铁素体断裂更加明显，但是马氏体没有断裂，进一步拉伸后，马氏体断裂，裂纹继续向前推进。

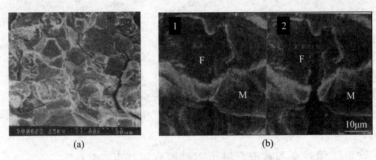

图 3.2-27　断面及裂纹的 SEM 图
图（b）中 F 是铁素体，M 是马氏体

2. 图 3.2-28 是 35CrMnMo 钢管壁断口的 SEM 照片，可以看出裂痕及断裂情况，借助 SEM 图片可以观察到各种缺陷，比如夹杂物、结晶偏析、气孔等，也能获得断裂方式，比如沿晶断裂［图（a）］、解理断裂［图（b）］、解理＋准解理断裂［图（c）］以及解理＋沿晶断裂［图（d）］。

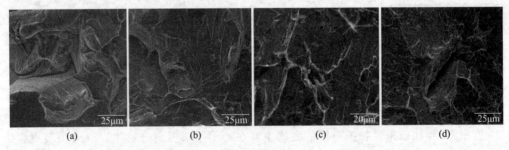

图 3.2-28　35CrMnMo 钢管壁断口的 SEM 照片

3. 图 3.2-29 是一种薄膜表面形貌和剖面形貌的 SEM 图，从图（a）可以看出薄膜表面颗粒分布比较致密，没有空洞出现，颗粒平均尺寸在 $1.0\mu m$ 左右，颗粒生长面比较清晰。图（b）显示出整个样品剖面有四层，每层厚度可以由图片中给的标尺读出。剖面处晶粒互相挤压，排布致密，薄膜表面比较粗糙。

4.图 3.2-30 是粉体形貌观察。图（a）是 300 倍的放大倍数，能够看见粉末团簇的整体形貌，团簇的尺寸大小和分布情况也比较清晰。图（b）是 6000 倍放大，是单个团簇体的结构和形态，颗粒之间界面清晰。与专业的粒度仪相比，采用 SEM 测试粒度（颗粒尺寸）是可靠的。

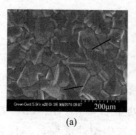
(a)

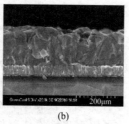
(b)

图 3.2-29　薄膜表面形貌和剖面形貌的 SEM 图

(a)　　　　(b)

图 3.2-30　粉体形貌 SEM 图

二、习题

1. 固体样品受入射电子激发产生哪些物理信号？其特点是什么？
2. 与透射电镜相比，扫描电镜的放大倍数有何特点？
3. 影响扫描电镜分辨率的主要因素有哪些？通常所讲的扫描电镜分辨率是指哪种信号成像的分辨率？
4. 试说明二次电子像衬度和背散射电子像衬度有何特点。
5. 试说明扫描电镜的成像原理。
6. 比较说明三种类型电子枪的特点及带有场发射电子枪的扫描电镜为什么可获得高的分辨率。
7. 试列举扫描电镜在材料科学中的应用。
8. 以实例说明电子探针和扫描电镜的组合分析技术在实际中的应用。

知识链接

一、扫描电镜类型

20 世纪 70 年代以来，扫描电镜的发展主要在：①不断提高分辨率，以求观察更精细的物质结构及微小的实体以至分子、原子；②研制超高压电镜和特殊环境的样品室，以研究物体在自然状态下的形貌及动态性质；③研制能对样品进行综合分析（包括形态、结构和化学成分等）的设备。

截止到目前，科学界已成功研制出的设备有典型的扫描电镜、扫描透射电镜（STEM）、场发射扫描电镜（FESEM）、冷冻扫描电镜（Cryo-SEM）、低压扫描电镜（LVSEM）、环境扫描电镜（ESEM）、扫描隧道显微镜（SETM）、扫描探针显微镜（SPM）、原子力显微镜

（AFM）、扫描电声显微镜（SEAM）等，以及多功能的分析扫描电镜（即电镜带上能谱仪、波诺仪、荧光谱仪、二次离子质谱仪和电子能量损失谱仪等，既能作显微结构研究，也能作微区的组分分析，即作定性、定量、定位分析）。由电镜衍生出电子探针和离子探针。以下介绍几种近代生产的扫描电镜以及最常用的扫描电镜类型。

（一）扫描隧道显微镜

STM 之所以得到发明并且迅速发展，是由于微电子学以极快的速度发展。作为电子计算机核心部分的硅集成块的集成板，对其的要求愈来愈高，它的尺寸愈来愈小，所带来的问题是集成块表面积与体积之比的急剧增大，此时在集成块的工作状态中以及它与其他逻辑元件的相互作用中，表面状态变得愈来愈重要。

STM 采用了全新的工作原理，它利用电子隧道现象，将样品本身作为一个电极，另一个电极是一根非常尖锐的探针。把探针移近样品，并在两者之间加上电压，当探针和样品表面相距只有数十埃时，由于隧道效应在探针与样品表面之间就会产生隧道电流并保持不变；若表面有微小起伏，哪怕只有原子大小的起伏，也将使穿透电流发生成千上万倍的变化。这种携带原子结构的信息输入电子计算机，经过处理即可在荧光屏上显示出一幅物体的三维图像。其分辨率达到了原子水平，放大倍数可达 3 亿倍，最小可分辨的两点距离为原子直径的 1/10，也就是说它的分辨率高达 0.01nm。

STM 提供了一种具有极高分辨率的检测技术，可以观察单个原子在物质表面的排列状态和与表面电子行为有关的物理、化学性质，在表面科学、材料科学、生命科学、药学、电化学、纳米技术等研究领域有广阔的应用前景。但 STM 要求样品表面与针尖具有导电性，这也是 STM 在应用方面最大的局限所在。

（二）扫描电镜＋扫描探针显微镜

SEM＋SPM 是微观分析技术的新一代组合。应用 SEM 可以对样品进行放大（从十倍到几十万倍）观察，它的极限分辨率是 1nm 左右（仅对特殊的含金颗粒标样），但是无法观察到原子尺寸的特征图像。而 SPM 可对样品进行原子尺寸的观察，它需要一台能够将 SPM 的悬臂和针尖移到特定位置的专用机械手。因此，Nanotechnik 成功开发出一种纳米机械手，能像人的手一样灵巧，操作自如地拨动这些碳管，移动纳米颗粒，而且能安装在 SEM 内的 SPM 上，在 SEM 上可以通过二次电子成像，观察样品特定区域的形貌特征，锁定目标，并用 SPM 进行原子尺度观察，在磁畴形态的研究、表面原子的移动、电化学反应机理研究等方面具有独特的优势。它还可以进行一些材料的物理特性的测量，如杨氏模量测定、IV 曲线测定等。

有些半导体晶片上如果存在两个电极，需要引出，作特殊的电化学性能测量。在扫描电镜上装上 Nanotechnik 制造的 MM3，装上专用测量针（超微探针/纳米镊子），就可以从晶体片上直接引出进行测量，可以快速诊断出器件在生产过程中的质量问题，提高产品合格率。在环境扫描电镜上装上超微注射器，就可以在感兴趣的区域注入特殊的液体，在原位观察反应生成物，充分发挥环境扫描电镜的特殊功能，获得更深入的研究结果。借助于超微注射器精确的定位功能，可以提高区域捕捉的准确性。

（三）原子力显微镜

AFM（新一代扫描探针显微镜）不要求样品具有导电性，待测样品不需要特殊处理就可直接进行纳米尺度的观测。AFM 在任何环境（包括液体）中都能成像，而且针尖对样品表面的作用力较小，能避免对样品造成损伤，所以 AFM 已成为生物学研究领域中进行纳米尺度的实时观测的一种重要工具。例如，在体外可对细胞进行长达数小时甚至数天的实时观测，从而为在纳米尺度实时监测自然状态下细胞的运动、分裂、聚集、转化、凋亡等过程提供了可能。

一般认为 AFM 是扫描隧道显微镜技术的进一步发展，所不同的是扫描隧道显微镜有一个装在扫描头压电陶瓷上的电子探针，而 AFM 上则是一个固定于微悬臂上的针尖。通过光栅式的扫描，微悬臂在样品表面 x 方向采集一系列点的数据，在 y 方向上进行相同数量的扫描，就可以获得相应的计算图像。通过对位置敏感的光学检测器检测微悬臂背面反射激光束的位置变化，就可获得样品高度的信息。当微悬臂在样品表面移动感受样品高度变化时，通过一个反馈系统将一个相应的补偿电压加到压电陶瓷上，使其在 z 轴方向上下移动，从而使激光束打到光学检测器上的位置固定不变，从这个补偿电压的变化就可获得样品高度的信息。AFM 是利用对微弱力极其敏感、顶端带有针尖的微悬臂对样品表面进行逐行扫描，针尖最外层原子与样品表面原子之间的相互作用力使微悬臂发生形变或改变运动状态，通过检测微悬臂的偏转获得样品形貌和作用力等相关信息供计算机成像。原子力显微镜成像有两种模式：一种是接触模式，另一种是间歇接触模式。

AFM 已迅速普及和应用到了各门学科，如生物学领域中蛋白质、DNA、活细胞和细胞骨架等结构的研究。随着 AFM 仪器和样品制备技术的不断成熟，目前对各种大分子和活细胞的 AFM 成像已成为常规工作了。用磁力驱动间歇接触模式在空气或液体中获得诸如细胞 S-layer 蛋白的高分辨率，AFM 成像已经是很平常的事了。对哺乳动物细胞的 AFM 成像不需要专门技术将细胞固定于表面，一些实验室已成功地获得了在液体中的活细胞 AFM 图像。但是，细菌的成像需要将细菌固定于表面的技术，如在云母表面涂明胶以便在液体中对活细胞成像。AFM 可以对绝缘材料成像，而且结果容易获得。AFM 还可用于在纳米级、分子级水平上研究有机功能材料的结构及相关分子识别。

（四）环境扫描电镜

ESEM 有两个功能，既可以在高真空状态下工作，也可以在低真空状态下工作。在利用高真空功能的时候，对于非导电材料和湿润试样，必须经过固定、脱水、干燥、镀膜等一系列处理后方可观察。利用低真空功能，样品可以省略预处理环节，直接观察试样，不存在化学固定所产生的各种问题，甚至可以观察活体生物样品。但是 ESEM 的样品室虽然是处在低真空状态，但是与生物生存的环境相差甚远，未经固定的生物样品在这种环境中能保持不变的时间很短，经受不起电子束的轰击，只能作短时间的观察，因此只适合于含水量较少的生物样品，对于含水量高的样品的观察还存在一些技术上的困难。

ESEM 的高真空工作原理与一般 SEM 相同，而低真空工作原理与一般 SEM 的区别主要在于样品室部分。一般 SEM 的真空度为 1mPa，ESEM 的样品室在 1～2600Pa 之间，甚至更高。所谓"环境"是指气体环境，可给样品室充不同气体，使样品能保持原有自然状态，为了保证样品室有高气压的环境，ESEM的真空系统必须是多级的结构。

ESEM在石油、陶瓷、建筑、印刷、化工催化剂、电讯、医药卫生、燃料、高温超导体、金属腐蚀与防护、材料科学、环境科学、生命科学、化学和物理学等领域都有应用。

（五）冷冻扫描电镜

常规电镜要求所观察的样品无水，而一些样品在干燥过程中会发生结构变化，致使无法观察其真实结构。冷冻扫描电镜又称低温扫描电镜，它是把冷冻样品制备技术与扫描电镜融为一体的一种新型扫描电镜。采用超低温冷冻制样及传输技术（Cryo-SEM，图3.2-31所示）可实现直接观察液体、半液体及对电子束敏感的样品，如生物、高分子材料等。样品经过超低温冷冻、断裂、镀膜制样（喷金/喷碳）等处理后，通过冷冻传输系统放入电镜内的冷台（温度可低至−185℃）即可进行观察。其中，快速冷冻技术可使水在低温状态下呈玻璃态，减少冰晶的产生，从而不影响样品本身结构，冷冻传输系统保证在低温状态下对样品进行电镜观察。冷冻扫描电镜特别适用于含水样

图 3.2-31　冷冻样品传输台
Cryo-SEM 系统

品的观察，因此在生物学领域的应用日益增多。2013年12月5日，美国加州大学旧金山分校副教授程亦凡与同事 David Julius 两个实验室合作，确定了一种膜蛋白 TRPV1 的结构。由于冷冻电镜所需的样品量很少，也无需生成晶体，这对于一些难结晶的蛋白质的研究带来了新的希望，蛋白质 TRPV1 结构的确定标志着冷冻电镜正式跨入"原子分辨率"时代。

冷冻扫描电镜只是冷冻电镜中的一类，其家族还包括冷冻透射电镜、冷冻蚀刻电镜等。冷冻电镜在电镜本体腔室端口上装有超低温冷冻制样传输系统，采用独特的结构设计，确保样品传输过程中全程真空及全程冷冻，该系统有利于对电子束敏感的样品测试。其工作过程原理及流程与普通扫描电镜或透射电镜一样，只是多了冷冻过程，冷冻可以是液氮方式也可以是喷雾冷冻方式〔利用结合底物混合冰冻（spray-freezing）技术，可以把两种溶液（如受体和配体）在极短的时间（ms量级）内混合起来，然后快速冷冻，将其固定在某种反应中间状态，这样能对生物大分子在结合底物时或其他生化反应中的快速的结构变化进行测定，深入了解生物大分子的功能〕，还可以是高压冷冻。相关操作流程有两个关键步骤：一是在载样品网上形成一薄层水膜；二是将第一步获得的含水薄膜样品快速冷冻。在多数情况下，用手工将载网迅速浸入液氮内可使水冷冻成为玻璃态。其优点在于：将样品保持在接近"生活"状态，不会因脱水而变形；减少辐射损伤；通过快速冷冻捕捉不同状态下的分子结构信息，可了解分子功能循环中的构象变化。

由于冷冻电镜获得图像信噪比低，需要对三维物体不同角度的二维投影进行三维重构来解析获得物体的三维结构。其理论原理是中心截面定理：在1968年由 de Rosier 和 Klug 提出，即一个函数沿某方向投影函数的傅里叶变换等于此函数的傅里叶变换通过原点且垂直于此投影方向的截面函数。由于样品的性质和有无对称结构的不同，图像解析的方法也有差异，目前主要使用的几种冷冻电子显微学结构解析方法包括：电子晶体学、单颗粒重构技

术、电子断层扫描重构技术等，它们分别针对不同的生物大分子复合体及亚细胞结构进行解析。但对于所有的生物样品都有三个基本的任务要解决：

第一，必须得到不同方向的样品图像；第二，计算确定样品的方向和中心并不断加以优化；第三，无论在傅里叶空间还是真实空间，图像的移位必须加以计算校正，以使样品所有的图像有共同的原点。

冷冻扫描电镜已经广泛应用于生命科学，包括植物学、动物学、真菌学、生物技术、生物医学和农业科学研究。冷冻扫描电镜技术也成为药物学、化妆品和保健品的重要研究工具，而且是食品工业的标准检测方法，如用于冰激凌、糖果蜜饯和乳制品等产品的检测。

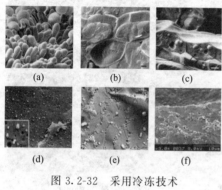

图 3.2-32　采用冷冻技术
获得的扫描电镜图片

图 3.2-32 给出了采用冷冻技术获得的电镜图片。图（a）是一种真菌的冷冻扫描电镜图片。图（b）是"蜡质植物"球兰近轴表面的蜡质的冷冻扫描电镜图片。球兰角化的角质层（10～15μm 厚）外表面有精致纹饰排布的蜡质，但是蜡质在常规扫描电镜中容易被破坏，采用冷冻技术很容易看到。图（c）是顶端分生组织细胞的细胞器的冷冻断裂电镜图。冷冻技术可以通过样品选择性冷冻断裂（选择性刻蚀或升华）暴露不同的表面，进而显示各种结构，比如膜之间、细胞之间、细胞器之间，这是冷冻技术最大的优点。图（d）是未固化的环氧树脂冷冻扫描图片。图（e）是天然橡胶冷冻后的颗粒扫描图片。图（f）是冰激凌的冷冻扫描电镜图，尽管是液体，但是冰激凌实际上是一种固化的泡沫状乳剂，含有很多气体作初级分散相，图（f）中可以看出气和冰的界面以及乳糖结晶体。

（六）扫描透射电镜

STEM 是 20 世纪 70 年代初制造的，是一种成像方式与透射和扫描都相似并且兼有二者优点的新型电子显微镜。其分为高分辨型和附件型两种。高分辨型是专用的扫描透射电镜，分辨率可高达 0.3～0.5nm，能够直接观察单个重金属原子像，已经接近透射电镜的水平。附件型是指在透射电镜上加装扫描附件和扫描透射电子检测器后组成的扫描透射电镜装置。这种扫描透射电镜的分辨率较低，一般为 1.5～3.0nm，但它增加了透射电镜的功能，为人们提供了一种新的研究手段。现在，几乎所有高性能透射电镜都可以安装上这种附件。扫描透射电镜可以观察从钠原子（原子序数 11）到铀原子（原子序数 92）的高质量图像，可以在镜体内进行原子的动态观察，也可以观察未经染色的超薄切片以及各种生物切片。

（七）场发射扫描电镜

FESEM 是一种高分辨率扫描电镜，在材料分析中得到广泛应用。尤其是良好的低压高空间分辨性能和低压下良好的扫描电子像相互结合使用，使扫描电镜应用范围得到扩展。

FESEM 低压性能好，利用其进行表面微细节观察与研究，可以得到原子序数衬度像；可以利用二次电子成像观察与分析；可以对小于 0.1μm 的细节进行成分的点、线和面分析；

可以对试样在常规钨丝枪不能分辨开的区域进行分析；可以替代 TEM 的部分工作。也可以利用 FESEM 进行半导体方面的研究，如半导体材料中晶体缺陷应变场的形状和尺寸、缺陷的走向、表面层内的密度、单个缺陷的显微形态、缺陷间的相对取向以及相互作用等等，检验抛光硅表面氧、碳的玷污，直接观测集成电路中用电子束曝光蚀刻的二氧化硅、氮化硅的亚微米光栅的间距、蚀刻深度及边缘角度。

（八）扫描电声显微镜（SEAM）

SEAM 是融现代电子光学技术、电声技术、压电传感技术、弱信号检测和脉冲图像处理以及计算机技术为一体的一种新型无损分析和显微成像工具。它可以在原位同时观察基于不同成像机理的二次电子像和电声像；也可以观察残余应力分布的精细结构，清楚地显示维氏压痕所留下的塑性区和弹性区交替变化的电声像；还可以观察未经预处理的样品，得到极性功能材料最基本的物理特性——铁电畴的实验结果。近年来，图像处理功能的不断增强、高灵敏度电声信号探测器的研制成功以及扫描探针显微术的不断发展，对于电声成像技术的广泛应用和电声成像理论的完善起了极大的推动作用。

扫描电声显微镜已发展成为将材料的微细物理性能（电学、热学、力学等）研究、非破坏性内部缺陷（气孔、杂质、分层、微裂纹、位错等）检测以及对试样不需进行预处理的结构（晶粒、晶界、电畴、磁畴等）分析融合在一起的一种新型多功能显微成像技术，并针对金属材料、半导体材料和无机极性材料建立了相应的电声成像热波理论、过剩载流子理论、压电耦合理论以及后来的三维电声成像理论。对于样品的尺寸要求为直径 10mm、厚度 2mm 左右（方片也可以），可研究金属铝、半导体 GaAs 外延材料、铌镁酸铅功能晶体、超导陶瓷、微机电系统器件以及用于扫描探针声学成像的透明电光陶瓷——锆钛酸铅镧等材料。这些试样在进行电声成像之前不需要腐蚀、抛光或者减薄等预处理，保持自然状态即可。

二、电镜厂家

目前生产电镜的主要厂家有：飞纳 Phenom-World（荷兰），起初是 FEI 一个分支机构，后独立为子公司；Hitachi 日立；FEI（美国），世界级电子显微镜制造商，最初为飞利浦电子显微镜事业部制造零配件，后收购电子显微镜部门，于 2016 年被全球最大仪器公司 Thermo Fisher 收购；Zeiss 蔡司，世界级扫描电镜制造商；TESCAN 泰斯肯（欧洲）；布鲁克（美国）电子显微纳米分析仪器；日本电子株式会社 JEOL 以及日本岛津 SHIMADZU 等。

第三章

原子力显微镜

第一节　原子力显微镜历史背景

　　人们很早就对微观世界有足够的兴趣，但受人眼的限制，视觉始终无法突破 0.2mm 的局限。人们发现透过覆盖在叶子上面的露珠，可更清楚地看见叶子的纹路，这是人类对放大成像的第一次认识。后来逐渐发现凡是透明的球状物都可使物体放大成像。经过几个世纪科学家们的不断努力，发展到 20 世纪中叶，光学显微镜已达到了分辨率的极限（有效放大倍数小于 1500 倍，大于 200nm）。进入 20 世纪，由于光电子技术的飞速发展，1933 年，世界上第一台透射电子显微镜研制成功，其放大倍数可达 10000 倍。尽管电子显微镜分辨率达到了纳米级，受所使用的电子波长的限制，仍然不能对原子级尺寸进行分辨。1981 年，在 IBM 苏黎世研究实验室工作的宾尼希和罗雷尔利用针尖和表面间的隧穿电流随间距变化而变化的性质来探测物体的表面结构，获得了物体的三维图像。一种新的物理探测手段——扫描隧道显微镜诞生（图 3.3-1）。

图 3.3-1　宾尼希和罗雷尔及扫描隧道显微镜

　　STM 具有其他表面分析仪器不具备的优势，使显微科学达到一个新的水平，人们第一次能够实时地观察到原子在物质表面的排列状态和与表面电子行为有关的物理化学性质，并对物理、化学、生物、材料等领域产生巨大的推动作用，它的诞生被科学界公认为表面科学和表面现象分析的一次革命。为此 1986 年宾尼希和罗雷尔被授予诺贝尔物理学奖。由于 STM 是利用隧道电流进行样品表面形貌及表面电子结构的研究，因此只适用于导体和半导体，对绝缘体和有较厚氧化层的样品无法直接观察与测试。1986 年，美国 IBM 公司的宾尼希、魁特和戈贝尔三人发明了第一台原子力显微镜（atomic force microscope，AFM），其基本原理是将一个对微弱力极敏感的微悬臂一端固定，另一端装有微小的针尖，针尖与样品表面轻轻接触，通过控制装置对样品的表面进行扫描，获得样品表面形貌的信息。

　　AFM 的应用范围比 STM 更为广阔，AFM 实验可以在大气、超高真空、溶液以及反应性气氛等各种环境中进行，除了可以研究各种材料的表面结构以外，还可以研究材料的硬度、弹性、塑性等力学性能及其表面微区摩擦性质等；也可以用于操纵分子、原子进行纳米尺度的结构加工和超高密度信息存储，克服了 STM 仅能测试导体和半导体样品的限制。在 AFM 的基础上，相继制造出摩擦力显微镜（friction force microscope，FFM）、静电力显微镜（electrostatic force microscope，EFM）、磁力显微镜（magnetic force microscope，MFM）等一系列扫描力显微镜。表 3.3-1 给出了主要的扫描力显微镜的发展历史。

表 3.3-1　主要的扫描力显微镜的发展历史

年份	名称	发明人	用途
1981	扫描隧道显微镜	G. Binnig, H. Rohrer	导体表面原子级三维图像
1986	原子力显微镜	C. Binning, C. F. Quate, Ch. Gerber	表面纳米级三维图像
1987	扫描吸引力显微镜	Y. Martin, C. C. Williams, H. K. Wichramasinghe	表面纳米级非接触三维图像
1987	磁力显微镜	Y. Martin, H. K. Wichramasinghe	100nm 磁头图像
1987	静电力显微镜	Y. Martin, D. W. Abraham, H. K. Wichramasinghe	基本电荷量级电量测定
1987	摩擦力显微镜	C. M. Mate, G. M. McCleland, S. Chiang	表面纳米级摩擦力图像

表 3.3-2 列举了各种扫描探针显微镜的性能，表 3.3-3 比较了扫描探针显微镜与其他显微镜的性能指标。扫描探针显微镜以其分辨率极高（原子级分辨率），实时、实空间、真实的样品表面成像，对样品无特殊要求（不受其导电性、干燥度、形状、硬度、纯度等限制），可在大气、常温环境甚至是溶液中成像，且设备相对简单、体积小、价格便宜等优点，被广泛应用于纳米科技、材料科学、物理、化学和生命科学等领域。

表 3.3-2　各种扫描探针显微镜的性能

名称	检测信号	分辨率	备注
扫描隧道显微镜（STM）	探针-样品间的隧道电流	0.1nm	
原子力显微镜（AFM）	探针-样品间的原子作用力	0.1nm	
横向力显微镜（LFM）	探针-样品间相对运动横向作用力	0.1nm	统称扫描力显微镜 SFM
磁力显微镜（MFM）	磁性探针-样品间的磁力	10nm	
静电力显微镜（EFM）	带电荷探针-带电样品间静电力	1nm	

表 3.3-3　各种显微镜的性能指标比较

指标	扫描探针显微镜	透射电镜	扫描电镜	场离子显微镜
分辨率	原子级（0.1nm）	点分辨（0.3~0.5nm） 晶格分辨（0.1~0.2nm）	6~10nm	原子级
工作环境	大气/溶液/真空	高真空	高真空	超高真空
温度	室温或低温	室温	室温	30~80K
样品损伤	无	小	小	有
检测深度	$10\mu m$	接近 SEM，但实际受样品厚度限制，一般小于 100nm	10mm（10 倍） $1\mu m$（10000 倍）	原子厚度

我国首台商品化扫描探针显微镜——CSTM-8900 型扫描隧道显微镜，是 1988 年由白春礼院士在北京创立的本原公司制造。该公司生产的扫描探针显微镜系列技术领先，具有一定国际竞争优势。

第二节　原子力显微镜基础原理

一、原子间相互作用

AFM 是在 STM 基础上发展起来的，通过测量样品表面分子（原子）与 AFM 微悬臂探针之间的相互作用力，来观测样品表面的形貌。AFM 与 STM 的主要区别是在于 STM 利用电子隧道效应，而 AFM 是利用原子之间的范德瓦耳斯力（van der Waals force）作用来呈现样品的表面特性。假设两个原子，一个在悬臂的探针尖端，另一个在样本的表面，它们之间的作用力会随距离的改变而变化，其作用力、作用势能与距离的关系如图 3.3-2 所示。

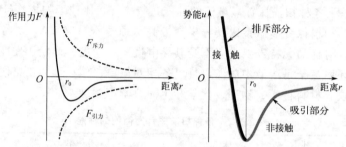

图 3.3-2　原子相互作用力 F、相互作用势能 u 与距离 r 的关系

当原子与原子很接近时，彼此电子云排斥力大于原子核与电子云之间的吸引力，所以整个合力表现为斥力；反之若两原子分开一定距离时，其电子云排斥力小于彼此原子核与电子云之间的吸引力，故整个合力表现为引力。AFM 是利用微小探针与待测物之间的作用力，从而呈现待测物的表面物理特性。在 AFM 中利用排斥力与吸引力的方式发展出两种基本操作模式：①利用原子排斥力的变化而产生表面轮廓为接触式原子力显微镜（contact AFM）；②利用原子吸引力的变化而产生表面轮廓为非接触式原子力显微镜（non-contact AFM）。

二、力与距离的关系

典型的 AFM 悬臂与探针如图 3.3-3 所示。悬臂感知探针与样品之间的作用力变化是 AFM 获取样品表面信息的唯一来源，而这种力的变化与探针针尖和样品距离关系密切。因此正确掌握力-距离曲线非常关键，有助于理解和解释 AFM 的各种工作模式和所成的像。针尖与样品之间的作用力 F 与悬臂形变 d 满足胡克定律（Hooke law）

$$F = -kd \tag{3.3-1}$$

式中，k 为悬臂弹性模量；d 为悬臂形变。

因此，通过测定悬臂形变 d 即可获得针尖与样品之间的作用力大小。现通过探针与样品间的作用情况（图 3.3-4）来分析 AFM 力-距离曲线。

在 a 点，针尖离样品较远，针尖-样品之间没有力的作用；在 b 点处，针尖与样品非常接近，针尖因受到样品表面的吸引力而突然跳跃至与样品表面发生接触；随着 AFM 系统中压电陶瓷管的伸长，微悬臂进一步向下移动，导致针尖压迫样品表面，如 c 点；当压电陶瓷管伸长至设定值后，微悬臂开始收缩，如 d 点；由于样品对针尖的黏附作用，针尖不会随微悬臂的上升而同步上升，直至微悬臂弯曲变形产生的力与黏附力相平衡，针尖才与样品分离，如 e 点；f 点处，微悬臂的弹性导致针尖脱离偏压后产生一定的振荡，之后针尖随微悬臂的上升而上升至设定值（远离样品）；g 点处等待下一个循环。

图 3.3-3　典型的 AFM 悬臂与探针

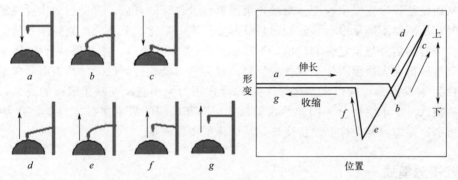

图 3.3-4　探针-样品不同距离下的悬臂状态及其对应的力-距离曲线

微悬臂形变的变化幅度，可以由位置检测系统给出。Z 轴压电换能器随电压的变化产生伸长和收缩，带动微悬臂接近和远离样品，在微悬臂接近和远离样品过程中，位于悬臂自由端的探针针尖受力不断发生变化，并由此引起微悬臂弯曲变形的变化，记录下微悬臂的弯曲变形和微悬臂移动的距离，就可以绘制出 AFM 的力-距离曲线，如图 3.3-4 所示。

三、工作模式

AFM 探针与样品表面原子相互作用时，通常有几种力同时发生作用，其中最主要的是范德瓦耳斯力。它与针尖-样品间距的关系如图 3.3-5 所示。当两个原子相互靠近时，它们将相互吸引；随着间距的减小，原子之间的排斥力开始抵消吸引力，直至到达 r_0 时，二者达到平衡。当间距继续减小时，排斥力急剧增加，范德瓦耳斯力由负变正。利用这个性质，可以让针尖与样品处于不同的距离，从而实现不同的工作模式。如图 3.3-5 所示，一般分为三种模式：①接触模式——样品与针尖表现为排斥力；②非接触模式——针尖与样品相距数十纳米，表现为吸引力；③轻敲模式——针尖与样品间距几到十几埃，表现为吸引力。

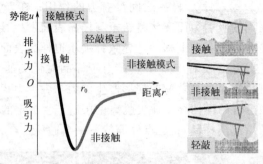

图 3.3-5　针尖-样品距离与作用力及工作模式的关系

（一）接触模式

样品扫描时，针尖始终同样品"接触"。此模式通常产生稳定、高分辨图像。当样品沿着 xy 方向扫描时，由于表面的高低起伏使得针尖-样品距离发生变化，引起它们之间作用力的变化，从而使悬臂形变发生改变。当激光束照射到微悬臂的背面，再反射到位置灵敏的光电检测器时，检测器不同象限会接收到同悬臂形变量成一定比例关系的激光强度差值。反馈回路根据检测器的信号与预定值的差值，不断调整针尖-样品距离，并且保持针尖-样品作用力不变，就可以得到表面形貌像。这种测量模式称为恒力模式。当已知样品表面非常平滑时，可以让针尖-样品距离保持恒定，这时针尖-样品作用力大小直接反映了表面的高低，这种方法称恒高模式。由于生物分子的弹性模量较低，同基底间的吸附接触也很弱，针尖-样品间的压缩力和摩擦力容易使样品发生变形，从而降低图像质量。

（二）非接触模式

针尖在样品表面的上方振动，始终不与样品表面接触。针尖检测的是范德瓦耳斯吸引力和静电力等长程力，对样品没有破坏作用。针尖-样品距离在几到几十纳米的吸引力区域，针尖-样品作用力比接触模式小几个数量级，但其力梯度为正且随针尖-样品距离减小而增大。当以共振频率驱动的微悬臂接近样品表面时，由于受到递增的力梯度作用，使得微悬臂有效的共振频率减小，因此在给定共振频率处，微悬臂的振幅将减小很多。振幅的变化量对应于力梯度量，因此对应于针尖-样品间距。反馈系统通过调整针尖-样品间距使得微悬臂的振幅在扫描时保持不变，就可以得到样品的表面形貌像。但由于针尖-样品距离较大，因此分辨率比接触模式低。到目前为止，非接触模式通常不适合在液体中成像，在生物样品的研究中也不常见。

（三）轻敲模式

轻敲模式是上述两种模式之间的扫描方式。扫描时，在共振频率附近以更大的振幅（＞

20nm）驱动微悬臂，使得针尖与样品间断地接触。当针尖没有接触到样品表面时，微悬臂以一定的大振幅振动，当针尖接近表面直至轻轻接触表面时，振幅将减小；而当针尖反向远离时，振幅又恢复到原值。反馈系统通过检测该振幅来不断调整针尖-样品距离进而控制微悬臂的振幅，使得作用在样品上的力保持恒定。由于针尖同样品接触，分辨率几乎与接触模式一样好；又因为接触非常短暂，几乎不存在剪切力引起的样品破坏。轻敲模式适合于分析柔软、黏性和脆性的样品，并适合在液体中成像。表 3.3-4 列出了这三种模式的比较。

表 3.3-4　AFM 三种工作模式的比较

比较内容	接触模式	轻敲模式	非接触模式
针尖-样品作用力	恒定	变化	变化
分辨率	最高	较高	最低
对样品影响	可能破坏样品	无损坏	无损坏

四、AFM 分辨率

AFM 分辨率由侧向分辨率与垂直分辨率组成，其中侧向分辨率取决于采集图像的步宽和针尖形状。AFM 采用以一定步宽逐点采集的方式在一定范围内进行扫描，每幅图如果取 512×512 个点进行数据收集，扫描 $1\mu m \times 1\mu m$ 面积可得 2nm 步宽的高质量图。AFM 成像是表面形貌与针尖形状共同作用的结果，探针是 AFM 的核心部分，其针尖形状直接影响到 AFM 的分辨力。

AFM 探针基本都是由微机电系统（micro electro-mechanical system，MEMS）技术加工 Si 或者 Si_3N_4 来制备。探针针尖半径一般为十到几十纳米。AFM 最常用的探针为非接触/轻敲模式探针和接触模式探针。它的分辨率高，但由于使用过程中探针不断磨损，会导致分辨率下降，因此使用寿命一般，主要应用于表面形貌观察。除此以外，还有导电探针、磁性探针、大长径比探针、生物探针、力调制探针和压痕仪探针等，分别应用于不同的与 AFM 相关的显微镜和技术。不同工作模式对探针针尖的要求不一样。在接触模式下，由于针尖与样品距离小，只需要针尖附近几个原子发生作用，若样品平整，针尖形状为金字塔或者短圆锥形皆可。在非接触模式下，针尖大部分都要与样品表面发生作用，因此要求针尖为细长圆锥形，典型的高宽比为 3：1，亦可高达 10：1。

由于探针的尖端曲率半径不可能为零，以及探针形状固有的缺点，在实际使用中 AFM 对样品存在一定的放大作用。绝大多数 AFM 失真均来自针尖放大。当针尖在样品上扫描时，探针的侧面将先于针尖与样品发生作用，引起图像失真。如果探针为半径 r 的理想几何球体，探针在样品表面扫过半径为 R 的球体时，测得的球体半径为 $R+r$，直径比实际尺寸大了 $2r$，如图 3.3-6 所示。AFM 图像失真的原因还包括针尖污染、双针尖或多针尖假象、样品有污染物以及针尖与样品间作用力太小等。

为减少图像失真，可制造针尖更尖的探针，或可采用在原 AFM 针尖上黏附碳纳米管来制备超级探针。与传统的针尖相比，碳纳米管针尖具有几个显著的特点：高的纵横比、高的机械柔软性、高的弹性变形和稳定的结构。图 3.3-7 给出了不同曲率半径对测试结果的影响。

常规制备针尖的方法主要有机械成型法和电化学腐蚀法。对于机械成型法，多用铂铱合金丝，它有不易氧化和较好刚性的特点。机械成型法的基本过程为：首先用丙酮溶液对针、镊子和剪刀进行清洁，用脱脂棉球对它们进行多次清洗，并让针、镊子和剪刀完全干燥。接着拿镊子用力夹紧针的一端，慢慢地调整剪刀使剪刀和针尖的另一端成一定角度（30°～45°左右），握剪刀的手在伴有向前冲力（冲力方向与剪刀和针所成的角度保持一致）的同时，快速剪下，形成一个针尖。然后以强光为背景对针尖进行观察，看它是否很尖锐，否则重复上述操作。

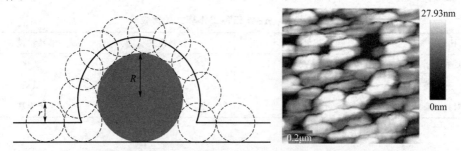

图 3.3-6　针尖放大作用及因针尖锐度不够而导致的放大成像

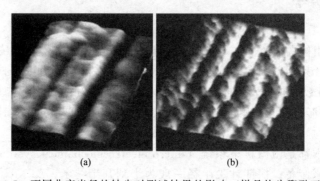

(a)　　　　　　　　　　(b)

图 3.3-7　不同曲率半径的针尖对测试结果的影响（样品均为聚酰亚胺）

对于电化学腐蚀法，多用钨丝作针，通过电极发生氧化还原反应，对电极产生腐蚀成型。基本方法是：在装有 NaOH 电解液的容器中，以不锈钢或铂作为阴极，钨丝作为阳极，两极间施加 4V 到 12V 的电压。阳极钨丝安装在一个高度可调节的测微仪上。在腐蚀过程中，生成的 WO_4^{2-} 在重力作用下沿钨丝移动形成包覆物，保护钨丝进一步溶解，同时与液面交界处钨丝反应最快，钨消耗直至拉断，形成针尖状结构，然后再用去离子水和无水酒精对针尖冲洗。

第三节　原子力显微镜技术原理

一、硬件结构

AFM 的系统主要由四个部分组成：探针扫描部分、位置检测与反馈部分、数据处理与显示部分及振动隔离部分。

1. 探针扫描部分

AFM 所检测的力是原子与原子之间的范德瓦耳斯力，使用微悬臂来检测原子之间力的变化量，如图 3.3-8 所示。微悬臂是探测样品的直接工具，它的属性直接关系到仪器的精度和使用范围。微悬臂必须有足够高的力反应能力，要求悬臂必须容易弯曲，也易于复位，具有合适的弹性系数（$10^{-2} \sim 10^{2}$ N/m），使得零点几个纳牛（nN）甚至更小的力的变化都能被探测到；同时也要求悬臂有足够高的时间分辨能力，要求悬臂的共振频率应该足够高（＞10 kHz），可以追随表面高低起伏的变化。根据上述两个要求，微悬臂的尺寸必须在微米范围。一般针尖的曲率半径约为 30nm。通常微悬臂由一个 $100 \sim 500\mu m$ 长和 $500nm \sim 5\mu m$ 厚的硅片或氮化硅片制成。典型的硅微悬臂大约 $100\mu m$ 长、$10\mu m$ 宽、数微米厚。其弹性系数 k

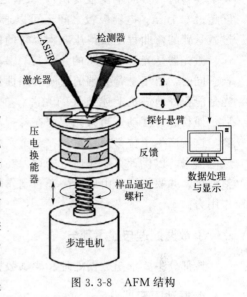

图 3.3-8　AFM 结构

$$k = \frac{3EI}{L^3} = 9.57mf \qquad (3.3\text{-}2)$$

式中，E 为杨氏模量；I 为转动惯量；L、m、f 分别是微悬臂的长度、质量和共振频率。

要探测样品表面的精细结构，除了高性能的微悬臂以外，压电换能器的精确扫描和灵敏反应也是同样重要的。压电换能器是能将机械作用和电信号互相转换的物理器件。它不仅能够使样品在 XY 扫描平面内精确地移动，也能灵敏地感受样品与探针间的作用，同时亦能将反馈光路的电信号转换成机械位移，进而灵敏地控制样品和探针间的距离（力），并记录因扫描位置的改变而引起的 Z 向伸缩量 $\Delta h(X,Y)$，实现对样品表面进行扫描。常见扫描器的最小分辨率为 0.1nm×0.1nm×0.01nm，因此 AFM 一般在平面 XY 横向方面的分辨率为 0.1nm×0.1nm，在垂直 Z 轴方向的分辨率为 0.01nm。

2. 位置检测与反馈部分

位置检测系统可以敏感地检测到微悬臂的变化，通常微悬臂偏转的检测有四种方法。

① 光束偏转：是目前应用最多的方法。激光束聚焦在微悬臂背面，通过反射激光的变化来获得微悬臂位移信息。

② 光学干涉：采用光纤引入光至微悬臂表面，通过光的干涉来确定微悬臂变化情况。与光束偏转法相比，不要求微悬臂上有高反射性的表面，对环境波动引起的光路变化不敏感。

③ 隧道电流：与 STM 相似，在针尖上方放置隧道电极，通过检测微悬臂与隧道电极之间的电流变化来获得微悬臂的偏转信息。该方法灵敏度很高，只需要在 STM 上改进即可。

为了避免微悬臂产生电流的部位被污染，通常需要在高真空中测试。

④ 电容法：利用微悬臂作为平板电容的一极，在其上方放置另外一个平板，当微悬臂发生偏转时（板间距发生变化），二者之间电容值发生变化，由此得到垂直位移的大小，精度超过 $0.1nm$。电容极板之间还可以通过压电陶瓷管来控制，使得扫描时电容值恒定，通过微悬臂的弯曲程度获得压电陶瓷管的信号大小，从而获得样品表面的信息。

激光器是光反馈通路的信号源，要求光源的稳定性高、可持续运行时间久、工作寿命长。同时，由于悬臂尖端的空间有限性，要求光束宽度足够细、单色性好且发散程度弱。激光是能很好地满足上述条件的光源。在 AFM 的系统中，当针尖与样品之间有了交互作用后，使得悬臂摆动，当激光照射在悬臂末端时，其反射光的位置会因为悬臂的摆动而发生改变，这就产生了位移偏移量。在整个系统中依靠激光光斑位置检测器将偏移量记录下并转换成电信号，以供计算器作信号处理。在反馈系统中会将此信号当作反馈信号，作为内部的调整信号，并驱使通常由压电陶瓷管制作的扫描器做适当的移动，以使样品与针尖保持合适的作用力。

3. 数据处理与显示部分

该部分主要承担数据处理和测试数据显示作用。

4. 振动隔离部分

有效的振动隔离是 AFM 达到原子级分辨率的一个必要条件，AFM 原子图像的典型起伏是 $0.01nm$，所以外来振动的干扰必须小于 $0.005nm$。振动和冲击是两类必须隔离的振动。AFM 常用的振动隔离方法包括：①最常见的悬挂弹簧法；②由橡胶块分割多块金属板堆积而成的平板弹性体堆垛系统；③充气平台。

二、工作原理

AFM 便是结合以上四个部分来将样品的表面特性呈现出来，即：使用微小悬臂来感测针尖与样品之间的交互作用，这作用力会使悬臂摆动，再利用激光将光照射在悬臂的末端，当摆动形成时，会使反射光的位置改变而造成偏移量，此时激光检测器会记录此偏移量，也会把此时的信号反馈给系统，以利于系统做适当的调整，最后再将样品的表面特性以影像的方式给呈现出来。AFM 仪器如图 3.3-9 所示。

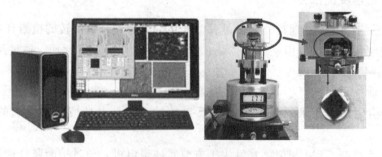

图 3.3-9　AFM 仪器

如图 3.3-8 所示，二极管激光器发出的激光束经过光学系统聚焦在微悬臂背面，并从微悬臂背面反射到由光电二极管构成的光斑位置检测器。在样品扫描时，由于样品表面的原子与微悬臂探针尖端的原子间的相互作用力，微悬臂将随样品表面形貌而弯曲起伏，反射光束也将随之偏移，通过光电二极管检测光斑位置的变化，就能获得被测样品表面形貌的信息。在系统检测成像全过程中，探针和被测样品间的距离始终保持在纳米（10^{-9} m）量级，距离太大不能获得样品表面的信息，距离太小会损伤探针和被测样品，反馈回路的作用就是在工作过程中，由探针得到探针-样品相互作用的强度，改变加在压电换能器垂直 Z 轴方向的电压，使样品伸缩，调节探针和被测样品间的距离，反过来控制探针-样品相互作用的强度，实现反馈控制。因此，反馈控制是系统的核心工作机制。现在的 AFM 均采用数字反馈控制回路，测试人员在控制软件的参数工具栏通过设置参考电流、积分增益和比例增益等参数来对反馈回路进行控制。

第四节　原子力显微镜分析测试

一、制样

AFM 的样品制备简单，一般要求如下。

① 块状固体样品：观察微区表面是否平整，上下两表面尽量平行，起伏程度应小于 $2\mu m$，样品尺寸应小于 $4cm \times 4cm \times 0.5cm$。

② 粉末样品：样品应固定在某一基体上，使其在扫描时不会移动，固定基体不应有黏附性。固定后样品的观察微区表面平整，起伏程度应小于 $2\mu m$。

③ 样品在不同环境下无腐蚀性、无挥发性、无黏附性等。

④ 对于薄膜材料，如金属、金属氧化物薄膜、高聚物薄膜、有机-无机复合薄膜等一般可以直接用于 AFM 研究。

二、操作规范

在进行 AFM 测试时，需要注意以下几个问题。

① 整个实验成功与否最关键的地方是针尖的制备和安装，除了剪切一个符合要求的针尖外，运用针尖还应注意——避免针尖尖头污染。实验前针尖应进行必要的清洗和处理，但在测量过程中空气中的灰尘和水汽也很可能吸附在针尖上，因而针尖应取下再清洗。测量时应关好防尘罩门，最好在罩内安放干燥剂除潮；避免针尖撞上样品表面。在快速扫描表面起伏大的样品时，应特别注意将扫描速度降低；通过对针尖加脉冲电压的方法可以修饰针尖，使针尖污物脱离并使针尖更尖锐；在进行原子级测量时，如果针尖并非一个原子，就会出现双针或多针效应，可通过调节偏压值和电流值，修饰针尖，在多次往返扫描后可能会得到单

原子的针尖。

② 在显微镜下看看样品表面是否干净、平整，如果有污染或不平，必须重新制样。因为原子力的针尖能测试的有效高度小于 $6\mu m$，而水平范围只有 100 多微米。事实证明，接近探针测试极限测得的图像效果很差，且针尖很容易破坏和磨损。

③ 调整激光的位置，因为 AFM 采集的是由于针尖受力而导致的悬臂变形，这种形变是通过激光的位置变化来反映的，所以激光必须打在针尖上，否则会影响测试结果，甚至无法进行测试。

④ 如果探针用久了或样品表面比较黏，应加大扫描范围或烘烤样品。

⑤ 对不同的样品应选择不同的偏压。

⑥ 测试确保环境安静。可通过降低图像分辨率或扫描频率等来减小外界的影响。

第五节　原子力显微镜技术应用

AFM 受工作环境限制较少，可在超高真空、气相、液相和电化学等多种环境下操作，测试样品可以是绝缘体、导体或半导体，这使得它具有广阔的应用前景。

一、AFM 基本用途

（一）表面形貌的表征

通过检测探针-样品作用力可表征样品表面的三维形貌，这是 AFM 最基本的功能。由于表面的高低起伏状态能够准确地以数值的形式获取，对表面整体图像进行分析可得到样品表面的粗糙度、颗粒度、平均梯度、孔结构和孔径分布等参数；对小范围表面图像分析还可得到表面物质的晶形结构、聚集状态、分子结构、表面积和体积等；通过一定的软件也可对样品的形貌进行丰富的三维模拟显示，如等高线显示法、亮度-高度对应法等，亦可转换不同的视角，让图像更适于人的直观视觉，如图 3.3-10 所示。

图 3.3-10　AFM 图集锦

（二）表面物化属性的表征

AFM的一种重要的测量方法是力-距离曲线，它包含了丰富的针尖-样品作用信息。在探针接近甚至压入样品表面又随后离开的过程中，测量并记录探针所受到的力，得到针尖和样品间的力-距离曲线。通过分析针尖-样品作用力，就能够了解样品表面区域的各种性质，如压弹性、黏弹性、硬度等物理属性；若样品表面是有机物或生物分子，还可通过探针与分子的结合拉伸了解物质分子的拉伸弹性、聚集状态或空间构象等物理化学属性；若用蛋白受体或其他生物大分子对探针进行修饰，探针则会具有特定的分子识别功能，从而了解样品表面分子的种类与分布等生物学特性。对于一些高分子材料，需要进行微力测试，避免针尖对样品破坏，尽量减少针尖与样品的接触，获得高质量的AFM图像（图3.3-11）。

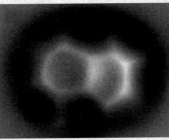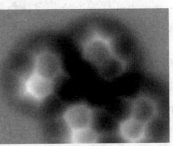

(a) 聚偏氟乙烯球晶　　　　　(b) 8-羟基喹啉　　　　　(c) 聚集的8-羟基喹啉

图 3.3-11　AFM 图片

为了避免在空气中测试样品时，由于水膜使得针尖与样品间有较强的毛细作用，增加了表面作用力，发展了在液相中扫描样品，针尖与样品之间的作用力只有几纳牛。

根据针尖与样品材料的不同及针尖-样品距离的不同，针尖-样品作用力可以是原子间排斥力、范德瓦耳斯吸引力、弹性力、黏附力、磁力和静电力以及针尖在扫描时产生的摩擦力。摩擦力显微镜可分析研究材料的摩擦系数；磁力显微镜可研究样品表面的磁畴分布，是分析磁性材料的强有力工具；利用电力显微镜可分析样品表面电势、薄膜的介电常数和沉积电荷等。目前，通过控制并检测针尖-样品作用力，AFM已经发展成为扫描探针显微镜家族，不仅可以高分辨率表征样品表面形貌，还可分析与作用力相应的表面性质。

（三）　AFM 在无机非金属材料研究中的应用

AFM除了可以研究无机金属材料的表面，还可以用来分析材料表面结构、表面缺陷、表面重构以及表面吸附物质的形貌与结构、表面电子态与动态过程，在研究晶粒生长方面也有较好的表现。这些都推动了材料的发展。

二、提高 AFM 主要性能指标

AFM的主要性能指标包括最大扫描范围和测试分辨力等。围绕提高扫描范围和分辨力，人们进行了大量的工作。增加 AFM 扫描范围主要有两种方法。

（一）硬件法

采用加大压电换能器的长度，提高压电换能器的电压来增大扫描范围，但都存在一定的局限性。如要加大压电换能器的长度，一方面其制作比较困难，很难做到质地均匀，另一方面也不利于扫描器的小型化。而增大扫描电压，压电换能器的非线性效应将十分明显，严重影响图像质量和扫描精度；当电压太大时有可能导致压电换能器的击穿。

（二）软件法

一个可行的方法是设计新的扫描驱动电路，使单幅图像的扫描范围大幅度提高；用步进电机和扫描器配合扫描，得到序列图像，序列图像拼接后获得大范围样品图像。

增加 AFM 分辨力主要集中在针尖选取与日常维护，以及提高悬臂的品质因数：无论探针是否使用过，其针尖和悬臂都有可能被污染。被污染的针尖扫描样品表面时，所得的图像模糊，甚至出现无法解释的直线和马赛克等。常见的针尖清洁方法有：①高频振动法，适合针尖污染不严重的情况。将针尖装入 AFM，激励悬臂产生高频振动，使得黏附在针尖上的微尘颗粒被振落，从而达到清洁针尖的目的。②清洗法，适合中度污染的针尖。清洗液有去离子水、有机溶剂、弱酸或弱碱溶液等，清洗过程务必注意保护针尖和悬臂。③紫外线和臭氧氧化还原法，该法适合于针尖受到有机物污染的。④更换新针尖，此法适合污染严重或受到损伤的针尖。

AFM 能够对样品表面进行精确扫描与成像，一个重要的方面就是系统有一个对力非常敏感的悬臂。对于接触模式的悬臂，其弹性常数一般小于 $1N/m$，对于非接触或轻敲模式的悬臂，其弹性常数一般只有几十牛每米。悬臂的弹性常数在出厂时由生产厂商给出，但是该常数对应为同一批次产品的平均值，对于扫描成像而言，不需要知道悬臂的精确弹性常数，但是对于应力测试，精确的悬臂弹性常数是必需的。这就需要通过实验或计算得到悬臂的弹性常数。

三、拓宽 AFM 应用范围

AFM 能被广泛应用的一个重要原因是它具有开放性。在基本 AFM 操作系统基础上，通过改变探针、成像模式或针尖与样品间的作用力就可以测量样品的多种性质，并能与其他测试方式进行联合使用。下面是一些与 AFM 相关的显微镜和技术：

① 侧向力显微镜（lateral force microscopy，LFM）；

② 磁力显微镜（magnetic force microscopy，MFM）；

③ 静电力显微镜（electrostatic force microscopy，EFM）；

④ 化学力显微镜（chemical force microscopy，CFM）；

⑤ 力调置显微镜（force modulation microscopy，FMM）；

⑥ 相检测显微镜（phase detection microscopy，PDM）；

⑦ 纳米压痕技术（nanoindentation）；

⑧ 纳米加工技术（nanolithography）。

在实际应用中，人们需要知道样品表面晶粒之间的相互作用力，然而只能检测到针尖与样品之间的作用力，而不是针尖与晶粒之间的作用力，因此 AFM 中针尖与样品之间的力-距离曲线应用受到限制。为了替代针尖与样品之间的相互作用，得到颗粒与样品之间的实际作用，一个有效的办法就是在针尖与悬臂上黏上特定的胶体颗粒（颗粒尺寸为几微米到几十微米之间），通过这种办法，能直接建立起颗粒与样品之间的力-距离曲线，实现对不同样品相互作用力的测试，从而极大地拓宽了 AFM 的应用范围。

 例题习题

一、例题

1. 图 3.3-12 为 SnO$_2$ 的 AFM 谱图，可以看出薄膜颗粒致密均匀，晶粒尺寸为 60nm 左右。同时得到了薄膜的粗糙度，见表 3.3-5。

表 3.3-5　薄膜粗糙度

参数	Ra	P-V	RMS	Rz
数值/nm	15.8	126	19.5	88.3

图 3.3-12　SnO$_2$ 的 AFM 谱图

2. 图 3.3-13 为 AFM 常见的各种伪图像，图（a）是针尖大小对成像的影响；图（b）是钝或者被污染的针尖所成的像；图（c）是扫描速度过快或者频率过高所成的像；图（d）是像素过低所成的像。

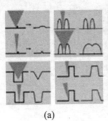   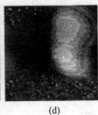

　　　（a）　　　　　　（b）　　　　　　（c）　　　　　　（d）

图 3.3-13　AFM 各种伪图像

二、习题

1. 试分析原子之间作用力随距离的变化趋势。

2. 分析 AFM 各个组成部分的主要功能。

3. 简述 AFM 工作模式，并比较它们之间的区别。

4.分析探针与样品距离对悬臂受力的影响。

5.如果探针为理想半径为 r 的几何球体，那么探针在样品表面扫过一边长为 a 的立方体时，测得的图形比实际尺寸大多少。

6.简述 AFM 探针的主要材料构成及对应的测试选择。

7.简述 AFM 在表征铁电隧道结方面的应用。

8.简述 AFM 在有机半导体及其异质结研究中的应用。

一、粗糙度

粗糙度的定义：样品表面上具有的较小间距和微小峰谷的不平度，其两波峰或两波谷之间的距离（波距）很小（在 1mm 以下），具有微观几何形状特性。表面粗糙度越小，则表面越光滑。粗糙度是表征样品表面状况的重要指标，分为线粗糙度和面粗糙度。

（一）线粗糙度

包括轮廓算术平均偏差 Ra（算术平均线粗糙度），轮廓均方根偏差 RMS（均方根线粗糙度），微观不平度十点高度 Rz（十点平均线粗糙度），轮廓最大高度 P-V（最大高低差）。

Ra：取样长度 l 内轮廓各点到基准线的距离绝对值的算术平均值

$$\mathrm{Ra} = \frac{1}{l} \int_0^l |y(x)| \, \mathrm{d}x \qquad (3.3\text{-}3)$$

近似为
$$\mathrm{Ra} = \frac{1}{n} \sum_{i=1}^n |y_i| \qquad (3.3\text{-}4)$$

RMS：取样长度内轮廓上各点到基准线的距离的均方根值

$$\mathrm{RMS} = \sqrt{\frac{1}{l} \int_0^l y^2(x) \, \mathrm{d}x} \qquad (3.3\text{-}5)$$

Rz：取样长度内 5 个最大的峰高的平均值与 5 个最大的谷深的平均值之和

$$\mathrm{Rz} = \frac{\sum\limits_{i=1}^5 y_{pi} + \sum\limits_{i=1}^5 y_{vi}}{5} \qquad (3.3\text{-}6)$$

P-V：取样长度内轮廓最高点和最低点之间的距离

$$\mathrm{P\text{-}V} = Y_{\max} - Y_{\min} \qquad (3.3\text{-}7)$$

（二）面粗糙度

与线粗糙度对应，面粗糙度分为算术平均面粗糙度 Ra，均方根面粗糙度 RMS，十点平均面粗糙度 Rz，最大高低差 P-V。

Ra：取样面积 S_0 内测定面上各点到基准面的距离绝对值的算术平均值

$$Ra = \frac{1}{S_0} \int_{Y_B}^{Y_T} \int_{X_L}^{X_R} \mid F(X,Y) - Z_0 \mid dX\,dY \qquad (3.3-8)$$

RMS：取样面积 S_0 内测定面上各点到基准面的距离绝对值的均方根值

$$RMS = \sqrt{\frac{1}{S_0} \int_{Y_B}^{Y_T} \int_{X_L}^{X_R} \left[F(X,Y) - Z_0 \right]^2 dX\,dY} \qquad (3.3-9)$$

Rz：取样面积 S_0 内 5 个最大的峰高的平均值与 5 个最大的谷深的平均值之和

$$Rz = \frac{\sum_{i=1}^{5} Z_{pi} + \sum_{i=1}^{5} Z_{vi}}{5} \qquad (3.3-10)$$

P-V：取样面积 S_0 内最高点和最低点之间的距离

$$P\text{-}V = Z_{max} - Z_{min} \qquad (3.3-11)$$

二、新型纳米加工技术

纳米电子学技术是纳米技术中最重要的一个分支领域，其未来的发展将以"更小、更快、更冷"为目标。"更小"是进一步提高芯片的集成度，减少芯片模块所占基板的体积；"更快"是实现更高的信息运算及处理速度，同时意味着芯片功率加大；"更冷"是进一步降低芯片的功耗，在"更快"的同时，优化芯片及其环境的散热设计。只有在这三方面都得到同步的发展，基于纳米电子学技术才能取得新的重大突破。要实现上述目标，电子器件的尺寸将必然进入纳米尺度范围。更加小尺度的加工，必然要寻找更精细的工具，如扫描隧道显微镜（STM）和原子力显微镜（AFM）纳米加工技术等。STM 除了对样品表面形貌及物理性质进行检测外，还可以对样品表面进行纳米级加工。其作用机制是：当 STM 工作时，探针与样品间将产生高度空间限制的电子束，此电子束与一般聚焦电子束一样，可对样品表面进行微细加工，包括原子的搬迁、去除、添加和重排。另外 STM 的针尖与样品间存在范德瓦耳斯力和静电力，调节二者之间的偏压或调节针尖的位置，可以改变作用力大小与方向，即可移动单个原子，加工水平达到 0.1nm。比如 1990 年，国际商业机器公司（IBM）在金属镍表面用 35 个惰性气体氙原子组成"IBM"三个英文字母，每个字母高 5nm；1993 年，中国科学院操纵原子成功写出"中国"二字，如图 3.3-14 所示，并利用纳米加工技术在石墨表面通过搬迁碳原子绘制了世界上最小的中国地图。

图 3.3-14　原子搬移

AFM 是一种与 STM 相似的纳米探针设备。与 STM 探测隧道电流不同，AFM 探测的是纳米针尖在样品表面扫描时的微悬臂偏移，因此 AFM 不需要样品是导电的。虽然 AFM 不能通过改变电压来操纵原子，但却提供了一种推动原子的方法。目前，已经发展了 AFM 的纳米级刻蚀技术制作各种纳米光栅和纳米电极，并制备出纳米级别的金属氧化物场效应晶体管。图 3.3-15 给出了单原子提取的可能机制，在强电场作用下，某个原子脱离基体原子束缚成为自由原子，自由原子通过表面扩散达到新位置，当与探针接近时，或通过碰撞被散射移位，或通过吸附被带到新位置。

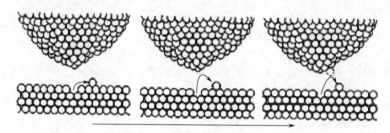

图 3.3-15　单原子提取的可能机制

图 3.3-16 是用 AFM 电子束在抗刻蚀聚合物材料上进行纳米级别的加工，通过聚合反应产生连续的纳米细线结构和不同的图案。

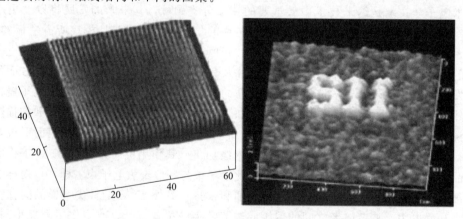

图 3.3-16　利用探针进行纳米级别加工

参考文献

[1] 郭可信，叶恒强. 高分辨电子显微学在固体科学中的应用[M]. 北京：科学出版社，1985.

[2] 章晓中. 电子显微分析[M]. 北京：清华大学出版社，2006.

[3] 郭可信. 晶体电子显微学与诺贝尔奖[J]. 电子显微学报. 1983，2(2)：1-5.

[4] 郭素枝. 扫描电镜技术及其应用[M]. 厦门：厦门大学出版社，2006.

[5] 杜希文，原续波. 材料分析方法[M]. 天津：天津大学出版社，2006.

[6] 王富耻. 材料现代分析测试方法[M]. 北京：北京理工大学出版社，2006.

[7] David B, Williams C, Carter B. Transmission electron microscopy[M]. New York：Springer, 2009.

[8] 王东. 原子力显微镜及聚合物微观结构与性能[M]. 北京：科学出版社，2022.

[9] 范瑞清. 材料测试技术与分析方法[M]. 哈尔滨：哈尔滨工业大学出版社，2021.

[10] 莫里斯，柯比，冈宁，等. 原子力显微镜及其生物学应用[M]. 上海：上海交通大学出版社，2019.

[11] 祖元刚，刘志国，唐中华. 显微镜在大分子研究中的应用[M]. 北京：科学出版社，2013.

[12] 陈成钧，华中一，朱昂如，等. 扫描隧道显微学引论[M]. 北京：中国轻工业出版社，1996.

[13] 翟秀静，周亚光. 现代物质结构研究方法[M]. 北京：中国科技大学出版社，2014.

[14] 彭昌盛，宋少先，谷庆宝. 扫描探针显微技术理论及应用[M]. 北京：化学工业出版社，2007.

[15] 贾贤. 材料表面现代分析方法[M]. 北京：化学工业出版社，2010.

[16] 张慧，董彬. 原子力显微镜测量高分子纳米材料力学性能探针选择的研究[J]. 分析仪器，2016，(2)：69-72.

[17] 郑美青，薛冰. 原子力显微镜成像技巧的探讨[J]. 分析仪器，2021(3)：91-93.

[18] 李加东，苗斌，张轲，等，原子力显微镜探针批量制备工艺分析[J]. 微纳电子技术，2016，53(2)：119-123.

[19] 莫其逢，黄创高，田建民，等. 原子力显微镜与表面形貌观察[J]. 广西物理，2007，28(2)：46-49.

[20] 朱杰，孙润广. 原子力显微镜的基本原理及其方法学研究[J]. 生命科学仪器，2005，3(1)：22-26.

[21] 施洋，章海军. 新型大扫描范围原子力显微镜的研究[J]. 光电工程，2004，31(6)：30-33.

第四篇

物相分析技术

本篇主要介绍两种常用的物相分析技术，分别是 X 射线衍射分析技术、无损检测技术。

第 一 章

X 射线衍射分析技术

第一节　X 射线衍射分析技术历史背景

X 射线的发现是 19 世纪末 20 世纪初物理学的三大发现（1895 年伦琴发现 X 射线、1896 年贝克勒尔发现放射线、1897 年汤姆森发现电子）之一，这一发现标志着现代物理学的产生，从而微观世界更深层次的奥秘开始呈现出来。

1884 年 11 月 8 日，伦琴将阴极射线管放在一个黑纸袋中，关闭了实验室灯源，发现当开启放电线圈电源时，一块涂有氰亚铂酸钡的荧光屏发出荧光，即使用不同的介质插在放电管和荧光屏之间，仍能看到荧光。伦琴意识到这可能是某种特殊的从来没有观察到的射线，它具有特别强的穿透力，伦琴将这具有非凡魅力的射线命名为"X"射线。1895 年 12 月 22 日，伦琴和他夫人拍下了第一张 X 射线照片。图 4.1-1 是伦琴及其拍摄的 X 射线照片。

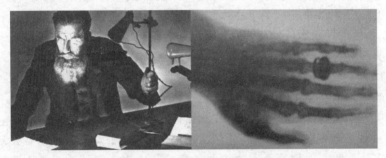

图 4.1-1　伦琴及第一张 X 光片

在伦琴发现 X 射线之前，很多人都观察到了 X 射线的现象，比如 1836 年，英国科学家迈克尔·法拉第发现在稀薄气体中放电时会产生一种绚丽的辉光。1861 年，英国科学家威廉·克鲁克斯发现通电的阴极射线管在放电时会产生亮光，于是就把它拍下来，可是显影后发现整张干版上什么也没照上，一片模糊。他以为干版旧了，又用新干版连续照了三次，依然如此。克鲁克斯的实验室非常简陋，他认为是干版有毛病，退给了厂家。他也曾发现抽屉里保存在暗盒里的胶卷莫名其妙地感光报废了，他找到胶片厂商，指斥其产品低劣。一个伟大的发现与他失之交臂，直到伦琴发现了 X 光，克鲁克斯才恍然大悟。在伦琴发现 X 光的五年前，美国科学家古德斯柏德在实验室里偶然洗出了一张 X 射线的透视底片，但他归因于照片的冲洗药水或冲洗技术，便把这一"偶然"弃之于垃圾堆中。而伦琴在试验中善于观察，精心分析，因此他发现了 X 射线，并于 1901 年获得了首届诺贝尔物理学奖。

自伦琴发现 X 射线后，科学家对其研究和利用的步伐就一直没有停止：

1897 年，法国物理学家塞格纳克发现当 X 射线照射到物质上时会产生二次辐射，这种二次辐射是漫反射，比入射的 X 射线更容易吸收。

1906 年英国物理学家巴克拉在塞格纳克的基础上改进实验，将 X 射线以 45°角辐照在散射物上，从散射物发出的二次辐射又以 45°角投向另外散射物，再从垂直于二次辐射的各个方向观察三次辐射，发现强度有很大变化，沿着既垂直于入射射线又垂直于二次辐射的方向强度最弱。由此巴克拉得出了 X 射线具有偏振性的结论。根据 X 射线的偏振性，人们开始认识到 X 射线和普通光是类似的。巴克拉于 1917 年获得诺贝尔物理学奖。

1907—1908 年，一场关于 X 射线是波还是粒子的争论在巴克拉和英国物理学家威廉·亨利·布拉格之间展开。

1912 年德国物理学家劳厄发现了 X 射线通过硫酸铜晶体时将产生衍射现象，证明了 X 射线的波动性和晶体内部结构的周期性，《自然》杂志把这一发现称为"我们时代最伟大、意义最深远的发现"，直接导致了 X 射线晶体学和 X 射线波普学的诞生，劳厄因此成果于 1914 年获得诺贝尔物理学奖。而他的老板——物理学家阿诺德·索末菲最开始认为劳厄的设想非常不靠谱。劳厄的成果有两个重大意义：首先它表明了 X 射线是一种波，可以确定它们的波长，并制作出仪器对不同的波长加以分辨；另一方面，第一次对晶体的空间点阵假说做出了实验验证，使晶体物理学发生了质的飞跃，一旦获得了波长一定的光束，就能利用 X 光来研究晶体光栅的空间排列。X 射线晶体学成为在原子水平研究三维物质结构的有力工具。这一发现是继佩兰的布朗运动实验之后，又一次向科学界提供证据，证明原子的真实性。

劳厄的文章发表不久，就引起英国布拉格父子——威廉·亨利·布拉格及其儿子威廉·劳伦斯·布拉格的关注，并通过对 X 射线谱的研究提出了晶体衍射理论，建立了布拉格公式，证明了能够用 X 射线来获取关于晶体结构的信息，并改进了 X 射线分光计。父子二人共同获得 1915 年的诺贝尔物理学奖，时年威廉·劳伦斯·布拉格 25 岁，是历史上最年轻的诺贝尔物理学奖获奖者。

1912—1913 年，美国科学家威廉·考林杰发明了热阴极管，即真空 X 射线管。热阴极管又经过许多改进，至今仍在应用。

1914 年，英国物理学家莫塞莱发现，以不同元素作为产生 X 射线的靶时，产生了不同波长的特征 X 射线。他把各种元素按所产生的特征 X 射线的波长排列后，发现其次序与元素周期表中的次序一致，他称这个次序为原子序数，认为元素性质是其原子序数的周期函数，这被称为莫塞莱定律，并改进了门捷列夫的元素周期表。莫塞莱师从卢瑟福，于 27 岁死于战争，其继任者曼内·西格巴恩改进了 X 射线管，使得测试精度提高了 1000 倍，于 1924 年获得了诺贝尔奖。值得一提的是曼内·西格巴恩的儿子凯·西格巴恩因致力于研发用电子检测复合材料成分和纯度的新技术——X 射线光电子能谱学 XPS（X-ray photoelectron spectroscopy）和化学分析电子能谱学 ESCA（electron spectroscopy for chemical analysis），于 1981 年获得诺贝尔物理学奖。

1916 年，美籍荷兰物理学家、化学家德拜及其研究生瑞士物理学家谢乐发展了用 X 射线研究晶体结构的方法，采用粉末状的晶体代替较难制备的大块晶体用于鉴定样品的成分，测定晶体结构，提出了 XRD 分析晶粒尺寸的著名公式——Debye-Scherrer（德拜-谢乐）公式。德拜于 1936 年获诺贝尔化学奖。

1923 年 5 月，美国科学家康普顿在研究 X 射线通过物质发生散射的实验时，发现散射光中除了有原波长的光外，还产生了波长大于原波长的光，且其波长的增量随散射角的不同而变化，这种现象称为康普顿效应（Compton effect）。我国物理学家吴有训也曾对康普顿散射实验作出了杰出的贡献。康普顿因发现 X 光的粒子特性于 1927 年获诺贝尔物理学奖。

1927 年，美国遗传学家马勒发现了 X 射线的诱变作用，对突变基因进行了染色体结构分析研究，于 1946 年获得诺贝尔生理学或医学奖。

1963 年，美国科学家科马克发现人体不同的组织对 X 射线的透过率有所不同，1967 年，英国电子工程师豪斯菲尔德制作了一台能加强 X 射线放射源的简单的扫描装置，对人的头部进行实验性扫描测量，1972 年第一台 X 射线 CT 诞生，二人因此获得 1979 年的诺贝尔生理学或医学奖。

随着研究的深入，X 射线被广泛应用于晶体结构的分析以及医学和工业等领域，对于促进 20 世纪的物理学以至整个科学技术的发展产生了巨大而深远的影响。

第二节 X 射线衍射分析技术基础原理

一、X 射线原理

（一）X 射线的本质和产生条件

X 射线是一种波长介于紫外线和 γ 射线之间的电磁波，波长范围在 $0.01\sim100\text{Å}$ 之间，与无线电波、红外线、可见光、紫外线、γ 射线、宇宙射线一样，具有波动性与粒子性的特征。波动性是指在晶体中的散射与衍射，以一定波长 λ 和频率 ν 在空间传播；而粒子性是指 X 光由大量不连续的光子流构成，具有质量 m、能量 E 和动量 P，与粒子碰撞时有能量交换。其波动性与粒子性存在式（4.1-1）的关系

$$E = h\nu = \frac{hc}{\lambda}, P = \frac{h}{\lambda} \tag{4.1-1}$$

高速运动的电子与物体碰撞时，发生能量转换，电子的运动受阻失去动能，其中一小部分（1％左右）能量转变为 X 射线，而绝大部分（99％左右）能量转变成热能使物体温度升高，如图 4.1-2 所示。

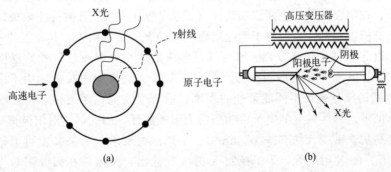

图 4.1-2 高速电子与物体作用（a）及 X 光的产生（X 射线管）（b）

产生 X 射线的三个基本条件：①有自由电子产生；②电子做定向高速运动；③有障碍物使其突然减速。表 4.1-1 给出了 X 光波长范围及主要用途。

表 4.1-1   X 光分类

名称	管压/kV	最短波长/nm	用途	人体组织对 X 光的透过性		
				可透性	中等透过	不透过
极软 X 光	5～20	0.25～0.062	表皮治疗、软组织拍片	气体	结缔组织	骨骼
软 X 光	20～100	0.062～0.012	透视和拍片	脂肪	肌肉组织	含钙组织
硬 X 光	100～250	0.012～0.005	较深组织治疗		软骨、血液	
极硬 X 光	＞250	＜0.005	深组织治疗			

（二）X 射线管

X 射线管是利用高速电子撞击金属靶面产生 X 射线的真空电子器件，按照产生电子的方式可分为充气管和真空管两类，如图 4.1-3 所示。充气 X 射线管是早期的 X 射线管。1895 年，伦琴就是用充气 X 射线管发现了 X 射线。1913 年，库利吉发明了真空 X 射线管，管内真空度不低于 10^{-4} Pa。

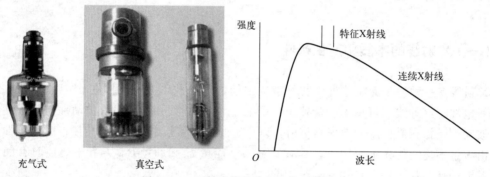

图 4.1-3   X 射线管及其产生的 X 射线谱

以真空固定阳极 X 射线管为例，其结构由阳极、阴极和固定两极并保持高真空的外壳（带窗口，通常用金属铍）等三部分组成。阳极由阳极头、阳极帽、玻璃圈和阳极柄构成。阳极的主要作用是由阳极头的靶面（一般选用钨靶）阻挡高速运动的电子流而产生 X 射线，并将由此产生的热量通过辐射或者阳极柄传导出去，同时也吸收二次电子和散乱射线。阴极主要由灯丝、聚焦罩（或者称为阴极头）、阴极套和玻璃芯柱等组成。钨丝通过足够的电流将产生电子云，在阳极和阴极之间施加高压（千伏等级），电子云被拉往阳极。此时电子以高速高能的状态撞击钨靶，高速电子到达靶面，运动突然受到阻止，其动能的一小部分便转化为辐射能，以 X 射线的形式放出。改变灯丝电流的大小可以改变灯丝的温度和电子的发射量，从而改变管电流和 X 射线强度的大小。改变 X 光管激发电位或选用不同的靶材可以改变入射 X 射线的能量或在不同能量处的强度。由于受高能电子轰击，X 射线管工作时温度很高，效率低下，99％以上的电子束功率变为阳极热耗，因此需要对阳极靶材进行强制冷却。为了满足高功率密度（约 5000W/mm²）、小焦点的要求，后来又发明了靶面高速旋转（约 10000r/min）的 X 射线管。为了控制 X 射线的输出，又出现在阳极靶面与阴极之间装有控制栅极（施加脉冲调制）的 X 射线管，通过改变脉冲宽度及重复频率，可调整定时重复曝光。虽然 X 射线管效率十分低下，但依然是目前最实用的 X 射线发生器件。

（三）X 射线的分类

如图 4.1-3 所示，X 射线管发出的 X 射线分为连续 X 射线和特征 X 射线。连续 X 射线是具有连续波长的 X 射线，它和可见光相似，也称为多色 X 射线。产生原因：能量为 eV 的电子与阳极靶的原子碰撞时，电子失去自己的能量，其中部分以光子的形式辐射，碰撞一次产生一个能量为 $h\nu$ 的光子，这样的光子流即为 X 射线。单位时间内到达阳极靶面的电子数目是极大的，绝大多数电子要经历多次碰撞，产生能量各不相同的辐射，因此出现连续 X 射线谱。特征 X 射线谱的产生机理与阳极物质的原子内部结构紧密相关。原子系统内的电子按泡利不相容原理和能量最低原理分布于各个能级。在电子轰击阳极的过程中，当某个具有足够能量的电子将阳极靶原子的内层电子击出时，在低能级上出现空位，系统能量升高，处于不稳定激发态。较高能级上的电子向低能级上的空位跃迁，并以光子的形式辐射出特征 X 射线谱。医学诊断常用连续 X 射线，物质结构分析使用特征 X 射线。各种管电压下的连续 X 射线都有一个短波限 λ_0（极少数电子一次碰撞将能量全部转换为一个光子对应的最短波长），通常峰值在 $1.5\lambda_0$ 处，λ_0 只与管电压有关，$\lambda_0(\text{nm})=1240V^{-1}$，在产生连续谱线的情况下，X 射线管效率与原子序数和管电压有关，选用重金属靶和提高管电压都能增加射线管效率。特征 X 射线的产生与外加电压无关，只取决于靶材物质的原子序数，式（4.1-2）中 k 是与靶材物质相关的常数，σ 是屏蔽常数，与电子所在壳层有关，该式表明：只要是同种原子，无论其处于何种物理和化学状态，它发出的特征 X 射线均具有相同的波长，不同靶材对应的特征谱线波长随原子序数 Z 增加而变短（莫塞莱定律）。

$$\sqrt{\nu}=\sqrt{\frac{c}{\lambda}}=k(Z-\sigma) \tag{4.1-2}$$

K 层电子被击出的过程叫 K 系激发，电子向 K 层跃迁引起的辐射叫 K 系辐射，以此类推 L 和 M 系激发与辐射。电子跃迁所越过的能级数目为 1，2，3…，所引起的辐射相应的标注为 α，β，γ…，这样，电子由 L 到 K、M 到 K 所引起的辐射标为 K_α、K_β，由 M 到 L、N 到 L 所引起的辐射标为 L_α、L_β。由于原子不同能级的能量不同以及相邻壳层跃迁补位的概率大于隔层补位的概率，导致 K_α 线波长比 K_β 线长而强度高。由于同壳层的电子分别处于若干亚能级的位置，如 L 层的 8 个电子属于 L_I、L_{II}、L_{III} 三个亚能级，不同亚能级电子跃迁会引起特征波长变化，在衍射主峰位置会出现次极峰，比如由于 L_{III} 上的 4 个电子和 L_{II} 上的 3 个电子向 K 壳层跃迁，辐射相邻的谱线，产生 K_α 双线。表 4.1-2 给出了常用的阳极靶材的特征谱线参数，实验中最常用的是 K_α 特征线，最常用的靶材是 Cu 和 Fe。

表 4.1-2　常用阳极靶材特征谱线参数

元素	激发电压/kV	工作电压/kV	K 系特征谱线波长/nm			
			$K_{\alpha1}$	$K_{\alpha2}$	$K_{\beta1}$	$K_{\beta2}$
24-Cr	5.89	20~25	0.22896	0.22935	0.22909	0.20848
26-Fe	7.10	25~30	0.19360	0.19399	0.19373	0.17565
27-Co	7.71	30	0.77889	0.17928	0.17902	0.16207

元素	激发电压/kV	工作电压/kV	K 系特征谱线波长/nm			
			$K_{\alpha1}$	$K_{\alpha2}$	$K_{\beta1}$	$K_{\beta2}$
28-Ni	8.29	30～35	0.16578	0.16617	0.16591	0.15001
29-Cu	8.86	35～40	0.15405	0.15443	0.15418	0.13922

二、X 射线与物体相互作用

X 射线是一种波长极短能量很大的电磁波，它的光子能量比可见光的光子能量大几万至几十万倍，与物质的相互作用如图 4.1-4 所示。

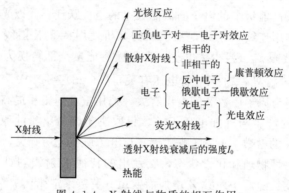

图 4.1-4　X 射线与物质的相互作用

（一）X 射线散射

当 X 射线通过物质时，在入射束电场的作用下，物质原子中的电子将被迫围绕其平衡位置振动，同时向四周辐射出与入射 X 射线波长相同的散射 X 射线，由于散射波与入射波的频率或波长相同，相位差恒定，在同一方向上各散射波符合相干条件，故又称为相干散射。相干散射是 X 射线在晶体中衍射的基础，又叫汤姆逊散射。

当 X 射线光量子与束缚力较小的电子或自由电子作用时，光子将部分能量交给电子，光子本身能量减少而以 θ 角度改变运动方向，称康普顿散射光子；电子获得能量后脱离原子而运动，该电子称康普顿电子或称反冲电子。散射波的位向与入射波的相位之间不存在固定关系故这种散射波是不相干的，称之为非相干散射或称康普顿-吴有训散射。

（二）X 射线辐射

当 X 射线光具有足够高的能量时，可以将物质中的内层电子激发出来，使原子处于激发状态，通过电子跃迁辐射出 X 射线特征谱线，包括二次特征辐射（也称为荧光辐射）和俄歇效应。

入射 X 射线光量子的能量大于原子某一内壳层的电子激发所需要的能量，X 光能量被吸收，内层电子被激发，并使得高能级上的电子产生跃迁，进而发射出新的特征 X 光，称之为二次特征 X 光，或荧光 X 射线，该过程称为光电效应，产生光电效应发生的 X 光吸收称为吸收限波长。

当一个内层电子被激发后，在内壳层上出现空位，而原子外壳层上高能级的电子可能跃迁到这空位上，同时释放能量，通常能量以发射光子的形式释放，但也可以通过发射原子中的一个电子来释放，被发射的电子叫作俄歇电子。由于这种二次电子处于特定的壳层，可以用来表征原子的信息，比如前面章节所讲的表面形貌分析。

（三）X 射线的衰减与吸收

X 射线穿透物质时，其强度要衰减，衰减的程度与物质的厚度有关，即

$$I = I_0 e^{-\mu_1 x} \tag{4.1-3}$$

式中，I_0 和 I 分别为入射 X 射线强度和穿过厚度为 x 的物质后的 X 射线强度；μ_1 为衰减系数也称线吸收系数，对于同一物质，线吸收系数正比于它的密度，为此引入质量吸收系数 μ_m，$\mu_m = \mu_1 / \rho$。质量吸收系数很大程度上取决于物质的化学成分和被吸收的入射 X 射线波长。当波长变化到一定值时，质量吸收系数会产生一个突变，这是由于入射 X 射线的能量达到激发该物质元素的 K 层电子的数值而被吸收并引起二次特征辐射。当 X 射线透过多种元素组成的物质时，X 射线的衰减情况受到组成该物质的所有元素的共同影响，由被照射物质原子本身的性质决定，而与这些原子间的结合方式无关。

三、X 射线衍射基础

（一）布拉格定理

本章涉及的晶体结构方面的知识，请参阅固体物理课程内容。X 光在晶体中平行原子面作镜面反射，平行晶面间距为 d，相邻平行晶面反射的射线行程差是 $2d\sin\theta$，θ 为入射光与晶面的夹角，当光程差是波长的整数倍时，来自相邻平面的辐射就发生了相长干涉，这就是布拉格定理（图 4.1-5）。

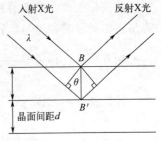

图 4.1-5　布拉格定理

$$2d\sin\theta = n\lambda \tag{4.1-4}$$

式中，n 为反射级数，布拉格定理是晶格周期性的直接结果。

布拉格方程（4.1-4），是 X 射线在晶体产生衍射时的必要条件而非充分条件。有些情况下晶体虽然满足布拉格方程，但不一定出现衍射，即所谓系统消光。

（二）选择性反射

X 射线在晶体中的衍射实质上是晶体中各原子散射波之间的干涉结果。只有当 λ、θ 和

d 三者之间满足布拉格方程时才能发生反射，所以把 X 射线的这种反射称为选择反射。

（三）产生衍射的极限条件

由于 $\sin\theta$ 不能大于 1，因此 $n\lambda/2d=\sin\theta<1$，即 $n\lambda<2d$。对衍射而言，n 的最小值为 1，所以在任何可观测的衍射角下，产生衍射的条件为 $\lambda<2d$。这也就是说，能够被晶体衍射的电磁波的波长必须小于参加反射的晶面最大面间距的二倍，否则不会产生衍射现象。

（四）干涉面与干涉指数

为了应用上的方便，需要引入干涉面和干涉指数的概念。布拉格方程可以改写成 $2d_{hkl}/n\times\sin\theta=\lambda$，令 $d_{HKL}=d_{hkl}/n$，则有 $2d_{HKL}\sin\theta=\lambda$。这样，就把 n 隐含在 d_{HKL} 之中，布拉格方程变成永远是一级反射的形式。这也就是说，把（hkl）晶面的 n 级反射看成为与（hkl）晶面平行、面间距为 d_{HKL} 的晶面的一级反射。面间距为 d_{HKL} 的晶面，并不一定是晶体中的原子面，而是为了简化布拉格方程所引入的反射面，把这样的反射面称为干涉面。把干涉面的面指数称为干涉指数，通常用 HKL 来表示。干涉指数与晶面指数之间的明显差别是干涉指数中有公约数，而晶面指数只能是互质的整数。当干涉指数也互为质数时，它就代表一族真实的晶面。

（五）衍射花样与晶体结构

不同晶系的晶体或者同一晶系而晶胞大小不同的晶体，其衍射花样是不相同的，布拉格方程可以反映出晶体结构中晶胞大小及形状的变化。布拉格公式给出了晶体衍射的必要条件但并非充分条件，即满足布拉格定理的干涉指数不一定有衍射强度。另外布拉格方程并未反映晶胞中原子的种类与位置。

立方晶系：$\sin^2\theta=\dfrac{\lambda^2}{4a^2}(H^2+K^2+L^2)$ 正方晶系：$\sin^2\theta=\dfrac{\lambda^2}{4}\left(\dfrac{H^2+K^2}{a^2}+\dfrac{L^2}{c^2}\right)$

斜方晶系：$\sin^2\theta=\dfrac{\lambda^2}{4}\left(\dfrac{H^2}{a^2}+\dfrac{K^2}{b^2}+\dfrac{L^2}{c^2}\right)$

六方晶系：$\sin^2\theta=\dfrac{\lambda^2}{4}\left(\dfrac{4}{3}\dfrac{H^2+HK+K^2}{a^2}+\dfrac{L^2}{c^2}\right)$

四、X 射线衍射束强度

（一）单电子衍射

某个电子在 X 射线的作用下产生受激振动，振动频率与原 X 射线的振动频率相同，它将向空间各方向辐射与原 X 射线同频率的电磁波。距离该电子为 R 处（原 X 射线的传播方

向与散射线方向之间的散射角为 2θ）的散射强度为

$$I_{\mathrm{p}} = I_0 \frac{e^4}{m^2 c^4 R^2} \frac{1 + \cos^2 2\theta}{2} \tag{4.1-5}$$

此式称为汤姆逊（J. J. Thomson）公式。它表明一束非偏振的入射 X 射线经过电子散射后，其放射强度在空间各个方向上是不相同的，即散射线被偏振化了。偏振化的程度取决于散射角 2θ 的大小。所以 $(1 + \cos^2 2\theta)/2$ 称为偏振因子。原子核对 X 射线的散射与电子相比可以忽略不计。

（二）单原子衍射

假定原子内包含有 Z 个电子，如果 X 射线的波长远远大于原子直径，可以近似地认为原子中所有电子都集中在一点同时振动。在这种情况下，所有电子散射波的相位是相同的。其散射强度 $I_{\mathrm{a}} = Z^2 I_{\mathrm{e}}$ 但是，一般 X 射线的波长与原子直径为同一数量级，因此不能认为原子中所有电子都集中在一点，它们的散射波之间存在着一定的相位差。散射线强度由于受干涉作用的影响而减弱，必须引入一个新的参量来表达一个原子散射和一个电子散射之间的对应关系，即一个原子的相干散射强度 $I_{\mathrm{a}} = f^2 I_{\mathrm{e}}$，$f$ 称为原子散射因子，它为一个原子的散射振幅与一个电子的散射振幅之比。各元素的原子散射因子的数值可以由专门的 X 射线书中查到。当入射 X 光波长接近某一吸收限时，电子与原子核发生相互作用，f 值将会出现明显的波动，这种现象称为原子的反常散射。在这种情况下，要对 f 值进行色散修正，$f = f + \Delta f$。Δf 为色散修正数据，在国际 X 射线晶体学表中可以查到。

（三）单晶胞衍射

在含有 n 个原子的复杂晶胞中，各原子位置不同，它们产生的散射振幅和相位是各不相同的。所有原子散射的合成振幅不可能等于各原子散射振幅的简单相加。为此，需要引入结构因子 F_{HKL} 参量来表征单晶胞的相干散射与单电子散射之间的对应关系，晶胞对 X 射线的衍射，即 F_{HKL} 的参量与原子种类和位置有关。

$$F_{HKL}^2 = \left[\sum_{j=1}^{n} f_j \cos 2\pi (Hx_j + Ky_j + Lz_j) \right]^2 + \left[\sum_{j=1}^{n} f_j \sin(Hx_j + Ky_j + Lz_j) \right]^2 \tag{4.1-6}$$

下面简单介绍一下基本点阵产生 X 光衍射的情况：

对简单立方晶体：每个晶胞只有一个原子，坐标位置为（000），即 $F_{HKL} = f_{\mathrm{a}}$，F_{HKL} 不受 HKL 的影响，即 HKL 为任意整数时都能产生衍射。如：（100）、（110）、（111）、（200）、（210）、（211）、（220）等。

对底心立方晶体：每个晶胞中有 2 个同类原子，其坐标分别为（000）和（½½0），$F_{HKL}^2 = f_{\mathrm{a}}^2[1 + \cos\pi(H+K)]^2$，当 $H+K$ 为偶数时，$F_{HKL}^2 = 4f_{\mathrm{a}}^2$；当 $H+K$ 为奇数时，$F_{HKL}^2 = 0$。所以，在底心立方点阵的情况下，F_{HKL} 不受 L 的影响，只有当 H、K 全为奇数或全为偶数时才能产生衍射。如：（002）、（003）、（112）、（114）、（204）、（006）等。

对体心立方晶体：每个晶胞中有 2 个同类原子，其坐标分别为（000）和（½ ½ ½），$F_{HKL}^2 = f_a^2[1+\cos\pi(H+K+L)]^2$，当 $H+K+L$ 为偶数时，$F_{HKL}^2 = 4f_a^2$；当 $H+K+L$ 为奇数时，$F_{HKL}^2 = 0$。所以，在体心立方点阵的情况下，只有当 $H+K+L$ 为偶数时才能产生衍射。如：（110）、（200）、（211）、（220）、（310）、（222）、（321）、（400）、（411）、（330）等。

对面心立方晶体：每个晶胞中有 4 个同类原子，其坐标分别为（000）、（0½ ½）、（½0 ½）、（½ ½0），$F_{HKL}^2 = f_a^2[1+\cos\pi(H+K)+\cos\pi(H+L)+\cos\pi(K+L)]^2$，当 H、K、L 全为奇数或偶数时，$F_{HKL}^2 = 16f_a^2$；当 H、K、L 奇、偶混杂时，$F_{HKL}^2 = 0$。所以，在面心立方点阵的情况下，只有当 H、K、L 全为奇数或全为偶数时才能产生衍射。如：（111）、（200）、（220）、（311）、（222）、（400）、（331）、（420）等。对金刚石结构而言，由于晶胞中有八个原子，比一般的面心立方结构多出四个原子，因此，需要引入附加的系统消光条件。晶胞沿（HKL）面反射方向上的散射强度 $I = f^2 I_e$，若 $f = 0$，则 $I = 0$，意味着（HKL）面衍射线消失，这称为系统消光。系统消光分为点阵消光和结构消光，具体介绍请参考专业 X 射线书籍。基本点阵的消光规律如表 4.1-3 所列。

表 4.1-3　四种基本点阵的消光规律

布拉菲点阵	出现的反射	消失的反射
简单点阵	全部	无
底心点阵	H、K 全为奇数或全为偶数	H、K 奇偶混杂
体心点阵	$H+K+L$ 为偶数	$H+K+L$ 为奇数
面心点阵	H、K、L 全为奇数或全为偶数	H、K、L 奇偶混杂

（四）完整小晶体衍射

设完整小晶体由 N 晶胞构成，则完整小晶体的衍射强度 $I = I_e F_{KHL}^2 N^2$，衍射强度的积分面积等于 $3\pi N$，衍射线积分宽度 $\beta \propto 1/N$。

这一关系式给出了衍射图相（倒易空间）与晶体尺寸（正空间）的对应关系，即：正空间为点（晶体极小）时，倒易空间（衍射区域）为球；正空间为片（晶体极薄）时，倒易空间为杆状；正空间为针状时，倒易空间为片状；正空间为球状时，倒易空间为点状。这些对应关系在单晶体衍射中可直接由衍射图谱相特征判别第二相析出形貌，并用于多晶体晶粒大小的测定。

（五）多晶体衍射

对粉末样品中晶体某 hkl 反射的累计强度表达式为

$$I_{hkl} = I_0 \frac{\lambda^3}{32\pi R}\left(\frac{e^2}{mc^2}\right)^2 \frac{V}{v^2} P_{hkl} F_{hkl}^2 \varphi(\theta) A(\theta) e^{-2M} \tag{4.1-7}$$

式中，I_0 为入射 X 射线强度；λ 为波长；R 为德拜相机或衍射仪测角仪半径；e、m 为电子的电荷及质量；c 为光速；V 为样品被照射的体积；v 为晶胞体积；P_{hkl} 为 hkl 反射面的多重性因子，表示多晶体中与某种晶面等同晶面的数目，此值愈大，这种晶面获得衍射的概率就愈大，对应的衍射线就愈强，多重性因数 P_{hkl} 的数值随晶系及晶面指数的变化可查表；F_{hkl}^2 为 hkl 衍射结构因子，表示某晶胞内原子散射波的振幅相当于一个原子散射波振幅的若干倍，计算结构因子除了要知道原子的种类求出原子结构因子外，还必须知道晶胞中各原子的数目以及它们的坐标；$\varphi(\theta)$ 为角因子，它是由偏振因子和洛伦兹因子组成的；$A(\theta)$ 为吸收因子，试样对 X 射线的吸收作用将造成衍射强度的衰减，因此要进行吸收校正，最常用的试样有圆柱状和板状两种，前者多用于照相法，后者用于衍射仪法，当衍射仪采用平板试样时，吸收因子为常数；e^{-2M} 为温度因子，原子热振动导致某一衍射方向上衍射强度减弱，温度因子小于 1。实验条件一定时，λ、R、e、m、c、V、v 均为常数，因此衍射线的相对强度表达式可改写为

$$I_{hkl} = P_{hkl}F_{hkl}^2\varphi(\theta)A(\theta)e^{-2M} \tag{4.1-8}$$

五、X 射线吸收限

吸收限是指物质对电磁辐射的吸收随辐射频率的增大至某一值时骤然增大，吸收限为 X 射线性状的特殊标识量，并且与原子中电子占有的确定能级有关，对应引起原子内层电子跃迁的最低能量。

（一）滤波片

在 X 射线分析时，希望得到波长单一的 X 光，因此需要利用某些材料对 X 光中不需要的部分，比如 K_β 线进行过滤。图 4.1-6 给出了 Cu 靶过滤前后的 K 系发射线谱。Cu 靶 X 射线管发射的 X 光 $K_\beta = 0.13922$nm，Ni 的吸收限在 K_α 和 K_β 之间，对 K_β 有较大的吸收，而对 K_α 的吸收较小。经 Ni 片过滤后，其 K_β 射线基本消失（过滤前强度比为 100∶16，过滤后为 500∶1）。

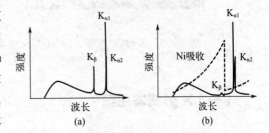

图 4.1-6　铜的特征 X 光经 Ni 过滤后的 K_β 线强度分布

一般选用比靶材原子序数小 1（靶原子序数小于 40）或者 2（靶原子序数大于 40）的材料作滤波片。为了提高衍射图谱的质量，目前使用对满足布拉格方程的单射线反射率很强的晶体单色器作滤波片，其中石墨的反射本领最高，超过石英的十倍。平面晶体单色器采用一块良好的单晶薄片，可以将 K_α 和 K_β 分开，还可以将 $K_{\alpha1}$ 和 $K_{\alpha2}$ 分开，得到纯净的单波长光，但是只能反射互相平行的光的一部分，效率较低，改进为弯曲晶体单色器，可以使入射光一定发散角范围内的光线都获得利用，效率大幅度提高。

（二）不同阳极靶射线管

被吸收的 X 光将激发荧光 X 射线，相应的吸收限即为激发线，将造成很高的背景，对

结果进行干扰，因此需要根据所测样品的化学成分选用不同靶材的射线管。一般而言，应避免使用比样品中主元素的原子序数大 2~6 的材料作靶材，尤其是大于 2 的材料。比如，分析铁的时候，选用 Co 或者 Fe 靶的射线管，而不能选用 Ni 或者 Cu 靶。目前最常用的是 Cu 靶（适合除 Co、Fe、Mn、Cr 以外的样品），然后才是 Fe 靶和 Co 靶。

第三节　X 射线衍射分析技术原理

一、硬件

图 4.1-7 是一种比较常见的 X 射线衍射仪及测角仪的构造。

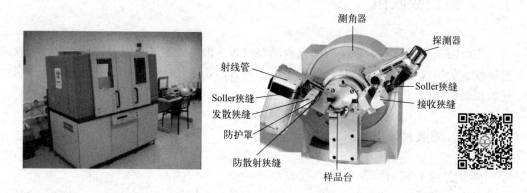

图 4.1-7　X 射线衍射仪（XRD）设备及内部构造（Soller 狭缝用于限制轴向发散度）

（一）X 射线发生器

产生 X 射线的装置，如第二节所述。

（二）测角仪

用于测量角度 2θ 的装置，是 X 射线衍射仪的核心组成部分。样品台位于测角仪中心，样品台的中心轴与测角仪的中心轴垂直。样品放置于样品台上，且与中心重合，样品台既可以绕测角仪中心轴转动，又可以绕自身中心轴转动。测量时运动分为两种：一种是 $\theta\text{-}2\theta$ 连动，X 射线管不动，样品台转过 θ 角，探测器转过 2θ 角；另外一种是 $\theta\text{-}\theta$ 连动，样品台不动，X 射线转过 θ 角，探测器转过 θ 角。图 4.1-8 给出了测角仪内部光路。

测角仪要求与 X 射线管线状焦点连接使用。线焦点的长边方向与测角仪的中心轴平行。X 射线管线焦点的尺寸一般为 1.5mm×10mm，靶是倾斜放置的，靶面与接收方向夹角为 30°，这样在接收方向上的有效尺寸变为 0.08mm×10mm。采用线焦点的好处是可使较多的

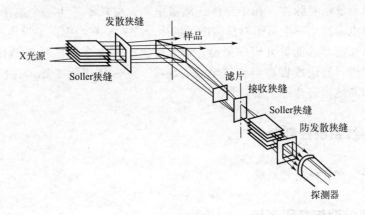

图 4.1-8　测角仪内部光路

入射线能量作用在样品上。如果只采用通常的狭缝，便无法控制沿窄缝长边方向的发散度，从而会造成衍射圆环宽度的不均匀性，因此在测角仪中采用由窄缝光阑与 Soller 狭缝组成的联合光学系统。在线焦点与试样之间，试样与探测器之间均引入一个 Soller 狭缝。在试样与探测器之间的 Soller 狭缝之间再安置一个狭缝，用以遮挡除试样产生的衍射线之外的寄生散射线（防寄生）。光路中心线所决定的平面称为测角仪平面，它与测角仪中心轴垂直。Soller 狭缝是由一组互相平行、间隔很密的重金属（Ta 或 Mo）薄片组成（长 32mm，厚 0.05mm，间距 0.43mm），安装时，要使薄片与测角仪平面平行。它可将倾斜的 X 射线遮挡住，使垂直测角仪平面方向的 X 射线束的发散度控制在 1.5°左右。

（三）X 射线探测器

测量 X 射线强度的装置，常用荧光板、照相方式、正比计数器、NaI 闪烁计数管、固体检测器，下面简单介绍一下后两种。

X 射线衍射分析中使用的闪烁计数管由三部分组成：闪烁晶体、光电倍增管和前置放大器。闪烁晶体是掺有 0.5％左右的铊作为激活剂的 NaI 透明单晶体的切片，厚 1～2mm，晶体被密封在一个特制的盒子里，以防止 NaI 晶体受潮损坏。密封盒的一面是薄的铍片（不透光），用来作为接收 X 射线的窗；另一面是对蓝紫光透明的光学玻璃片。密封盒的透光面紧贴在光电倍增管的光电阴极窗面上，界面上涂有一薄层光学硅脂以增加界面的光导率。每一个 X 射线光子作用在 NaI 上转换为突发的 420nm（蓝紫色）可见光子群，每次闪烁将激发光电倍增管产生光电子，这些一次光电子被第一级接收收集并激发出更多的二次电子，再被下一级接收极收集，又倍增出更多的电子，经 10 级接收极的倍增作用后形成可检测的电脉冲信号。闪烁计数管的主要优点是：对各种 X 射线波长均具有很高的量子效率，接近 100％，稳定性好，使用寿命长。此外，它和正比计数器一样具有很短的分辨时间（10^{-7}s），因而实际上不必考虑检测器本身所带来的计数损失；其缺点为本底脉冲过高，即使在没有 X 射线入射时，依然会产生暗电流的脉冲，即所谓热噪声。

固体检测器是以半导体材料为探测介质的辐射探测器。最通用的半导体材料是锗和硅。半导体探测器在两个电极之间加一定的偏压，当入射粒子进入半导体探测器时，即产生电子-空穴对，在两极加上电压后，电荷载流子就向两极做漂移运动，收集电极上会感应出电荷，从而在外电路中形成信号脉冲。在半导体探测器中，入射粒子产生一个电子-空穴对所需的平均能量为气体电离产生一个离子对所需能量的十分之一左右，因此半导体探测器比闪烁计数管和气体电离探测器的能量分辨率更高。而实际上一般的半导体材料都有较高的杂质浓度，必须对杂质进行补偿或提高半导体单晶的纯度。通常使用的半导体探测器主要有面垒型、锂漂移型和高纯锗等几种类型。

（四）X射线系统控制装置

包括数据采集和各种电气系统。

（五）数据处理与打印系统

数字化的X射线衍射仪的运行控制以及衍射数据的采集分析等过程都可以通过计算机系统控制完成。计算机主要具有三大模块：①衍射仪控制操作系统——主要完成衍射数据的采集等任务；②衍射数据处理分析系统——主要完成图谱处理、自动检索、图谱打印等任务；③各种X射线衍射分析应用程序。

二、工作原理

X射线衍射的基本原理是，X射线受到原子核外电子的散射而发生的衍射现象。由于晶体中规则的原子排列就会产生规则的衍射图像，可据此计算分子中各种原子间的距离和空间排列。以粉末法X射线衍射为例，通过单色X射线照射多晶样品，入射X射线波长固定，通过无数取向不同的晶粒来获得满足布拉格方程的θ角，对于任意平面，由于粉末样品的晶体颗粒无穷多，且取向随机，因此，在任意时刻，必有取向正好使得该平面满足布拉格方程的晶体存在，从而产生衍射，所有的衍射线分布在一个圆锥面上，不同的圆锥面对应不同的晶面衍射，如图4.1-9所示。

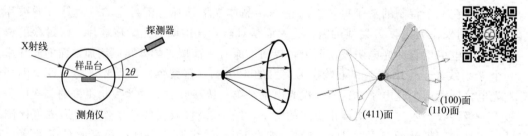

图 4.1-9　测试工作原理

由于平面与入射线的夹角为θ，因此衍射线与入射线的夹角为2θ，在实际测量衍射信号的时候，由于无法直接测出平面的排列及取向，因此也无法直接测量出平面与入射X射线的夹角，但可以直接测量出衍射信号与入射X射线的夹角2θ的角度，因此在X射线分析中，实际测量和使用的角度单位皆为2θ角度。

图 4.1-9 衍射圆锥的顶角为 4θ，即为衍射角度的 4 倍。X 射线衍射仪的前身为德拜照相机，在照相机中，底片环绕样品安装，如图 4.1-10 所示。底片展开后，衍射圆锥与底片的交线为一对对的圆弧。目前在晶体 X 射线衍射的标准数据库中，大约 1980 年以前的数据皆是以这种德拜照片为依据获得的。

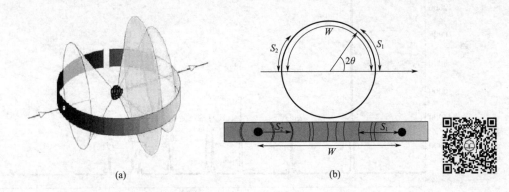

图 4.1-10　德拜相机底片安装与衍射圆锥的关系（a）及
底片侧面图与底片展开后衍射圆锥与底片的交线（b）

由于德拜照相不仅精度低，而且需要冲洗照片，实验过程复杂费时，目前已经使用衍射仪对 X 射线进行分析，完全取代了德拜照相法。在 X 射线衍射仪方法中，衍射发生的原理及衍射信号记录方式与德拜照相是完全一致的。图 4.1-11 为同一样品用 X 射线衍射仪所得衍射图谱与德拜照相所得德拜照片的对比图。

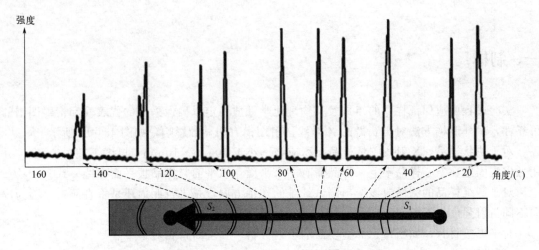

图 4.1-11　德拜底片与 XRD 衍射图谱比较

在 X 射线衍射仪测量时，测角仪（计数管）是在半圆周上测量的，即所测到的是衍射信号与入射 X 射线信号之间的角度，因此该角度为 2θ（计算晶面间距时应除以 2 变成 θ）。图 4.1-12 是一张典型的 X 射线衍射图谱。

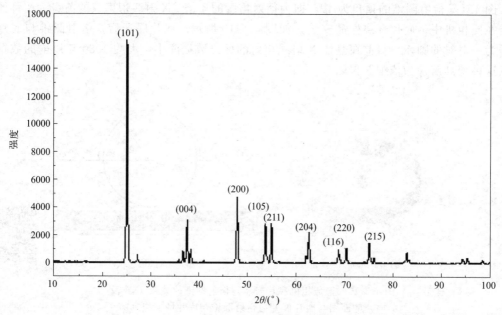

图 4.1-12 典型的粉末样品 X 射线衍射图

第四节 X 射线衍射分析技术分析测试

一、制样

实验过程中应保证样品的组成及其物理化学性质稳定以确保采样的代表性和衍射图谱的可靠性，另外制样方法对于获得的 X 射线衍射图谱有明显的影响，如图 4.1-13 所示。

对于块状样品，X 射线测量样品面积应该不小于 10mm×10mm，厚度不超过 5mm，并用橡皮泥固定在空心样品架上，样品需有一个平面，该平面与样品板平面保持一致。

对于纤维样品的测试应该给出测试纤维的作用方向，是平行照射还是垂直照射，因为取向不同衍射强度也不相同。

对于焊接材料，如断口、焊缝表面的衍射分析，要求断口相对平整。

金属样品要求磨成一个平面，面积不小于 10mm×10mm，如果面积太小可以用几块粘贴一起，对于片状、圆柱状样品会存在严重的择优取向，衍射强度异常，因此要求测试时合理选择相应的方向平面。

对于测量金属样品的微观应力（晶格畸变）和残余奥氏体等信息，要求样品不能简单粗磨，要制备成金相样品，并进行普通抛光或电解抛光，消除表面应变层。

下面简单介绍一下粉末样品的制作。

首先，需把样品研磨成适合衍射实验用的粉末（<320 目，约 45μm）；然后，把样品粉

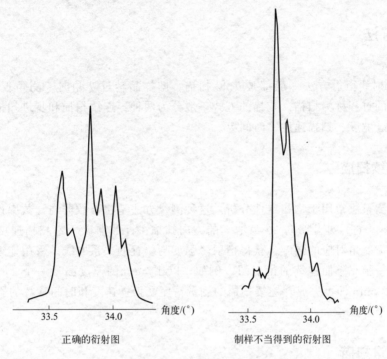

正确的衍射图   制样不当得到的衍射图

图 4.1-13   制样方法不当得到的衍射图

末制成有一个十分平整平面的试片。常用的方法有"压片法":一般用玻璃板把样品压实、压平于样品板的凹槽中即可。如果样品量很少,则可用毛玻璃样品板制样,用玻璃板压在毛玻璃面上即可;还有就是"涂片法":把粉末撒在 25mm×35mm×1mm 的显微镜载片上(撒粉的位置要相当于制样框窗孔位置),然后加上足够量的易挥发的溶剂,比如丙酮或酒精(样品在其中不溶解),使粉末成为薄层浆液状,均匀地涂布开来,粉末的量只需能够形成一个单颗粒层的厚度就可以,待溶剂蒸发后,粉末黏附在玻璃片上,就可使用了。

    表 4.1-4 给出了颗粒大小与线吸收系数的关系,为了获得良好的衍射图谱,颗粒大小应该控制在一定范围。颗粒过大,不能保证试样受光照体积中晶粒的取向是完全随机的,也无法消除消光和吸收效应对衍射的影响,衍射强度低,峰形不好,分辨率低,但是当颗粒过细(<100nm)时,衍射线会出现宽化。

    制备几乎无择优取向样品试片的方法有喷雾法、塑合法等。

表 4.1-4   颗粒大小与线吸收系数的关系

颗粒大小/μm	线吸收系数/cm^{-1}			
	$10^0 \sim 10^1$	$10^1 \sim 10^2$	$10^2 \sim 10^3$	$10^3 \sim 10^4$
10^1	细	中	粗	十分粗
10^0	细		中	粗
10^{-1}	细			中
10^{-2}	细			

二、测量方法

多晶体 X 射线衍射方法一般都是 θ-2θ 扫描。即样品转过 θ 角时，测角仪同时转过 2θ 角，这个转动的过程称为扫描。扫描的方式一般分为两种：连续扫描和步进扫描。涉及的测量参数包括狭缝宽度、扫描速度、时间等。

（一）连续扫描

连续扫描测量法常用于物相定性分析。这种测量方法是将计数器与计数率仪相连，计数器由接近 $0°$（$5°\sim6°$）处开始向 2θ 角增大的方向扫描。计数器以一定扫描速度与样品台联动扫描测量各衍射角对应的强度，获得衍射峰强度与位置的关系曲线。采用连续扫描可在较快速度下获得一幅完整而连续的衍射图。例如，以 $4°/\text{min}$ 的速度测量一个 2θ 从 $20°\sim100°$ 的衍射花样，20min 即可完成。连续扫描的测量精度受扫描速度和时间常数的影响，需要合理地选定这两个参数。

（二）步进扫描

该法常用于精确测定衍射峰的积分强度、位置，或提供线形分析所需的数据，适合定量分析。这种测量方法是将计数器与定标器连接，计数器从起始 2θ 角处按预先设定的步进宽度（例如 $0.02°$）、步进时间（例如 5s）逐点测量各 2θ 角对应的衍射强度。步进扫描每点的测量时间较长，总脉冲计数较大，可有效地减小统计波动的影响。但不使用计数率计，没有滞后效应，故测量精度较高，但因费时较多，通常只用于测定 2θ 范围不大的一段衍射图谱。步进宽度和步进时间是决定测量精度的重要参数，故要合理选定。

三、测试分析软件

① Pcpdfwin，属于第二代物相检索软件。它是在衍射图谱标定以后，按照 d 值进行检索，包括限定元素、三强线、结合法等分析方法。一张复杂的衍射谱有时候需要花几天的时间进行检索。

② Search-Match，一个专门的物相检索程序，属于第三代检索软件，采用图形界面，根据图谱进行对谱，实现和原始实验数据的直接对接，可以自动或手动标定衍射峰的位置，对于一般的图都能很好地应付。一张含有 $4\sim5$ 相的图谱，检索也就 3min，效率比较高。

③ High-Score，几乎 Search-Match 中所有的功能 High-Score 都具备，而且它比 Search-Match 更实用，比如手动加峰或减峰更加方便，可以对衍射图进行平滑等操作，图谱更漂亮，可以编辑原始数据的步长、起始角度等参数，可以对峰的外形进行校正，进行半定量分析，物相检索更加方便，检索方式更多。

④ Jade，目前比较常用的 XRD 检索软件，如图 4.1-14 所示，具有以下优点：a.它可以

进行衍射峰的指标化；b. 进行晶格参数的计算；c. 根据标样对晶格参数进行校正；d. 轻松计算峰的面积等；e. 作图更加方便，支持随意的编辑。相关介绍请见本章知识链接。

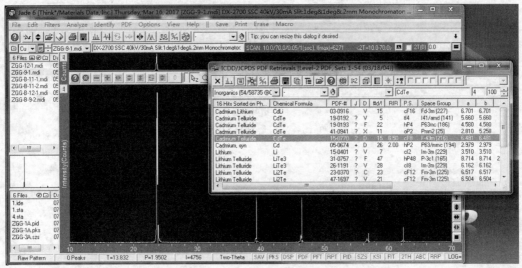

图 4.1-14　用于 X 衍射分析的 Jade 软件

四、测试过程

基本步骤包括：制备样品，获得衍射花样，分析计算各衍射线对应的各种参数。

衍射图谱往往很复杂，一般从 3 个基本要素着手：衍射峰对应的位置、形状与强度。其中峰位的确定有峰顶法、切线法、半高宽中点法、7/8 高度法以及中点连线法等。其分析获得的信息包括物相定性与定量分析、点阵常数测定、晶体对称性测定、等效点系测定、应力测定、晶粒度测定和织构测定等等。

（一）物相定性分析

物质的 X 射线衍射图谱特征是分析物相的"指纹"，每种物质的衍射花样都不相同，几种混合物的衍射花样是各单独物相衍射线的简单叠加，因此可以将混合物中的各物相一一确定出来。物相定性分析的基础原理与方法是：制备各种标准单相物质的衍射花样并将之规范化（PDF 卡片，如图 4.1-15 所示），将未知物质的衍射花样与之进行对比，进而确定其组成。对于定性分析先确定三强线的信息，然后进行卡片索引，目前已经可由计算机完成相关工作。

（二）物相定量分析

定量分析的依据是：各相衍射线的强度随该相含量的增加而提高。分为直接对比法、内标法、外标法和无标样分析法，其中内标法又分为内标曲线法、K 值法与任意内标法。

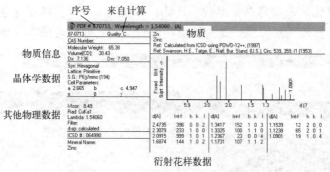

图 4.1-15　X 衍射分析用 PDF 卡片

第五节　X 射线衍射分析技术应用

一、在材料物相分析方面的应用

通过分析待测试样的 X 射线衍射花样，不仅可以知道物质的化学成分，还能知道某元素是以单质存在或者以化合物、混合物及同素异构体存在。根据 X 射线衍射试验还可以进行结晶物质的定量分析、晶粒大小的测量和晶粒的取向分析。目前 X 射线衍射技术已经广泛应用于各个领域的材料分析与研究工作中。

（一）物相鉴定

物相鉴定是指确定样品的晶体结构、晶体完整性、晶态或者非晶态等，主要包括定性物相分析和定量物相分析。任何一种结晶物质都具有特定的晶体结构，在一定波长的 X 射线照射下，每种晶体物质都给出自己特有的衍射花样。每一种晶体物质和它的衍射花样都是一一对应的。多相混合试样的衍射花样是由它和所含物质的衍射花样机械叠加而成，这是 X 射线衍射技术能进行物相鉴定的原理和根本原因。

图 4.1-16 是样品由非晶态到晶态的 XRD 谱图。实验中发现室温下沉积的样品都是非晶态［曲线（a）］，在高温退火 1h 后，多数样品转变为金红石结构的多晶薄膜。曲线（b）、（c）、（d）中的 XRD 曲线上只出现了 SnO₂ 四方相的（110）、（101）、（200）、（211）衍射峰，且衍射峰的强度随着沉积条

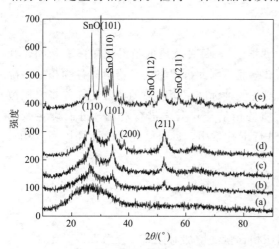

图 4.1-16　样品热处理前后的 XRD 曲线

件的变化而改变。曲线（e）中除了 SnO_2 的衍射峰外，还出现了 SnO 四方相的（101）、（110）、（112）、（211）等几个衍射峰。根据 Scherrer 公式，由（110）衍射峰半高宽计算出 SnO_2 薄膜中晶粒的平均尺寸，大小在 10～20nm 之间。

（二）点阵参数的测定

点阵参数是物质的基本结构参数，任何一种晶体物质在一定状态下都有一定的点阵参数。图 4.1-17 是利用 X 射线衍射技术获得的 Ni 掺杂 α-Fe_2O_3 样品的晶胞参数。通过点阵参数的确定，可以研究物质的热膨胀系数、固溶体类型与含量、固相溶解度曲线、宏观应力、过饱和固溶体分解过程等信息。

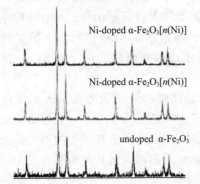

序号	$n(Ni)/n(Fe)$	a/Å	b/Å	c/Å
1	0	5.0190	5.0190	13.7635
2	0.05	5.0380	5.0380	13.7720
3	0.10	5.0536	5.0536	13.7816

图 4.1-17　利用 X 衍射图谱获得晶胞参数

（三）晶体取向及织构的测定

理想的多晶体中各晶粒的取向为无规则分布，宏观表现为各向同性，实际的多晶体材料的晶粒存在择优取向，称之为织构。

织构的形成与材料制备工艺有关，织构造成多晶材料的物理、化学、力学等性能发生各向异性。织构分为丝织构和板织构。通过 XRD 测定织构有极图、反极图和取向分布函数等方法。图 4.1-18 是高纯 Ni 再结晶织构和轧制织构。

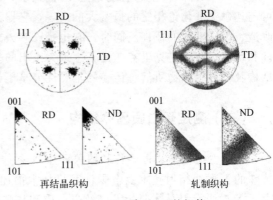

图 4.1-18　高纯 Ni 的织构

（四）宏观应力参数的测定

微宏观应力的存在使得样品内部晶面间距发生变化，通过测定衍射角的变化可以算出宏观应力变化，衍射峰的位移是测定宏观应力的依据。

另外还有晶体取向的测定、结晶度的测定、晶粒大小计算等应用。

二、在生理学、医学上的应用

（一）揭示 DNA 双螺旋结构

20世纪 40 年代末和 50 年代初，DNA 被确认为遗传物质，它能携带遗传信息，能自我复制传递遗传信息，能让遗传信息得到表达以控制细胞活动，并能突变并保留突变。对于 DNA 是什么样的结构，人们一直在探索。伦敦国王学院的威尔金斯和富兰克林用 X 射线衍射法研究 DNA 的晶体结构。当 X 射线照射到生物大分子的晶体时，晶格中的原子或分子会使射线发生偏转，根据得到的衍射图像，可以推测分子大致的结构和形状。生物学家富兰克林最早认定 DNA 具有双螺旋结构。1952 年 5 月，她运用 X 射线衍射技术拍摄到了清晰而优美的 DNA 照片，照片表明 DNA 是由两条长链组成的双螺旋，宽度为 20Å，这为探明其结构提供了重要依据。

加州理工学院的莱纳斯·鲍林将 X 射线衍射晶体结构测试的方法引入到蛋白质结构测定中，并且推导了经衍射图谱计算蛋白质中重原子坐标的公式。至今，通过蛋白质结晶进行 X 射线衍射实验仍然是测定蛋白质三级结构的主要方法，人类已知结构的绝大部分蛋白质都是经由这种方法测定获得的。结合血红蛋白的晶体衍射图谱，鲍林提出蛋白质中的肽链在空间中是呈螺旋形排列的，这是最早的 α 螺旋结构模型。1954 年，鲍林由于对化学键的研究以及用化学键的理论阐明复杂的物质结构而获得诺贝尔化学奖。

同期，沃森和克里克的研究小组进行了 DNA 分子模型的研究，他们从 1951 年 10 月开始拼凑模型，几经尝试，终于在 1953 年 3 月获得了正确的模型。

DNA 双螺旋模型的发现，是 20 世纪最为重大的科学发现之一，也是生物学历史上唯一可与达尔文进化论相比的最重大的发现，它揭开了分子生物学的新篇章，人类从此开始进入改造、设计生命的征程。同时，它也是许多人共同奋斗的结果，克里克、威尔金斯、富兰克林和沃森，特别是克里克，是其中最为杰出的。沃森、克里克、威尔金斯因发现核酸的分子结构及其对生命物质信息传递的重要性分享了 1962 年的诺贝尔生理学或医学奖。

（二）测定蛋白质晶体结构

英国生物化学家肯德鲁和佩鲁茨用 X 射线衍射分析法研究血红蛋白和肌红蛋白。采用特殊的 X 射线衍射技术及电子计算机技术描述肌球蛋白螺旋结构中氨基酸单位的排列，研究了 X 射线衍射晶体照相术以及蛋白质和核酸的结构与功能。1960 年他们把一些蛋白质分子和衍射 X 射线效率特别高的大质量原子（如金或汞的原子）结合起来，首次精确地测定了蛋白质晶体的结构。佩鲁茨和肯德鲁分享了 1962 年的诺贝尔化学奖。

（三）测定生物分子结构

英国女化学家霍奇金研究了数以百计固醇类物质的结构，其中包括维生素 D_2（钙化甾醇）和碘化胆固醇。她在运用 X 射线衍射技术测定复杂晶体和大分子的空间结构的研究中取得了巨大成就。1949 年她测定出青霉素的结构，促进了青霉素的大规模生产。1957 年又成功测定出了抗恶性贫血的有效药物——维生素 B_{12} 的巨大分子结构，使合成维生素 B_{12} 成为可能。霍奇金于 1964 年获诺贝尔化学奖，成为继居里夫人及其女儿伊伦·约里奥·居里之后，第三位获得诺贝尔化学奖的女科学家。

X 射线衍射技术的应用还有：

① 挪威化学家哈塞尔（1969 年诺贝尔化学奖）采用 X 射线衍射法研究结晶结构和分子结构，并测定电偶极矩，确立用构象分析（分子的三维几何结构）把化学性状和分子结构系统地联系起来；

② 英国科学家威尔金森与德国科学家费歇尔（1973 年诺贝尔化学奖）采用 X 射线晶体分析法对有机金属化学进行综合研究；

③ 美国物理化学家利普斯科姆（1976 年诺贝尔化学奖）采用低温 X 射线衍射和核磁共振等方法研究硼化合物的结构及成键规律以及化学键一般性质；

④ 英国生物化学家桑格（1958 年诺贝尔化学奖，1980 年诺贝尔化学奖）利用 X 射线确定了牛胰岛素的化学结构，从而奠定了合成胰岛素的基础，并促进了对蛋白质分子结构的研究，确定了胰岛素分子结构和 DNA 核苷酸顺序以及基因结构；

⑤ 英籍南非生物化学家克卢格（1982 年诺贝尔化学奖）将 X 射线衍射法和电子显微镜技术结合起来，发明了显微影像重组技术，并用这种技术揭示了病毒和细胞内重要遗传物质的详细结构；

⑥ 美国晶体学家豪普特曼和美国物理学家卡尔勒（1985 年诺贝尔化学奖）推导出衍射线相角的关系，确定了晶体学结构的直接计算法；

⑦ 胡伯尔和戴森霍弗以及米歇尔（1988 年诺贝尔化学奖）用 X 射线晶体分析法确定了光合成中能量转换反应的反应中心复合物的立体结构，揭示了由膜束的蛋白质形成的全部细节；

⑧ 美国生物化学家博耶等（1997 年诺贝尔化学奖）利用同步辐射装置的 X 射线研究生物分子的结构与功能，对人体细胞内的离子传输酶做出突出贡献；

⑨ 美国科学家麦金农（2003 年诺贝尔化学奖）等利用 X 射线晶体成像技术获得了世界第一张离子通道的高清晰度照片，并第一次从原子层次揭示了离子通道的工作原理；

⑩ 科恩伯格（2006 年诺贝尔化学奖）使用 X 射线衍射技术结合放射自显影技术揭示了真核生物体内的细胞如何利用基因内存储的信息生产蛋白质，为破译生命的隐秘做出了重大贡献。

例题习题

一、例题

1. 利用 Jade 软件计算平均晶粒尺寸。

解答：通过 Jade 软件导入样品 X 射线衍射测试获得的 TXT 文件数据，经物相检索，分别扣除背底和 $K_{\alpha2}$ 线、平滑曲线、全谱拟合，然后点击 Report/Size&Strain Plot，在弹出的对话框内，选择 Constant FWHM 菜单，即可得到平均晶粒尺寸数据。

2. NaCl 晶体的主晶面间距为 0.282nm，对单色 X 射线的布拉格一级反射角为 15°，求对应的入射 X 射线波长。

解答：根据布拉格公式 $2d\sin\theta = n\lambda$，$n=1$，$\theta=15°$，求得 $\lambda = 0.146$nm。

3. 图 4.1-19 是不同沉积条件制备的 ITO 薄膜的 XRD 谱图，试分析相应的物相信息。

解答：由谱图可知，薄膜在 21.3°、30.4°、35.3°、50.7° 和 60.3° 出现了强的衍射峰，分别对应 In_2O_3 的立方相结构的 (211)、(222)、(400)、(440) 和 (622) 晶面（图下方为编号 06-0416 的 In_2O_3 标准卡片）。XRD 图谱中并没有发现 In、Sn 及其亚氧化物的衍射峰。由衍射峰的相对强度和锐度变化可以判断薄膜的结晶性能，随着溅射功率的增加，晶体结构得以完善，结晶质量提高，溅射功率在 13～74W 范围时，(222) 峰的强度随着溅射功率的增加而增加，继续增加溅射功率，(222) 衍射峰的强度逐渐减弱，同时 (400) 衍射峰逐渐增强，这表明薄膜的结晶取向发生了变化，薄膜由 (222) 方向的择优取向转变为 (400) 方向的择优取向。图中列出了从 XRD 图谱上得到的所制备的 ITO 薄膜的晶面间距、晶格常数和晶粒大小等数据。可知，所制备的 ITO 薄膜的晶面间距均大于 In_2O_3 晶体中 (222) 和 (400) 晶面的 d 值，这说明薄膜中有应力存在，并且随着功率的增大，d 值减小，应力变小。溅射功率在 93W 以下时，随着溅射功率的增大，(222) 衍射峰的半高宽逐渐减小，晶粒尺寸变大。93W 与 112W 的溅射功率下沉积的薄膜的半高宽相差无几。

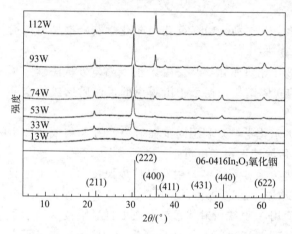

功率/W	晶向	d/Å	In_2O_3晶格常数/nm	半高宽/(°)	平均晶粒尺寸/nm
33	(222)	2.9667	1.0277	0.402	20.5
53	(222)	2.9527	1.0228	0.366	22.5
74	(222)	2.9474	1.0210	0.279	29.5
93	(222)	2.9442	1.0199	0.244	34.6
	(400)	2.5464	1.0186	0.235	
112	(222)	2.9381	1.0178	0.246	34.4
	(400)	2.5411	1.0164	0.236	
In_2O_3(06-0416)的PDF卡片	(222)	2.9210	1.0118		
	(400)	2.5290	1.0116		

图 4.1-19　ITO 薄膜的 XRD 图谱及相应的计算结果

二、习题

1. 简述 X 射线产生的条件及 X 射线衍射技术测试方式。

2. 简述 X 射线管工作原理。

3. 简述连续 X 射线和特征 X 射线产生的原理与特点？

4. 对于 XRD 图谱，每一条衍射峰的位置（即衍射角度）都与标准图谱完全吻合，但衍射峰的强度不一样，这是为什么？

5. 什么是相干散射和非相干散射？

6.计算当射线管电压为 80kV 时，电子与靶碰撞时的速度与动能，以及发射的连续 X 射线短波限和最大动能。

7.熟悉 Jade 软件的使用方法。

8.试简述 X 射线光电子能谱（XPS）测试技术。

知识链接 ··

一、可用的数据库

目前提供 X 衍射数据库的机构有国际结晶学联合会 IUCR、国际衍射数据中心 ICDD、剑桥晶体数据中心 CCDC、无机晶体结构数据库 ICSD、蛋白质数据银行 PDB、粉末衍射专业委员会 CPD 和晶体学开放数据库 COD，一般通常所用的为国际衍射数据中心 ICDD 提供的电子版粉末衍射数据集（PDF2），在使用 Jade 之前必须导入 PDF2，才能进行充分的测定分析工作。

二、Jade 分析软件

Jade 分析软件是 MDI（Materials Date，Inc）的产品，具有 X 射线衍射分析的强大功能，如：平滑曲线、K_α 分离、去背底、寻峰、峰拟合、物相检索、结晶度计算、晶粒大小、晶格畸变与应力分析、晶格常数计算、图谱指标化、角度校正以及衍射谱计算等功能。从 Jade 6.0 开始增加了全谱拟合 Rietveld 法定量分析，还可以对晶体结构进行精修。本部分主要介绍 Jade 软件的基本使用方法。对图谱的分析包括：数据导入、数据平滑、本底测量与扣除、分离 $K_{\alpha 2}$ 衍射线、寻峰、物相的定性分析与定量分析等。图 4.1-20 是常见的工具栏基本功能。

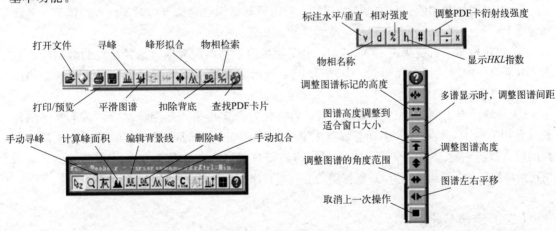

图 4.1-20 Jade 常用工具栏

（一）定性分析

步骤包括：①给出检索条件，包括检索子库（有机还是无机、矿物还是金属等等）、样品中可能存在的元素等；②计算机按照给定的检索条件进行检索，将最可能存在的前 100 种物相列出一个表；③从列表中检定出一定存在的物相。

简单的衍射数据处理如下：

① 数据导入。选择菜单"File ｜ Patterns…"打开一个读入文件的对话框。也可以点击 进入。

② 数据平滑。右键单击图 4.1-21 中圈内按键，打开对话框，移动滑轮，可以查看平滑效果，移动滑轮到合适位置，然后点击图中的 Close，最后左键单击平滑按钮，就会应用平滑效果。

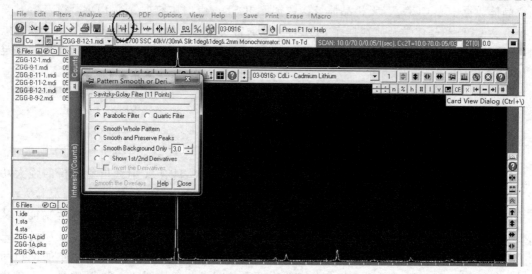

图 4.1-21　数据平滑

③ 本底测量与扣除。单击 BG 按钮，利用鼠标微调红色圆点，对基线进行调节，基线确定之后，再一次点击 BG 按钮，基线自动被扣除。

④ 物相检索。右键单击 S/M 键，出现物相搜索与匹配界面。选择相应的数据库，点击 OK，软件随即进行自动检索，如图 4.1-22 所示。在相应的卡片检索结果前勾选，如图 4.1-22 的下图，完成检索。

⑤ 寻峰。点击图 4.1-23 中圈内工具，将峰位置标定出来。在寻峰之后，一定要仔细检查，并用手动工具栏中的"手动寻峰"来增加漏判的峰（鼠标左键在峰下面单击）或清除误判的峰（鼠标右键单击）。然后观察和输出寻峰报告，可以通过右下角的 n、h 等按键，显示出衍射峰的信息，最后保存为 txt 数据用 Origin 进行作图，或者鼠标右键点击输出图片。

（二）定量分析

步骤包括：①对物质进行多物相检索，确定图谱中存在的物相种类，选定物相；②在

Option 菜单中，选择 WPF Refine 模块，进入全谱拟合界面；③在全谱拟合界面中，对包括峰型函数、峰宽函数、本底函数、结构参数在内参数进行修正。点击 Refine，进行精修，根据 WPF 模块中 Display 窗口中显示的 R 值来判断精修的好坏，一般情况下 R 值在 10％ 以内可以认为精修的结果是正确的。

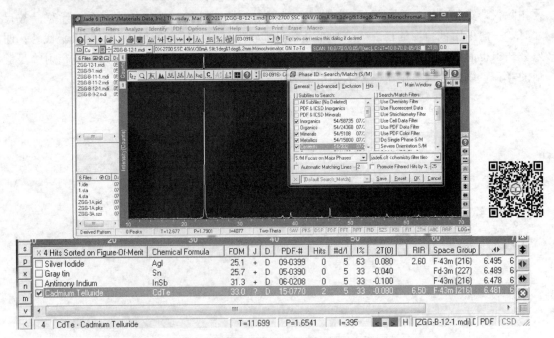

图 4.1-22　物相检索

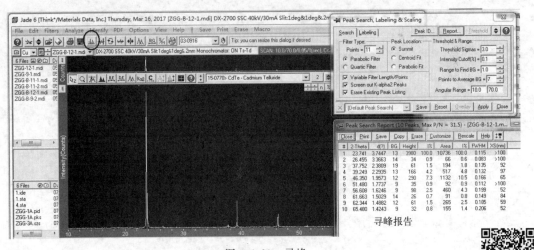

图 4.1-23　寻峰

（三）谢乐公式

谢乐公式又名 Scherrer 公式、Debye-Scherrer 德拜-谢乐公式，由德国著名化学家德拜和他的研究生谢乐首先提出，是 XRD 分析晶粒尺寸的著名公式。

$$D = \frac{k\lambda}{B\cos\theta} \tag{4.1-9}$$

式中，k 为 Scherrer 常数；D 为晶粒垂直于晶面方向的平均厚度；B 为实测样品衍射峰半高宽度（单位为弧度）；θ 为衍射角；λ 为 X 射线波长 0.154nm。使用谢乐公式时，需要扣除仪器宽化的影响；如果用 Cu 靶 K_α 线衍射，$K_{\alpha1}$ 和 $K_{\alpha2}$ 必须扣除一个；计算晶粒尺寸时，一般采用低角度的衍射线，如果晶粒尺寸较大，可用较高衍射角的衍射线来代替；谢乐公式求得的是平均晶粒尺寸，且是晶面法向尺寸，如果是大角度衍射，最好取衍射峰足够强的峰；该计算公式适用的晶粒大小范围为 1~100nm。

第 二 章

无损检测技术（射线检测）

第一节　无损检测技术历史背景

一、背景

　　无损检测技术作为应用型技术已有一百多年的历史，其朴素的科学思想可追溯到远古时代，在我国古代科学技术文化遗产中有不少关于光学、力学和声学等相关物理学知识的记载，物理学的发展是无损检测技术体系建立和形成的摇篮，这些均对无损检测及相关科学技术的发展有着巨大的贡献。

　　在春秋战国时期的《吕氏春秋》中记载了"慈石召铁"，已发现磁石具有吸铁和指南的性质，或是关于磁场引力最早的记载。在先秦时期的《考工记》中准确记载了"凡铸金之状，金与锡，黑浊之气竭，黄白次之；黄白之气竭，青白次之；青白之气竭，青气次之，然后可铸也"。通过观察烟气的不同颜色，来判断冶炼过程中铜料杂质的挥发情况，从而判定铜水的出炉时间。说明在先秦时期铜冶炼时，已采用朴素的无损检测方法来控制铸铜质量。《墨经》中记载了"景到，在午有端与景长，说在端"，论述了有关小孔成像和几何光学的一系列基本原理。《论衡》中也记载了很多有关力学、热学、声学、磁学等方面的物理知识，比如将声音在空气中的传播比喻为水波的传播，认识到振动的传播需要媒介，该观点仍适用于超声检测时声波的干涉和衍射。《梦溪笔谈》中记载了"方家，以磁石磨针锋，则能指南，然常微偏东，不全南也"是关于磁偏角的发现，比西方哥伦布的发现足足早了 400 多年，同时还通俗地讲述了凹面镜成像、针孔成像、共振等现象的原理，并对光的传播、折射和虹的形成等进行了研究和解释，这些道理仍适用于现代的射线检测和磁粉检测。《天工开物》中记载了"凡釜既成后，试法以轻杖敲之，响声如木者佳，声有差响则铁质未熟之故，他日易为损坏"，根据声音频率的变化来判断物体内部结构的古老声音检测方法，在今天无损检测的质量检测中仍有广泛的应用。

　　二十世纪五十年代初，江南造船厂研制出电子管式超声波探伤仪。六十年代后，生产出成熟的市场产品，开创我国自主研制无损检测仪器的新篇章。我国于 1978 年 11 月成立了全国性的无损检测学术组织——中国机械工程学会无损检测分会，成为我国无损检测发展史上的一个里程碑。八九十年代，从计划经济转变为市场经济的过程中，我国无损检测学会和广大无损检测人员，开放无损检测市场，引入国外先进技术和竞争机制等融入学会工作。无损检测技术主要应用于机械、冶金、航空、铁道、化工、电力、核工业等部门的材料、工件和设备的检测。各主要工业部门均有中心机构，但无实质的国家级中心，主要工业部门有机械、冶金、航空、船舶、铁道、化工、电力。关于无损检测技术的研究开发主要分布在中国科学院的部分研究所、部分工业部门的主要研究院、部分高等学校等。

回顾各种无损检测技术的起源均来自新物理现象的发现，在深入研究后逐步在医学、军工和工业等领域投入应用。二十世纪中期，在现代化工业生产的促进下，建立了以射线检测、超声波检测、磁粉检测、渗透检测和涡流检测等常规检测方法为代表的无损检测体系。

（一）射线检测（radiographic testing，RT）

射线检测主要应用 X 射线、γ 射线和中子射线。1895 年，德国伦琴利用气体放电进行 β 射线的研究时发现了可以穿透物体的贯穿性辐射，其可在荧光屏上显示骨骼的图像，由于当时对其不了解故命名为 X 射线，又称为伦琴射线。伦琴因此荣获 1901 年首届诺贝尔物理学奖。1896 年，法国贝克勒尔发现了铀的天然放射性现象和 γ 射线。1898 年，法国居里夫妇发现了钋和镭等放射性元素。贝克勒尔和居里夫妇因此共同获得 1903 年诺贝尔物理学奖。1900 年，法国海关首次应用 X 射线检查物品。1911 年，德国米勒发明了世界上第一根 X 射线管，并将其应用于医学领域。1919 年，英国卢瑟福用 α 粒子轰击氮原子打出质子，首次实现人工核反应，建立起第一个核反应装置。1920 年 X 射线开始在工业领域广泛应用。1931 年，美国劳伦斯等人建成第一台回旋加速器。1933 年，美国图夫建立第一台静电加速器。1938 年，德国奥托·哈恩与史特拉斯曼发现铀的裂变现象，人工放射性同位素逐渐进入 γ 射线检验领域。1940 年，美国开尔斯特建造第一台电子感应加速器。1946 年，携带式 X 射线机诞生。

（二）超声波检测（ultrasonic testing，UT）

1793 年，意大利斯帕拉捷发现蝙蝠靠听觉来辨别方向和确认目标，为超声波检测提供了理论基础和指导方向。1830 年，法国萨伐尔利用机械技术产生各种特定频率的超声波（频率可达 24000Hz）。1876 年，英国高尔顿利用气哨实验产生了高达 30000Hz 的超声波。1877 年，英国瑞利发表《声学原理》（*The Theory of Sound*）为现代声学奠定了基础。1880 年，法国皮埃尔·居里和雅克·居里发现了晶体的压电效应。1912 年，在泰坦尼克号沉没后，英国理查森申请了超声回声定位/测距的专利，可通过超声波机识别冰山，这标志着现代超声检测研究的开始。1916 年，法国朗之万开展了关于水下潜艇声呐技术的研究，利用超声波可探测水下潜艇并确定其位置，该研究成果为声呐技术奠定了基础，并进一步促进了超声波检测的研究。1927 年，美国伍德和卢米斯共同开发了高强度超声并研究其相应的超声效应。1929 年，苏联索科洛夫发表了利用超声波穿透性来检测不透明物体内部缺陷的论文并申请了超声波穿透法检测缺陷的相关专利，随后市面上出现了基于索科洛夫原理制造的超声波穿透法检测仪器，但由于其缺陷检测灵敏度较低等原因，应用范围受到限制，但超声波穿透法检测仪器的诞生标志着超声波检测技术在工业领域的应用，是工业超声检测技术发展的重要历史转折点。

（三）磁粉检测（magnetic testing，MT）

1820 年，丹麦奥斯特发现导体通电时会在其周围产生电流的磁效应。1868 年，英国

《工程》杂志首先发表了利用罗盘仪探查磁通以检测枪管不连续性缺陷的报告。1876年，美国利用漏磁通检查钢轨不连续性。1918年，美国人霍克发现由磁性夹具夹持的钢材，被磨削产生的金属粉末会在钢块表面形成一定的花样，该花样常与钢块表面裂纹的形态一致，这促使了磁粉检测的发明。1919年德国巴克豪森发现磁畴。1928年，德国福斯特为解决油井钻杆断裂失效的问题，开发了周向磁化法，使用形状和尺寸可控的磁粉实现了具有可靠检测结果的磁粉检测，成功应用于焊缝及各种工件的探伤，并成立专门生产磁粉探伤设备和材料的公司，极大地推动了磁粉检测的应用与发展。1938年，德国出版了关于磁粉检测基本原理和装置的《无损检测论文集》，2年后，美国出版了教科书《磁通检测的原理》。1941年，荧光磁粉的使用大大提高了磁粉检测的灵敏度和可靠性。20世纪50年代，苏联全苏航空材料研究院系统研究了各种因素对探伤灵敏度的影响，在大量实验数据结果的基础上制定了一整套磁化规范，被世界各国认可并广泛应用。磁粉检测已发展成为一种成熟的无损检测方法。

（四）渗透检测（penetrant testing，PT）

十九世纪三四十年代，出现了以"油-白垩法"为代表的渗透检测方法。金属加工者通过淬火液和清洗液观察到了肉眼看不清的裂纹。该方法是公认的应用最早的渗透检测方法，主要用于检测铁路的零部件。在二十世纪四十年代初期，美国斯威策发明荧光渗透剂并申请专利，被广泛应用于飞机轻合金零件的检验。紫外辐射、吸收剂和显像剂的应用证明了荧光染料的发现和应用。1950年，出现了以煤油和润滑油混合物为荧光液体的荧光渗透检测。1960年以后，为减少对环境的污染，相继出现水洗型渗透液，并进一步控制氟、氯、硫等有害元素的含量，越来越多新型高性能、低价格的产品和工艺被开发，相关标准体系和技术规范也日益完善，使渗透检测技术得到长足发展。

（五）涡流检测（eddy current testing，ET）

1824年，法国加贝发现金属中存在涡电流。1831年，英国法拉第和美国亨利几乎同时发现了电磁感应现象。1834年，俄国楞次提出了感应电流的磁场总是抵抗原磁场变化的楞次定律。1864年，英国麦克斯韦发现了涡流，并于1873年提出了以完整数学形式描述法拉第电磁感应现象的"麦克斯韦方程组"，建立了电磁场理论。1879年，英国休斯首先将涡流原理应用于金属材料的分选，被认为是涡流检测作为无损检测技术的序幕。十九世纪二三十年代，涡流探伤仪和涡流测厚仪先后问世。1930年，已实现用涡流法检验钢管焊接的质量。二十世纪五十年代初期，德国福斯特开展了大量关于涡流检测的理论研究和相关设备研制的工作，提出了阻抗平面图分析法和相似定律，发展了涡流检测的理论体系，为涡流检测的发展和推广应用做出了巨大贡献。

二、定义与分类

无损检测技术（nondestructive testing，NDT）是在不损伤被检测对象的条件下，利用材料内部结构异常或缺陷存在所引起的对光、声、热、电、磁等反应的变化，来探测各种工程材料、零部件、结构件等内部和表面的缺陷，并对缺陷的类型、性质、数量、形状、位置、尺寸、分布及变化等进行判断和评价的综合性应用学科。

（一）广义 NDT

无损检测技术是研发和应用各种技术方法，以不损害被检对象未来用途和功能的方式，为探测、定位、测量和评价缺陷，评估完整性、性能和成分，测量几何特征，而对材料和零（部）件进行的检测。

（二）狭义 NDT

以材料的物理性质（如光、声、热、电、磁等）因有缺陷而发生变化为依据，判断材料和零部件是否存在缺陷的技术。无损检测是利用材料组织结构异常引起物理量变化的原理，反过来用物理量的变化来推断材料组织结构的异常。

（三）方法分类与基本原理

开发较早且应用较广泛的五大常规无损检测方法分别是：射线检测（radiographic testing，RT）、超声波检测（ultrasonic testing，UT）、磁粉检测（magnetic testing，MT）、渗透检测（penetrant testing，PT）和涡流检测（eddy current testing，ET）。其中 RT 和 UT 主要用于探测试件内部缺陷，MT 和 PT 主要用于探测试件表面缺陷。随着微电子学和计算机等现代科学技术的飞速发展，无损检测技术也得到了迅速发展，它所涉及的领域不局限于无损检测和试验，还涉及材料的物理性质、制造工艺、产品设计、断裂力学、数据处理、模式识别等多种学科和专业技术领域。各种无损检测方法的基本原理涉及现代物理学的各个分支。已应用于工业现场的各种无损检测诊断方法有 70 余种，特别是红外检测、声发射检测、激光检测、工业 CT（computed tomography）检测、微波检测、声振检测、核磁共振检测、中子照相检测、噪声检测、激光全息检测、计算机层析成像检测、全息干涉检测、错位散斑干涉检测等其他无损检测方法也越来越被人们重视。下面将介绍 5 种常规无损检测方法的定义，并从设备、基本原理、用途、优点与局限性等方面进行概述。

1. 射线检测

是基于被检测物体对透入射线的不同吸收来检测零件内部缺陷的无损检测方法，以 X 射线检测为例。

设备：X 射线源和电源。

基本原理：①由于工件各部分密度差异和厚度变化，或者由于成分改变导致的吸收特性差异，工件的不同部位会吸收不同量的透入射线；②这些透入射线吸收量的变化，可通过专用底片记录透过试件未被吸收的射线而形成黑度不同的影像来鉴别；③根据底片上的影像，可判断缺陷的性质、形状、大小和分布。

用途：检测焊缝（未焊透、气孔、夹渣等）和铸件（缩孔、气孔、疏松、热裂等）的缺陷，并能确定缺陷的位置、大小及种类。

优点：可检测工件内部的缺陷，结果直观，检测对象基本不受零件材料、形状、尺寸的限制，定性更准确，可长期保存直观图像。

局限性：总体成本相对较高，有放射危险，检验速度较慢，是对三维结构的二维成像，前后缺陷重叠，被检裂纹取向与射线束夹角需要<10°，否则将难以检出。

2. 超声波检测

利用超声波（常用频率为 $0.5\sim25\text{MHz}$），在介质中传播时产生衰减，遇到界面产生反射的性质，来检测缺陷的无损检测方法。

设备：超声探伤仪、探头、耦合剂及标准试块等。

基本原理：①对透过被检件的超声波或反射的回波进行显示和分析，可确定缺陷是否存在及其位置和严重程度；②超声波反射的程度主要取决于形成界面材料的物理状态，而较少取决于材料具体的物理性能。

用途：检测锻件（裂纹、分层、夹杂等）、焊缝（裂纹、气孔、夹渣、未熔合、未焊透等）、型材（裂纹、分层、夹杂、折叠等）、铸件（缩孔、气泡、热裂、冷裂、疏松、夹渣等）缺陷及其厚度的测定。

优点：适用于多种材料与制作的检测，穿透力强，可对大厚度件进行检测，对缺陷进行定位，设备轻便，易携带，可现场检测。

局限性：要求被检表面光滑，难于探测细小裂纹，需要有参考标准，要求检验人员有较丰富的实践经验，不适用于形状复杂或表面粗糙的工件。

3. 磁粉检测

基于缺陷处漏磁场与磁粉的相互作用而显示铁磁性材料表面和近表面缺陷的无损检测方法。

设备：磁头，轭铁，线圈，电源及磁粉。

基本原理：①当工件被磁化时，表面或近表面缺陷处于磁的不连续而产生漏磁场；②漏磁场的存在，即缺陷的存在，借助漏磁场处聚集和保持施加于工件表面的磁粉形成的显示（磁痕）而被检出；③磁痕指示出缺陷的位置、尺寸、形状和程度。

用途：检测铁磁性材料和工件表面或近表面的缺陷（裂纹、折叠、夹层、夹渣等），并确定缺陷的位置、大小和形状。

优点：设备简单，操作简便，速度快，显示直观，检测灵敏度高，结果可靠，价格便宜。

局限性：只能检测铁磁性材料的表面和近表面缺陷，不适用于非铁磁性材料，检测前必须清洁工件，涂层太厚会引起假显示，某些应用要求检测后给工件退磁，难以确定缺陷深度。

4. 渗透检测

基于毛细管现象揭示非多孔性固体材料表面开口缺陷的无损检测方法。

设备：荧光或着色渗透液、显像液、清洗剂及清洁装置。

基本原理：将液体渗透液借助毛细管作用渗入工件的表面开口缺陷中，用清洗剂（如水）清除表面多余的渗透液，将显像液喷涂在被检表面，经毛细管作用，缺陷中的渗透液被吸附出来并在表面显示。

用途：检测金属和非金属材料的裂纹、折叠、疏松、针孔等缺陷，并能确定缺陷的位置、大小和形状。

优点：设备轻便，投资相对较少，显示直观，操作简单，灵敏度高，可检测出开度小于 $1\mu m$ 的裂纹，对所有的材料都适用。

局限性：只能检出表面开口缺陷，对零件和环境有污染，粗糙表面和孔隙会产生附加背景对结果干扰，检测前后必须清洁工件，难以确定缺陷的深度，不适用于疏松的多孔性材料。

5. 涡流检测

基于电磁感应原理揭示导电材料表面和近表面缺陷的无损检测方法。

设备：涡流探伤仪和标准试块。

基本原理：①当载有交变电流的检测线圈接近工件时，材料表面和近表面会感应出涡流的大小和相位，这些与流动柜机和工件的电磁特性及缺陷等有关；②涡流参数的磁场作用会使线圈阻抗发生变化，测定线圈阻抗即可获得被检工件的物理、结构和冶金状态信息。

用途：检测导电材料表面和近表面的裂纹、夹杂、折叠、凹坑、疏松等缺陷，并能确定缺陷位置和相对尺寸，测量或鉴别电导率、磁导率、晶粒尺寸、热处理状态、硬度等，测量非铁磁性金属基体上非导电涂层的厚度或者铁磁性金属基体上非铁磁性覆盖层的厚度。

优点：经济，简便，可自动对准工件检测，探头不接触工件，检测速度快，可在高温状态下进行检测。

局限性：只能检测导体材料，穿透浅，灵敏度相对较低，需要参考标准，难以判断缺陷种类。

三、作用

① 无损探伤：对产品质量做出评价。无论是铸件、锻件、焊接件、钣金件或机加工件以及非金属结构都能应用无损检测技术探测其表面或内部缺陷，并进行定位定量分析。

② 材料检测：用无损检测技术测定材料的物理性能和组织结构，能判断材料的种类和热处理状态，进行材料分选。

③ 几何度量：测定产品的几何尺寸、涂层和镀层厚度、表面腐蚀状态、硬化层深度和应力密度等，根据测定结果，利用断裂理论确定是否需要进行修补或报废处理，对产品进行寿命评定。

④ 现场监视：对在役设备或生产中的产品进行现场或动态检测，将产品中的缺陷变化信息连续地提供给运行和生产部门实行监测。在高温、高压、高速或高负载的运行条件下尤其需要无损检测。

四、特点

与破坏性检测相比，无损检测技术具有以下显著特点。

① 非破坏性：不会损害被检对象的使用性能，又称非破坏性检测。

② 全面性：必要时可对被检对象进行 100％的全面检测，这是破坏性检测无法实现的。

③ 全程性：可对制造用的原材料、各中间工艺环节，直至最终产成品进行全程检测，也可对服役中的设备进行检测。

④ 可靠性：暂时还没有任何单一无损检测方法可检测所有材料或缺陷，无损检测的结论正确与否仍需要其他手段（如破坏性检测）的检验，其可靠性还有待提高。

在无损检测实际应用时，应掌握其相关特点。

① 无损检测需要与破坏性检测相结合：虽然无损检测的检查率可以达到 100％，但由于被检对象的形状、位置等客观条件，以及无损检测技术本身的局限性，必须将无损检测的结果与破坏性检测的结果相互配合和对比，才能对工件、材料、机器设备做出准确的评定。

② 正确选择无损检测的实施时间：在制造过程中，如果某道工序或时效变化，对工件或材料的质量有影响，则无损检测需在该道工序或一定时效之后进行，才能做出准确的评定。

③ 选用最适当的无损检测方法：每种无损检测方法均有一定局限性，不能适用于所有工件和缺陷。为提高检测结果的可靠性，在兼顾安全性和产品经济性的前提下，根据被检工件材料、结构、尺寸和可能的缺陷种类、形状、位置等，必须在检测前选定最适当的无损检测方法。

④ 正确对待无损检测结果的可靠性：无损检测是将一定的物理量添加到被检工件上，再使用特定的检测装置来检测该物理量的变化（如穿透、吸收、散射、反射、渗透等），从而判定工件是否存在缺陷或异常。能否检测出缺陷或异常，与被检测工件的材质、组分、形状、所采用物理量的性质以及被检工件的异常部分特性（如状态、形状、大小、方向性和检测装置的特性）等密切相关。无损检测未检测出缺陷或异常信息，不一定没有缺陷，应综合考虑无损检测的结果。不论采用哪种无损检测方法，均无法完全检查出工件所有的缺陷或异常。

⑤ 无损检测结果的评定：无损检测的结果只应作为评定质量和寿命的依据之一，不能仅根据它做出片面的评定。综合应用各种无损检测方法，必须认识到任何一种无损检测方法都不是万能的，各有优缺点，在实际应用中应尽可能同时采用几种方法，取长补短，获取更多信息。

五、目的

① 保证产品质量：对非连续加工或连续加工的原材料、零部件提供实时的质量控制。在质量控制过程中，可探测肉眼很难发现的表面细小缺陷及内部缺陷，将无损检测的信息反馈到设计与工艺环节，促进产品设计和制造工艺的改进，从而提高质量和效率，降低成本。由于其不需要破坏工件，可对产品进行 100％检验和逐件检验，为产品的质量提供有效保障。

② 保障使用安全：从产品设计、原材料选择、制造工艺到最终成品，需在适当的时机正确运用无损检测技术，判定设计、材料及工艺的优劣，找出可能引起缺陷的原因，尽量减少缺陷和次品的概率，提高产品在规定条件下的使用安全和可靠性。同时，无损检测技术可

在产品运行过程或者检修时进行监测，根据发现的早期缺陷及其发展程度，对产品能否继续服役及安全运行寿命等进行评价，及时发现影响使用安全的隐患，保障使用安全。

③ 改进制造工艺：按规定要求制造产品时，需了解所采用的设计和制造工艺等是否能满足要求，故根据预定方案试制样品并进行无损检测，根据无损检测的结果优化设计与工艺，再反复进行改进，最终确定满足质量要求的产品设计和制造工艺。故无损检测技术可为制订或改进制造工艺及设计方案提供依据。

④ 降低生产成本：采用无损检测被误认为会增加生产成本，实际上由于不进行无损检测而造成的返工、修补和废品等所产生的费用，远远高于无损检测的检测费用，故在制造过程中的适当时机正确地进行无损检测，可防止后面工序的浪费，从而降低生产成本。

六、历程

无损检测技术的确切起源目前难以考证。无损检测技术大致可分为三个阶段。

① 无损探伤（nondistructive inspection，NDI）：是早期阶段的名称，主要是用于产品的最终检验，在不破坏产品的前提下，发现零部件中的缺陷，满足对产品设计要求的需要。

② 无损检测（nondistructive testing，NDT）：对产品进行最终检验的同时，还检测各种工艺参数以及试件的结构、性质、状态等信息，特别是加工过程中所需要的各种工艺参数（如温度、压力、密度、黏度、浓度、成分、液位、流量、压力水平、残余应力、组织结构、晶粒大小等），并试图通过无损检测掌握更多的信息。

③ 无损评价（nondistructive evaluation，NDE）：是即将或正在进入的新发展阶段，涵盖更广泛和深刻的内容，不仅要求检测缺陷和探测试件的结构、性质、状态等，还要求获取更全面、准确、综合的信息，比如缺陷的形状、尺寸、位置、取向、残余应力等信息，从整体上评价材料中缺陷的分散程度，在 NDE 信息与材料-结构性能间建立联系，对决定材料性质、动态响应和服役性能指标的实测值等因素进行分析和评价。对航空、航天、石油、核电、能源、交通和化工等方面的机械产品尤为重要，在加强检测的同时注重产品质量的评价，确保产品均合格。

第二节　射线检测基础原理

由于篇幅限制，从本节开始，主要介绍无损检测技术中的射线检测的相关基本原理、技术原理、分析测试、技术应用等。

一、射线及其种类

射线是波长较短的电磁波或者速度高、能量大的粒子流。射线可分为电磁辐射和粒子辐射。电磁辐射按其对应波长由大到小的顺序依次为长波＞无线电波＞微波＞红外线＞可见光＞紫外线＞X 射线＞γ 射线＞宇宙射线。每种电磁辐射对应的波长如图 4.2-1 所示。

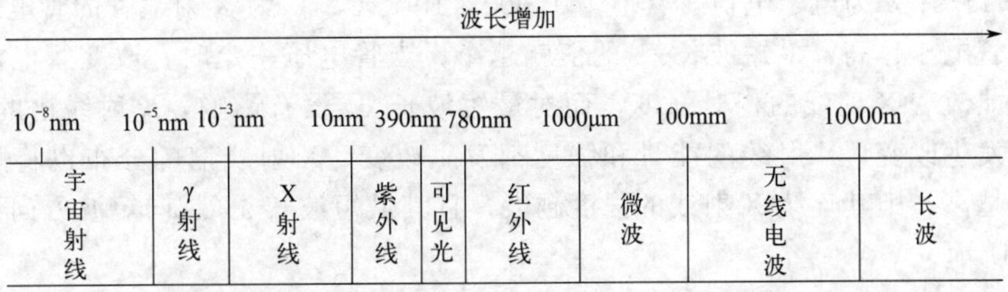

波长增加
10⁻⁸nm
10⁻⁵nm
10⁻³nm
10nm
390nm
780nm
1000μm
100mm
10000m
宇宙射线
γ射线
X射线
紫外线
可见光
红外线
微波
无线电波
长波

图 4.2-1　电磁波谱

X 射线和 γ 射线属于电磁辐射，其能量是光（量）子，是间接电离辐射所产生的不带电的离子，属于电中性，不会受库仑场的影响而发生偏转，且具有较强的穿透物质的能力，因此被广泛应用于无损检测中。波长越短，频率越高，穿透能力越强。通常说的射线检测指 X 射线、γ 射线和中子射线检测，本章主要介绍 X 射线检测，由于 X 射线检测与 γ 射线检测有较多相似之处，如未作特殊说明时，关于 X 射线检测的讨论对 γ 射线检测同样适用。

二、X 射线及其特性

（一）X 射线的产生

X 射线由 X 射线源产生（即 X 射线管），它主要由三个部分组成：电子发射源（阴极灯丝）、接受电子轰击的靶（阳极金属靶）和电子加速装置（高压发生器）。X 射线的产生如图 4.2-2 所示：①将阴极灯丝通电加热作为电子发射源，使其白炽化而放出电子束；②电子束经射线管两极的管电压加速，在真空中以高速撞击阳极的金属靶；③撞击时发生能量转化，电子绝大部分能量转换成热能散发，其余小部分（1%～3%）转换成光子能量以 X 射线的形式辐射出来。电子的速度越快，能量转换时产生的 X 射线能量就越大。

金属靶
高压电源
电子束
真空
阴极
阳极
灯丝
X 射线

图 4.2-2　X 射线的产生

（二）X 射线的连续谱

X 射线是由一系列不同波长的 X 射线和一个或几个特定波长的 X 射线谱所组成。把不同波长所组成的 X 射线谱称为连续 X 射线；把特定波长的 X 射线谱称为标识 X 射线或特征 X 射线［如图 4.2-3（a）所示］。X 射线检测中应用的一般是连续 X 射线。

连续 X 射线的波长在长波方向，理论上可扩展到 $\lambda \to \infty$；而在短波方向，实验证明存在最短波长 λ_0，其大小与阳极材料无关，取决于管电压

$$\lambda_0 = \frac{hc}{eV} = \frac{1.24}{V}(\mathrm{nm}) \tag{4.2-1}$$

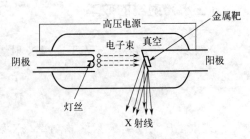

式中，h 为普朗克常数，其值为 $6.6256 \times 10^{-34}\,\mathrm{J/s}$；$c$ 为光的传播速度，其值为 $2.9979 \times 10^{8}\,\mathrm{m/s}$；$e$ 为电子电荷，其值为 $1.602 \times 10^{-19}\,\mathrm{C}$；$V$ 为 X 射线管的管电压，kV。

因此，管电压越高，最短波长 λ_0 的值就越小；当管电压一定时，改变管电流或者金属的种类，只能改变 X 射线的相对强度，而对最短波长 λ_0 没有影响，X 射线谱的形状不变；如果管电压发生改变，X 射线的能量和强度都发生改变，X 射线谱的分布也将随之发生改变。管电压越高，则其连续 X 射线的强度越大，且其最短波长 λ_0 越向短波方向移动，如图 4.2-3（b）所示。

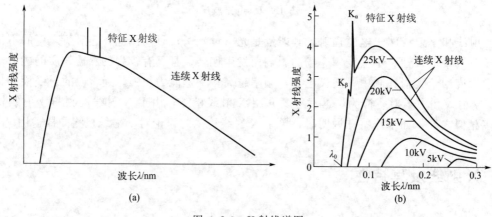

图 4.2-3　X 射线谱图

（三）X 射线的效率

X 射线产生的效率 η 等于连续 X 射线的总强度 P 与管电压 V 和管电流 I 乘积之比

$$\eta = \frac{P}{P_0} = \frac{kIMV^2}{IV} = kMV \tag{4.2-2}$$

式中，P 为连续 X 射线总功率（X 射线总强度），$P = kIMV^2$；P_0 为输入功率，$P_0 = IV$；M 为阳极金属钯的原子序数；V 为 X 射线管的管电压，kV；I 为 X 射线管的管电流，A；k 为常数，约为 1.5×10^{-6}。

X 射线的效率与管电压和靶材原子序数成正比。在其他条件相同时，管电压 V 越高，X 射线的效率 η 越高，同时，管电压的高压波形越接近恒压，X 射线的效率 η 越高。

（四）X 射线的特性

X 射线具有以下特性：

① 具有波粒二象性；

② 不可见，也不能用透镜聚光或用棱镜分光；

③ 具有穿透能力，能穿透不透明的物质；

④ 在真空中，以光速沿直线传播，不受电场和磁场的作用；

⑤ 在界面处发生不同于可见光的反射、折射；

⑥ 可发生干涉、衍射现象，但由于其波长远小于可见光波长，故仅在非常小的孔、狭缝等才能观察到；

⑦ 具有荧光效应，穿透物体时，会与物质发生复杂的物理化学作用，射线能使某些材料发出荧光；

⑧ 具有生物效应，能杀伤或杀死有生命的细胞。

三、射线与物质的相互作用和衰减

（一）射线与物质的相互作用

当射线穿过物体时，本质上是光子与物质原子发生撞击、能量转换，引发光电效应、康普顿效应、电子对效应和瑞利散射，并造成射线能量的衰减。它们的相对强弱与射线的能量大小和被透射物质的种类有关，射线与物质相互作用类型示意图如图 4.2-4 所示。

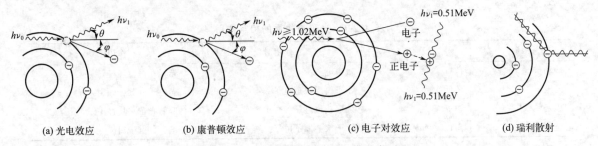

图 4.2-4　射线与物质的相互作用类型

1. 光电效应

指入射光子穿透物质时，撞击物质原子轨道上的电子，将其所有能量传给电子，使电子脱离轨道而成为自由电子，而光子本身消失的现象称为光电效应。每束射线都具有能量为 $E = h\nu_0$ 的光子，光子运动时保持着全部动能。入射光子的能量需要大于电子与原子核的结合能，才能发生光电效应；当光子的能量低于 1.02MeV（兆电子伏）时，光电效应是极为重要的过程；当射线光子能量较小时，仅和原子外层电子作用；当射线光子能量较大时，可与物质内层电子相互作用，在原子的电子轨道上产生空位，这些空位被外层轨道电子填充时将产生跃迁辐射（称为荧光辐射），伴随发射特征 X 射线，是光电效应的重要特征。

2. 康普顿效应

当 X 射线能量为 $h\nu_0$（波长为 λ）的入射光子，与被检物质的外层电子碰撞时，光子的一部分能量传给电子，使电子从原子的电子轨道飞出（该电子称为反冲电子或康普顿电子），同时，入射光子本身能量减少并偏离入射光量子原来的传播方向，成为散射光量子的现象称为康普顿效应。康普顿效应导致射线强度的减弱并产生波长较长和辐射方向不定的散射危害，造成底片灰雾度增加和清晰度下降等不良影响，因此在射线检测中应设法尽量减少这种危害。

3. 电子对效应

高能量的光子与物质的原子核或电子发生相互作用时，光子转化为一对正、负电子，而光子则完全消失的现象叫作电子对效应。电子对效应的产生存在一个最低能量极限1.02MeV，只有当射线光子的能量大于1.02MeV时才能发生电子对效应。因为电子的静止质量相当于0.51MeV能量，一对电子的静止质量相当于1.02MeV，根据能量守恒定律，只有入射光子的能量不小于1.02MeV时才可能转化为一对正、负电子，多余的能量将转换为电子的动能。

4. 瑞利散射

入射光子与原子内层轨道电子碰撞的散射过程称为瑞利散射。在瑞利散射中，原子内层轨道上原本被束缚的电子吸收入射光子后跃迁到高能级，同时释放一个能量约等于入射光子能量的散射光子，光子能量的损失忽略不计，故可认为光子与原子发生了弹性碰撞。当入射光子能量较低时（0.5～200eV），需注意瑞利散射。表4.2-1总结了光子与物质的相互作用的主要特点。

表 4. 2-1　光子与物质的相互作用

效应	光子的能量	作用对象	作用产物
瑞利散射	低	轨道电子	光子
光电效应	较低	原子内层轨道电子	光电子（荧光辐射）
康普顿效应	中等	外层轨道电子、自由电子	散射光子、反冲电子
电子对效应	≥1.02MeV	原子核、原子电子	正、负电子对

光电效应、康普顿效应和电子对效应的相对强弱与射线的能量大小和被透射物质的种类（即物质的原子序数）有关，如图4.2-5所示。

（二）射线的衰减规律

射线透过物质后，由于各种效应使其强度降低的现象称为射线的衰减。射线穿透物体时其强度的衰减与物体的性质、厚度及射线光子的能量有关。当一束平行的射线强度为 I_0 的 X 射线，通过厚度为 d 的物体时，其强度的衰减遵守以下规律

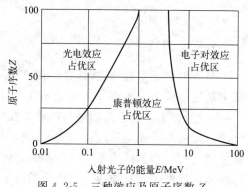

图 4.2-5　三种效应及原子序数 Z、入射光子的能量 E 之间的关系

$$I = I_0 e^{-\mu d} \tag{4.2-3}$$

式中，I 为 X 射线通过物体后的射线强度；I_0 为 X 射线未通过物体前的射线强度；μ 为线衰减系数，cm^{-1}；d 为射线在被测物质中所穿越的距离（物体的厚度），cm。

射线的衰减系数 μ 随射线（如种类、线质等）和穿透物质（如种类、密度等）的变化而变化。对于 X 射线，当穿透物质相同时，波长越短，衰减系数 μ 值越小；当射线波长相等时，穿透物质的原子序数越小，衰减系数 μ 值越小；当物质密度越小，衰减系数 μ 值也

越小。衰减系数 μ 值越小，射线越容易穿透该物质。

四、射线检测的基本原理

当射线检测穿透被检物体时，射线的衰减程度与射线的波长、穿透部位的材质、厚度和缺陷等特性有关，有缺陷的部位与基体对射线的吸收能力不同，因此射线吸收量的变化可通过专用底片，记录透过物体未被吸收的射线而形成黑度不同的影像来鉴别。根据底片上的影像，可判断缺陷的性质、形状、大小和分布等。

X 射线照相的基本原理如图 4.2-6 所示，如果厚度为 d 的待检物体中存在有一定厚度为 Δd 的缺陷时，用一束强度为 I_0 的 X 射线平行通过被检物体后其强度为 I'_d，则 I'_d 为

$$I'_d = I_0 e^{-\mu(d-\Delta d)} \qquad (4.2\text{-}4)$$

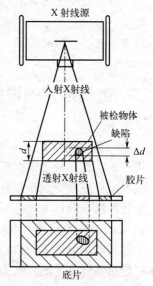

式中，Δd 为待检物体内存在的缺陷沿射线方向的厚度；I'_d 为射线通过缺陷 Δd 后的射线强度。

当物体内部存在缺陷时，X 射线透过物体的缺陷部分和无缺陷部分到达胶片的射线强度分别为 I'_d 和 I_d，两者的值相差越大，在胶片上呈现的图像越清晰，底片的对比度也越大。由公式（4.2-3）和公式（4.2-4）得

$$\frac{I'_d}{I_d} = e^{\mu\Delta d} \qquad (4.2\text{-}5)$$

图 4.2-6　X 射线照相的基本原理

因此，I'_d / I_d 除了跟缺陷厚度 Δd 有关外，还与被检物体的衰减系数 μ 有关。衰减系数 μ 值越大、缺陷厚度 Δd 越厚，越容易发现缺陷，反之则不容易被发现。缺陷太薄时，由于对射线透过强度的衰减极少，因此在胶片上很难将其发现。

第三节　射线检测技术原理

一、射线检测的方法

射线检测通常需要由射线源、待检物体和记录（显示）器材三个基本要素组成。

① 射线源：按照射线源的种类可分为 X 射线、γ 射线和中子射线。

② 待检物体：被检测的对象。

③ 记录（显示）器材：提供检测结果的重要手段，根据记录（显示）器材的不同可将射线检测分为照相法、电离检测法、荧光观察法和工业 X 射线法等。

目前应用最广泛的最基本射线检测方法是射线照相法。射线照相法是指用 X 射线穿透工件，以胶片作为记录信息的无损检测方法。当 X 射线照射胶片时，与普通光线一样，能使胶片乳剂层中的卤化银产生潜影中心，经过显影和定影后就黑化，接收射线越多的部位黑化程度越高。因此采用底片黑度来表示底片的黑化程度。用光强为 I_0 的射线照射底片，透过底片后的光强为 I，则底片黑度 D 为

$$D = \lg\left(\frac{I_0}{I}\right) \tag{4.2-6}$$

其基本过程为：射线→衰减→强度变化→胶片→感光→潜影→影响→评判。

根据胶片上影像的形状及其黑度的不均匀程度等，可评定被检物体中有无缺陷及缺陷的性质、形状、大小和位置等。射线照相法具有灵敏度高、直观可靠、重复性好的优点，但相对成本较高、时间较长。

二、射线检测的设备

以 X 射线照相法为例。根据 X 射线机的大小或重量，可将 X 射线机分为便携式、移动式和固定式三种主要类型。便携式 X 射线机一般体积较小、重量轻，通常适用于流动检验或大型设备现场检验，管电压一般小于 320kV，最大穿透厚度约为 50mm。移动式和固定式 X 射线机一般体积和重量较大，通常适用于室内固定场所，具有较高的管电压（可达450kV），最大穿透厚度约为 100mm。便携式 X 射线机一般由高压系统（X 射线管、高压发生器和高压电缆等）、冷却系统、保护系统（短路、过温、过载、零位、接地和其他保护）和控制系统等组成。其中最重要的是 X 射线管和高压发生器。

按辐射方向分，可将 X 射线机分为定向辐射和周向辐射。定向辐射是指在某个固定的角度范围内（一般为 40°±1°）发射 X 射线；周向辐射是 360°范围内发射 X 射线，主要用于管道等环形工件的内部检测。

按穿透能力分，可将 X 射线机分为软 X 射线机、硬 X 射线机和高能 X 射线机。软 X 射线机一般采用较低的管电压（0～100kV），射线由铍窗直接辐射出来可得到波长较长的 X 射线，适用于重量轻、密度小的非金属材料和轻金属材料的 X 射线探测。硬 X 射线机一般采用较高的管电压（100～460kV），具有较大的穿透能力。高能 X 射线机是采用加速器产生的 X 射线，能量可高达数十兆电子伏，具有更大的穿透能力，主要用于厚大件的 X 射线检测。

按焦点大小分，可将 X 射线机分为普通焦点、细焦点、极细焦点和微焦点 X 射线机。焦点越细，检测灵敏度和检测分辨率越高。目前，微焦点 X 射线机的焦点可达小于 $3\mu m$。

三、射线检测设备的主要技术指标

X 射线机的主要技术指标有管电压、管电流、焦点形式及尺寸、辐射角大小以及体积、重量等。

① 管电压：管电压越高，其穿透能力越强，可检测的工件越厚，由它决定 X 射线机的

穿透能力。在实际检测中，在满足穿透能力的前提下，尽量选用较低的管电压，以减少散射影响，提高清晰度。

②管电流：它直接影响检测时曝光时间的长短。在其他条件不变的情况下，管电流越大，曝光时间越短。管电流应尽可能大些。

第四节　射线检测分析测试

一、射线照相检测的操作步骤

通常把待检物体安放在离 X 射线装置 50cm 到 1m 的位置处；把胶片盒紧贴在试样背后，让射线照射适当的时间（几分钟至几十分钟）进行曝光；把曝光后的胶片在暗室中进行显影、定影、水洗和干燥；将干燥的底片放在观片灯的显示屏上观察，根据底片的黑度和图像来判断是否存在缺陷及其种类、大小和数量等；随后按通行的标准，对缺陷进行评定和分级。

二、射线照相检测规范的确定

按照射线源、待检物体和胶片之间的相互位置关系，透照方式可分为：纵缝透照法、环缝外透法、环缝内透法、双壁单影法、双壁双影法等。

好的射线照片底片需要满足：透照方式合理、透照规范（即高灵敏度：使小缺陷尽可能明显地在底片上辨别出来）、质量好的细颗粒胶片、对比度和清晰度高。

射线照相对比度是指射线底片上有缺陷部分和无缺陷部分的黑度差（ΔD）

$$\Delta D = 0.434\mu G \Delta d / (1+n) \tag{4.2-7}$$

式中，μ 为材料的吸收系数；G 为胶片梯度；Δd 为缺陷的厚度；n 为散射比。

选择的透照规范，使 μ 值大（较低的 X 射线管电压），G 值大（高梯度的胶片种类或较大黑度），n 值小（恰当的防护措施），则所得的缺陷图像的对比度就高。

射线照相的清晰度是指底片上图像的清晰程度，主要由固有清晰度 U_i 和几何不清晰度 U_g 两部分组成。U_i 与射线能量有关，能量越高，U_i 越大；U_g 的产生是因为射线源不是一个点，具有一定尺寸，在缺陷的图像周围就会产生半影。当缺陷横向尺寸远小于焦点时，缺陷图像就会被淹没在半影中，缺陷就难以看清。如图 4.2-7 所示，缺陷的几何不清晰度 U_g 是缺陷的最大半影尺寸，可由以下公式表示

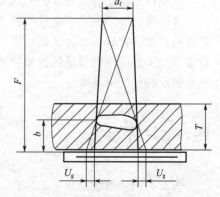

图 4.2-7　工件中缺陷的几何不清晰度

$$U_g = \frac{bd_f}{F-b} \tag{4.2-8}$$

式中，b 为工件表面到胶片的距离；d_f 为射线源的大小；F 为射线源到胶片的距离（焦距）。

射线源到胶片的距离 F 越大，半影越小；射线源尺寸 d_f 越小，半影越小；b 越小，半影越小，工件越薄；胶片贴得越紧，清晰度越好；射线源越小，焦距越大，清晰度越好。

因此，为了提高缺陷的检出率，射线照相规范的确定应从下面几点注意选择。

① 透照方式的选择：主要分为外透法和内透法。外透法是透照时把射线源放在外面，把胶片贴在内壁；内透法是把射线源放在里面，而胶片贴在外面。外透法的优点是操作比较方便，内透法的优点是透照厚度差小。

② 射线源的选择：使用射线的能量越低，μ 值愈大，可得到黑度差 ΔD 较大的缺陷图像。但降低管电压也是有一定限度的，应在能穿透检测工件的前提下尽可能地降低 X 射线管电压。选择射线源时，应选择小尺寸的射线源，可以得到清晰度好的底片。

③ 透照距离的选择：焦距（射线源到胶片的距离）越大，被检物体和胶片贴得越紧，半影就越小，在选择透照距离时，应将焦距选得大一些。焦距应在满足几何不清晰度要求的前提下合理选择。一般在透照中，焦距选择在 600～800mm 间。

④ 曝光量的选择：曝光量 E 为射线强度 I 与曝光时间 t 的乘积（即 $E=It$）。曝光量的大小要能保证足够的底片黑度。如果管电压偏高，那么小的曝光量也能使底片达到规定黑度，但这样的底片灵敏度不够好。一般情况下 X 射线照相的曝光量选择 15mA·min 以上。

⑤ 胶片、增感屏的选择与底片黑度控制：通常照相时是将厚度为 0.03～0.2mm 的铅箔增感屏与非增感型胶片一起使用，铅箔吸收射线，而放出二次电子。这种电子易使胶片感光，因此用铅箔时感光度可提高 2～5 倍。而且由于铅箔吸收散乱射线，能使散射比 n 减小，从而提高底片的对比度。应使底片黑度 D 大些，但黑度大于 4.0 时观片灯就不容易看清了，所以底片黑度也不宜太大。

三、像质计的应用

射线照相的灵敏度是射线照相能发现最小缺陷的能力。

像质计是评定射线底片的照相灵敏度的器件。根据底片上显示的像质计的影像，可以判断底片影像的质量，并评定透照技术、胶片处理质量、缺陷检验能力等。衡量该质量的数值是像质指数，它等于底片上能识别出的最细钢丝的线编号。我国标准规定使用粗细不同的几根金属丝等距离排列做成的线型像质计，用底片上必须显示的最小钢丝直径与相应的像质指数来表示照相的灵敏度。

四、底片评定

为正确识别射线照片上的影像，对缺陷进行分类和评级等，首先要求评片者对被检对象有一定的了解，如工件的材质特性、相关加工工艺、其常见缺陷的形成机理及存在部位和特征等；其次还要求评片者全面了解底片的拍摄过程及细节，如射线源的种类及参数（射线机的型号、管电压、管电流、焦点形状及尺寸等）、透照布置、胶片特性及曝光参数等，否则，仅通过观察底片很难做出正确的评判。在此基础上，再根据被检对象和其中异常的影像特征（几何形状、大小、位置、分布及黑度差等）对射线照片进行分析和判断。

底片评定是射线照相最后且最重要的一道工序。在观片灯上观察底片时，首先应评定底片本身质量是否合格。在底片合格的前提下，再对底片上的缺陷进行定性、定量和定位，对照标准评出工件质量等级，撰写检测报告。符合质量要求的底片是正确评片的前提，描述射线照相底片质量高低的指标主要有底片黑度、底片清晰度、底片对比度及灵敏度等。对射线照相底片质量的要求如下。

① 底片的黑度值应在有关标准规定的范围之内，影像清晰，反差适中，灵敏度符合标准要求，即能识别规定的像质指数。

② 底片的透照部位应完整、标记齐全。底片上应有被检工件的编号（名称）、底片编号、定位标志、透度计编号等标志，这些应与被检工件的永久性标志相符。

③ 评定区内无影响评定的伪缺陷。胶片可能产生的伪缺陷主要有划伤、水迹、折痕、压痕、静电感光、显影斑纹、霉点等。

④ 灵敏度应达到规定的最低要求。每张底片上应能清晰地显示出规定的最细的金属丝（金属丝式透度计）或最浅的槽（槽式透度计）等表示检测灵敏度的最小人工缺陷。

五、射线的防护

射线对人体危害随着人们对射线生物效应研究的不断深入，有了更加客观的认识，射线防护工作也越来越科学和理性。只要采取有效的防护措施，严格遵守相关法规和条例的规定，射线对人体的危害一定能得到控制。在射线照相中做好射线的防护非常重要。

（一）射线的危害

由于射线具有生物效应，过量的射线辐射会对人体产生伤害。辐射具有积累作用，超辐射剂量照射是致癌因素之一。辐射性质的影响主要表现为不同种类和不同能量的射线对机体的生物效应（relative biological effectiveness，RBE）各不相同，如表 4.2-2 所示。

表 4.2-2　不同辐射的相对生物效应

辐射类型	X、γ、β 射线	热能中子	质子	快中子 （≤20MeV）	快中子 （>20MeV）	α 粒子
相对生物 效应 RBE 值	1	5	10	10	20	20

射线对人体的伤害大小，不仅与射线本身有关，还与人体器官的种类或部位、射线的作用方式等因素相关。人体的各个器官究竟能承受多大的射线辐射，目前还没有完整的资料积累。

（二）辐射量及其单位

辐射量是指材料或生物组织所吸收的电离辐射量。

照射量是对辐射场的一种度量，是导致电离辐射在单位质量空气中释放出来的所有电子被空气完全阻止时在空气中产生的正或负离子总电荷的绝对值。照射量的专用单位为伦琴（R），其国际单位（SI）是库每千克（C/kg），两者的换算关系为 $1R = 2.58 \times 10^{-4} C/kg$。

吸收剂量是电离辐射传给某体积内单位质量被照射物质的能量。吸收剂量的专用单位是拉德（rad），其国际单位（SI）是戈（Gy），它们之间的换算关系为 $1Gy = 1J/kg = 100rad$。

照射量与吸收剂量是两个意义完全不同的辐射量，照射量只能作为 X 射线或 γ 射线辐射场的度量，只反映射线在空气中的电离能力，与被照射物无关；而吸收剂量不但适用于任何类型的电离辐射，且能反映不同性质的物质吸收辐射能量的程度。电离辐射引起的生物效应主要取决于吸收剂量的大小。

剂量当量是从射线的生物效应角度考虑的吸收剂量，定义为组织内被研究的某点上的吸收剂量、品质因素和其他修正系数三者的乘积，其专用单位为雷姆（rem），国际单位（SI）是希沃特（Sv），它们之间的换算关系为 $1Sv = 1J/kg = 100rem$。

最大允许剂量是为了保障射线操作者及附近人员的人身安全而提出的个人吸收剂量上限值。根据辐射方式分为单次辐射、一定时期内辐射［如每个工作日（周、月、年等）］和终生中的吸收剂量三种。我国国家标准 GB 18871—2002 对职业放射性工作人员的剂量限值作了规定，从事放射性的人员年有效剂量为 50mSv。

（三）射线防护原则

射线防护的目的是防止发生有害的非随机效应，将随机效应的发生率限制在可以接受的水平之内，从而尽量降低辐射可能造成的危害。在射线防护中应当遵守正当化、最优化和限值化三个原则。

① 正当化原则：要求在任何包含电离辐射的实践中，应保证该实践对人群和环境产生的危害小于其带来的利益，即收益大于代价的原则。

② 最优化原则：要求应避免一切不必要的照射，在符合正当化原则的前提下，在与射线有关的任何实践中，应设法使受辐射的水平降为最低。

③ 限值化原则：要求在符合正当化和最优化原则的前提下所进行的与射线有关的任何实践中，应保证个人所受到的吸收剂量当量不超过规定的限值。

（四）射线防护方法

射线防护是指在尽可能的条件下采取各种措施，在保证完成射线检测任务的同时，应尽可能地降低操作人员和其他人员的吸收剂量，保证操作人员接受的剂量当量不超过限值。射线防护的主要措施如下。

① 屏蔽防护：在射线源与操作人员及其他邻近人员之间放置能有效吸收射线的屏蔽材

料，以减弱或消除辐射对人体的伤害。屏蔽防护是外照射防护的主要方法。比如射线探伤机体的衬铅（将铅板敷贴在化工设备内壁表面）、现场使用的流动铅房、固定曝光室等都属于屏蔽防护。

② 距离防护：采用增大射线源距离的办法来防止射线伤害。在没有屏蔽物或屏蔽物厚度不够时，用增大射线源距离的办法也能达到防护的目的。

③ 时间防护：通过缩短接触射线的时间，达到减少受射线辐射的方法。在其他条件不变的情况下，人体所受到的射线辐射随时间的增加而增加。

第五节　无损检测技术应用

一、无损检测方法选择的原则

无损检测方法很多，最常用的是射线检测、超声波检测、磁粉检测、渗透检测和涡流检测五种常规检测方法。在其他非常规无损检测方法中，用得比较多的有红外检测、声发射检测、计算机层析成像检测等。合理地选择无损检测方法非常重要。在实际工作中究竟选择哪种或哪几种检测方法，需要检测人员掌握各种检测方法的特点，还需要与材料或构件的加工生产工艺、使用条件和状况、检测技术文件和相应标准的要求等相结合才能得到安全、有效、可靠的检测结果。

二、选择无损检测方法的原因

在选择无损检测方法前需要弄清应用无损检测的原因。一般来说，缺陷检测是无损检测的重要方面，因此围绕缺陷检测来考虑无损检测的方法选择。选择无损检测的原因主要为：

① 确定对象在每一制造步骤后能否被接收（工序检测）；
② 确定产品对验收标准的符合性（最终检测或成品检测）；
③ 确定正在应用的产品是否能够继续应用（在役检测）。

应用无损检测的原因确定后，选择无损检测方法要考虑缺陷和被检工件两个主要因素：①缺陷类型、位置和产生原因；②被检工件尺寸、形状和材质。

三、缺陷与无损检测方法的选择

（一）缺陷类型

根据缺陷形貌，通常可分为体积型缺陷和平面型缺陷。

体积型缺陷是可以用三维尺寸或一个体积来描述的缺陷。常见的体积型缺陷包括空隙、夹杂、夹渣、夹钨、缩松、气孔、腐蚀坑等。

平面型缺陷是一个方向很薄、另两个方向较大的缺陷。常见的平面型缺陷包括分层、脱黏、折叠（锻造或轧制）、冷隔（铸造）、裂纹（热处理、磨削、电镀、疲劳、应力-腐蚀、焊接）、未熔合、未焊透等。

（二）缺陷位置

根据缺陷在物体中的位置，可将其分为表面缺陷和内部缺陷（不延伸至表面的）。

表面缺陷可选的无损检测技术有：渗透检测、磁粉检测、涡流检测、超声检测、射线检测等。

内部缺陷可选的无损检测技术有：磁粉检测（近表面）、涡流检测（近表面）、超声检测、射线检测等。

四、被检工件与无损检测方法的选择

（一）被检工件尺寸

被检工件尺寸（厚度）不同，适用的无损检测方法也不同。
① 仅检测表面（与壁厚无关）：目视检测、渗透检测；
② 壁厚最薄（≤1mm）：磁粉检测、涡流检测；
③ 壁厚较薄（≤3mm）：微波检测等；
④ 壁厚较厚（≤50mm）：X射线检测、X射线计算机层析成像检测；
⑤ 壁厚更厚（≤250mm）：中子射线检测、γ射线检测；
⑥ 壁厚最厚（≤10m）：超声检测。

上述壁厚尺寸是近似的，不同材料工件的物理性质不同。除中子射线检测以外，所有适合于厚壁工件的无损检测方法均可用于薄壁工件的检测，中子射线检测对大多数的薄件不适用。所有适合于薄壁工件的无损检测方法均可用于厚壁工件的表面和近表面缺陷检测。

（二）被检工件形状

按最简单形状至最复杂形状排序，优先选用的无损检测方法大体顺序为：微波检测—涡流检测—磁粉检测—中子射线检测—X射线检测—超声检测—渗透检测—计算机层析成像检测。

（三）被检工件的材料特征与无损检测方法的选择

针对不同的无损检测方法，对被检工件的主要材料特征有不同的要求。
① 渗透检测：必须是非多孔性材料；

② 磁粉检测：必须是磁性材料；

③ 涡流检测：必须是导电材料或磁性材料；

④ X 射线检测：工件厚度、密度或化学成分发生变化。

无损检测方法的选择应综合考虑所有的因素，可选择几种具有互补检测能力的方法进行检测，例如超声和射线检测共同使用，可保证既检出平面型缺陷（如裂纹），又检测体积型缺陷（如孔隙）。为提高无损检测结果的可靠性，必须选择适合于异常部位的检测方法、检测技术和检测规程，需要预计被检工件异常部位的性质，比如预先分析被检工件的材质、加工类型、加工过程；必须预计缺陷可能是什么类型、什么形状、在什么部位、什么方向，确定最适当的检测方法和能够发挥检测方法最大能力的检测技术和检测规程。

五、无损检测技术的发展前景与趋势

通过与现代高速发展的成像技术、自动化技术、计算机数据分析和处理技术、材料力学等领域知识的结合，无损检测技术正在从一般的无损检测向自动无损检测和定量无损检测的方向发展。大力发展微观缺陷检测技术、在线检测技术和在役检测技术，开展无损检测新原理、新方法、新技术的探索，减少人为因素的影响，提高检测的可靠性，朝着快速化、标准化、数字化、程序化的方向发展，其中包括高灵敏度、高可靠性、高效率的无损检测仪器和无损检测方法，无损检测和验收标准的制定，无损检测操作步骤的程序化、实施方法的规范化、缺陷检测和评价的标准化等。另外还需进行全国统一的人员资格培训、鉴定和考核。无损检测技术在工业生产中将发挥越来越重要的作用。

国际标准化组织（International Standard Organization，ISO）的 TC135 等技术委员会负责指定有关无损检测的国际标准，同时，英国（BS）、日本（JIS）、德国（DIN）、欧洲（EN）、美国（ASTM）等各工业先进国家都设有专门组织负责指定本国的无损检测标准。我国除了国家标准（GB）和国家军用标准（GJB）外，机械（JB）、船舶（CB）、航空（HB）、航天（QJ）、石油（SY）、核工业（EJ）、电力（DL）、煤炭（MT）、铁路运输（TB）、民用航空（MH）、化工（HG）、冶金（YB）、轻工（QB）、建筑（JG）等各行业根据自身行业特点，指定了各自的行业标准，用于规范和指导各行业内的无损检测工作。

无损检测技术人员的考核和评定也日趋标准化。根据理论知识和实际操作技能，将无损检测人员按专业划分为Ⅰ、Ⅱ、Ⅲ共3个等级，如超声Ⅰ级、超声Ⅱ级、超声Ⅲ级等。Ⅲ级证书要求最高，其持有者权限最大，不同专业的证书互不通用，比如拥有超声Ⅲ级证书的人员并不具有从事射线Ⅰ级的检测权限。

习题

1.什么是无损检测技术？

2.简述无损检测技术的分类与特点。

3.无损检测技术的目的是什么？

4.简述无损检测技术发展的三个历程。

5. 对比射线检测（RT）、超声波检测（UT）、磁粉检测（MT）、渗透检测（PT）和涡流检测（ET）这些常规无损检测方法的定义及其基本原理，并讨论分析各自的优缺点及局限性。

6. 无损检测方法选择的原则主要从哪些方面进行考虑？

7. 什么是射线检测？

8. 简述射线照相检测技术的主要方法。

9. X 射线检测的基本原理是什么？

10. 简述 X 射线的特性。

11. 简述射线与物质的相互作用。

12. 射线检测的特点有哪些？

13. 焊件中常见的缺陷种类及产生原因有哪些？

14. 铸件和焊件中常见缺陷在底片上的特征是什么？

15. 如何进行射线的防护？

◆ 知识链接

不同生产工艺可能会产生多种不同的缺陷，不同缺陷的特征较难用文字进行准确描述，需要在大量实践中积累经验。因此射线检测的评片者不仅需要具有较好的理论知识，了解生产的工艺过程，还应特别注意在实践中积累经验，必要时还需要对待检工件进行解剖，结合适当的有损检测方式，掌握工件内部缺陷的形态与底片上的影像之间的联系。

一、焊件中常见的缺陷

焊件中常见的缺陷主要包含外观缺陷和常见缺陷两大类。常见的焊件外观缺陷有：咬边、焊瘤、凹坑、未焊满、烧穿、其他表面缺陷（如成型不良、错边、塌陷、表面气孔及弧坑缩孔、各种焊接变形等）。常见的焊件缺陷有：气孔、夹渣、裂纹、未焊透、未熔合、其他焊接缺陷（如焊缝化学成分或组织不符合要求、过热或过烧、白点等）。

（一）气孔

气孔是指焊接时熔池中的气体未在金属凝固前逸出，残存于焊缝中所形成的空穴，其气体可能是熔池从外界吸收的，也可能是焊接冶金过程中反应生成的。气孔的分类：按形状可分为球状气孔、条虫状气孔；按数量可分为单个气孔和群状气孔；按气体成分可分为 H、N、O、CO_2、CO 气孔等。气孔在射线底片上的影像主要有以下特点：圆形或椭圆形的黑点、黑度中部较大，向边缘减小、分布不一致（位置、稠密）。

气孔减小了焊缝的有效截面积，使焊缝疏松，从而降低了接头的强度，降低塑性，还会引起泄漏。气孔也是引起应力集中的因素。常温固态金属中气体的溶解度只有高温液态金属中气体溶解度的几十分之一至几百分之一。熔池金属在凝固过程中，有大量的气体要从金属中逸出来。当金属凝固速度大于气体逸出速度时就形成气孔。

气孔产生的主要原因为母材或填充金属表面有锈、油污等，或焊条及焊剂未烘干会增加气孔量。锈、油污及焊条药皮、焊剂中的水分在高温下分解产生气体，会增加高温金属中气体的含量。焊接线能量过小，熔池冷却速度大，不利于气体逸出。

防止气孔的措施有：①清除焊丝、工作坡口及其附近表面的油污、铁锈、水分和杂物。②采用碱性焊条、焊剂，并彻底烘干。③采用直流反接并用短电弧施焊。④焊前预热，减缓冷却速度。⑤用偏强的规范施焊。

（二）夹渣

夹渣是指焊后熔渣残存在焊缝中的现象。主要分为金属夹渣和非金属夹渣两类。金属夹渣是指钨、铜等金属颗粒残留在焊缝之中，称为夹钨、夹铜；非金属夹渣是指未熔的焊条药皮或焊剂、硫化物、氧化物、氮化物残留于焊缝之中。

夹渣产生的原因主要有：坡口尺寸不合理、坡口有污物、多层焊时层间清渣不彻底、焊接线能量小等。夹渣的分布与形状可分为：单个点状夹渣、条状夹渣、链状夹渣、密集夹渣等。夹渣在射线底片上的影像主要特点有：形状不规则黑点、黑条或黑块；黑度无规律，一般较均匀，带棱角。点状夹渣的危害与气孔相似，带有尖角的夹渣会产生尖端应力集中，尖端还会发展为裂纹源，危害较大。

（三）裂纹

金属原子的结合遭到破坏，形成新的界面而产生的缝隙称为裂纹。根据裂纹尺寸大小可分为宏观裂纹、微观裂纹和超显微裂纹。根据裂纹延伸方向可分为纵向裂纹（与焊缝平行）、横向裂纹（与焊缝垂直）和辐射状裂纹等。据发生条件和时机可分为热裂纹、冷裂纹、再热裂纹和层状撕裂等。根据裂纹发生部位可分为焊缝裂纹、热影响区裂纹、熔合区裂纹、焊趾裂纹、焊道下裂纹和弧坑裂纹等。

（四）未焊透

未焊透是指母材金属未熔化，焊缝金属没有进入接头根部的现象。未焊透减少了焊缝的有效截面积，使接头强度下降，引起的应力集中将严重降低焊缝的疲劳强度，所造成的危害比强度下降的危害大。未焊透可能成为裂纹源，是造成焊缝破坏的重要原因。

产生未焊透的原因主要有：焊接电流小，熔深浅；坡口和间隙尺寸不合理，钝边太大；磁偏吹影响（直流电弧焊时，因受到焊接回路中电磁力的作用而产生的电弧偏吹）；焊条偏芯度太大；层间及焊根清理不良。可采用较大电流来焊接防止未焊透。焊角焊缝时，用交流代替直流防止磁偏吹，合理设计坡口并加强清理，用短弧焊等措施也可有效防止未焊透的产生。

（五）未熔合

未熔合是指焊缝金属与母材金属，或焊缝金属之间未熔化结合在一起的一种面积型缺陷。根据其所在部位未熔合可分为坡口未熔合、层间未熔合和根部未熔合。坡口未熔合和根部未熔合使承载截面积明显减小，产生较严重的应力集中，其危害性仅次于裂纹。

产生未熔合的主要原因有：焊接电流过小；焊接速度过快；焊条角度不对；产生了弧偏吹现象；焊接处于下坡焊位置，母材未熔化时已被铁水覆盖；母材表面有污物或氧化物影响熔敷金属与母材间的熔化结合等。防止未熔合的措施包括采用较大的焊接电流，正确地进行施焊操作，注意坡口部位的清洁等。

（六）其他焊接缺陷

① 焊缝化学成分或组织不符合要求：焊材与母材匹配不当，或焊接过程中元素烧损等原因，容易使焊缝金属的化学成分发生变化，或造成焊缝组织不符合要求。焊缝化学成分或组织可以采用元素分析、金相等方法进行检测。常规无损检测方法不能检出焊缝化学成分或组织方面的问题。

② 过热和过烧：若焊接规范使用不当，热影响区长时间在高温下停留，会使晶粒变得粗大，出现过热组织。若温度进一步升高，停留时间加长，可能使晶界发生氧化或局部熔化，出现过烧组织。过热可通过热处理消除，而过烧是不可逆转的缺陷。过热和过烧缺陷主要通过金相等方法进行检测，常规无损检测方法不能检出过热和过烧缺陷。

③ 白点：在焊缝金属的拉断面上出现的鱼目状的白色斑点，即为白点。白点是由大量氢聚集而造成的，危害极大。工件中的白点可以采用超声波进行检测，断口处的白点可以采用金相或渗透等方法进行检测。

二、铸件中常见的缺陷

① 气孔：熔化的金属在凝固时，其中的气体来不及逸出在金属表面或内部形成的圆孔。

② 夹渣：浇铸时由于铁水包中的熔渣没有与铁水分离，混进铸件而形成的缺陷。

③ 夹砂：浇铸时由于砂型的沙子剥落，混进铸件而形成的缺陷。

④ 密集气孔：铸件在凝固时由于金属的收缩而产生的气孔群。

⑤ 冷隔：主要是由于浇铸温度太低，金属熔液在铸模中不能充分流动，熔体未熔合，在铸件表面或近表面形成的缺陷。

⑥ 缩孔和疏松：铸件在凝固过程中由于收缩以及冒口补缩不足而产生的缺陷叫缩孔。沿铸件中心呈多孔性组织分布的叫中心疏松。

⑦ 裂纹：由于材质和铸件形状不适当，凝固时因收缩应力而产生的裂纹。高温下产生的叫热裂纹，低温下产生的叫冷裂纹。

三、锻件中常见的缺陷

① 缩孔和缩管：铸锭时冒口切除不当、铸模设计不良及铸造条件（温度、浇注速度、浇注方法、熔炼等）不良，且锻造不充分，没有被锻合而遗留下来的缺陷。

② 疏松：铸件在凝固过程中由于收缩以及补缩不足，中心部位出现细密微孔性组织分

布，且锻造不充分，缺陷没有被锻合而遗留下来的缺陷。

③ 非金属夹杂物：炼钢时由于熔炼不良以及铸锭不良，混进硫化物和氧化物等非金属夹杂物或者耐火材料等所造成的缺陷。

④ 夹砂：铸锭时熔渣、耐火材料或夹杂物以弥散态留在锻件中形成的缺陷。

⑤ 折叠：锻压操作不当，锻钢件表面的局部未结合缺陷。

⑥ 龟裂：锻钢件表面上出现的较浅的龟状表面缺陷，是由于原材料成分不当，表面情况不好，加热温度和加热时间不合适而产生的。

⑦ 锻造裂纹：由锻造引起的裂纹种类较多，在工件中的位置也不同。实际生产中遇到的锻造裂纹有缩孔残余、皮下气泡、柱状晶粗大、轴芯晶间裂纹、非金属夹杂物、锻造加热不当、锻造变形不当和终锻温度过低等引起的锻造裂纹。

⑧ 白点：是一种由于钢中含氧量较高，在锻造过程中的残余应力、热加工后的相变应力和热应力等作用下而产生的微细裂纹。由于缺陷在断口上呈银白色的圆点或椭圆形斑点，故称其为白点。

各种加工工艺和材料中常见缺陷如表 4.2-3 所示。

表 4.2-3　各种加工工艺和材料中的常见缺陷

材料与工艺		常见缺陷
加工工艺	铸　造	气泡、疏松、缩孔、裂纹、冷隔
	锻　造	偏析、疏松、夹杂、缩孔、白点、裂纹
	焊　接	气孔、夹渣、未焊透、未熔合、裂纹
	热处理	开裂、变形、脱碳、过烧、过热
	冷加工	表面粗糙、深度缺陷层、组织转变、晶格扭曲
金属型材	板　材	夹层、裂纹等
	管　材	内裂、外裂、夹杂、翘皮、折叠等
	棒　材	夹杂、缩孔、裂纹等
	钢　轨	白核、黑核、裂纹
非金属材料	橡　胶	气泡、裂纹、分层
	塑　料	气孔、夹杂、分层、黏合不良等
	陶　瓷	夹杂、气孔、裂纹
	混凝土	空洞、裂纹等
复合材料		未黏合、黏合不良、脱黏、树脂开裂、水溶胀、柔化等

四、使用中常见的缺陷

① 疲劳裂纹：结构材料承受交变反复载荷，局部高应变区内的峰值应力超过材料的屈服强度，晶粒之间发生滑移和位错，产生微裂纹并逐步扩展形成疲劳裂纹。包括交变工作载荷引起的疲劳裂纹、循环热应力引起的热疲劳裂纹、循环应力和腐蚀介质共同作用下产生的腐蚀疲劳裂纹。

② 应力腐蚀裂纹：特定腐蚀介质中的金属材料在拉应力作用下产生的裂纹称为应力腐蚀裂纹。

③ 氢损伤：在临氢工况条件下运行的设备，氢进入金属后使材料性能变坏，造成损伤，例如氢脆、氢腐蚀、氢鼓泡、氢致裂纹等。

④ 晶间腐蚀：奥氏体不锈钢的晶间析出铬的碳化物导致晶间贫铬，在介质的作用下晶界发生腐蚀，产生连续性破坏。

⑤ 各种局部腐蚀：包括点蚀、缝隙腐蚀、腐蚀疲劳、磨损腐蚀、选择性腐蚀等。

五、射线检测的应用实例

（一）高强度大型铸铝合金部件的 X 射线检测

铸件探伤主要是检查在金属铸造过程中产生的各类缺陷，如气孔、夹渣、夹砂、夹杂、缩孔、疏松、冷隔和裂纹等。高强度大型铝合金铸件是用 ZL204 高强度铸造铝合金制成，虽然该合金具有较高的机械强度，但在铸造生产过程中，很容易在铸件内部产生多种缺陷，为了保证产品质量，必须对铸件进行百分之百的 X 射线检测。为了对高强度铸铝合金中常出现的弥散点状疏松进行评级，专门研制了 ZL204 合金铸件 X 射线透视疏松评级标准。对工件进行透照时，通常使用微粒胶片，不使用增感屏。管电压、管电流、焦距和曝光时间应严格按照曝光曲线控制。透照灵敏度由金属丝像质计指示。底片的暗室处理可以采用手工洗片，也可使用自动恒温洗片机洗片。

（二）普通平板对接焊缝的 X 射线检测

平板对接焊缝是工业生产中最为普遍的一种焊缝，透照时将暗盒放在工件的背面，射束中心对准焊缝中心线。像质计、标记号码放在靠近射线源一侧的焊缝表面上，以便确定底片的灵敏度。为防止散射的干扰，在焊缝表面的两侧可用铅板屏蔽。

（三）聚氨酯泡沫塑料件的软 X 射线检测

聚氨酯泡沫塑料制件是一种多泡性的低密度材料，其平均密度为 $0.35g/cm^3$。对该工件内部单个气孔体积、金属和非金属夹杂物等有一定要求，需进行 X 射线探伤检查。由于其材料密度低，X 射线吸收系数极小，大量的 X 射线穿透工件，因此必须选用软 X 射线进行透照。常用的软 X 射线是在较低电压下产生的波长为 23pm 左右的 X 射线。为保证软 X 射线能顺利地从射线管辐射出来，通常用对 X 射线吸收系数低的低原子序数的铍制作射线管的窗口（铍窗）。

参考文献

[1] 魏坤霞，胡静，魏伟. 无损检测技术[M]. 北京：中国石化出版社，2016.

[2] 陈照峰. 无损检测[M]. 西安：西北工业大学出版社，2015.

[3] 雷毅，丁刚，鲍华，等. 无损检测技术问答[M]. 北京：中国石化出版社，2013.

[4] 张俊哲. 无损检测技术及其应用[M]. 北京：科学出版社，2010.

[5] 刘贵民，马丽丽. 无损检测技术[M]. 北京：国防工业出版社，2010.

[6] 李国华，吴淼. 现代无损检测与评价[M]. 北京：化学工业出版社，2008.

[7] 王晓雷. 承压类特种设备无损检测相关知识[M]. 北京：中国劳动社会保障出版社，2007.

[8] 王自明. 无损检测综合知识[M]. 北京：机械工业出版社，2005.

[9] 郑世才. 射线检测[M]. 北京：机械工业出版社，2000.